ORÁCULOS, SUEÑOS Y TRASCENDENCIA: DIÁLOGO ENTRE LA MEDICINA TRADICIONAL MEXICANA Y LA PSICOTERAPIA OCCIDENTAL

STEFFI ZACHARIAS

Steffi Zacharias

Oráculos, sueños, y trascendencia

Diálogo entre la medicina tradicional mexicana
y la psicoterapia occidental.

bubok
EDITORIAL

© Steffi Zacharias
© *Oráculos, sueños y trascendencia:*
  diálogo entre la medicina tradicional mexicana
  y la psicoterapia occidental

Traducción del alemán: Alethia Patricia Rangel Castillo (traducción);
Alethiarangel@gmail.com Lilian Alemany (traducción y edición);
www.victoprim.com

Los derechos para la edición en español son de la autora ©Steffi Zacharias, 2024.
www.psychotherapie-zacharias.de; praxis@psychotherapie-zacharias.de La edición
original en alemán con el título: "Orakel, Träume, Transzendenz. Traditionelle mexi-
kanische Medizin im Dialog mit westlicher Psychotherapie." se publicó en 2015 en la
editorial Psychosozial Verlag ©2015,Psychosozial-Verlag. www.psychosozialverlag.de

Diseño de la cubierta: Katrin Breyer-Tuch, www.breyer-kommunikation.de
Imágenes de la cubierta: Retrato de Maria Sabina, mural "Xcua´anj", creado por el
artista triqui-oaxaqueño Joel Merino en Puerto Escondido, Oaxaca, México (que
fue lamentablemente demolido en febrero del año 2023); Retrato de Sigmund Freud
©picture alliance / Ann Ronan Picture Library.

ISBN papel: 978-84-685-8616-8
ISBN ePub: 978-84-685-8620-5

Depósito legal: M-28058-2024

Editado por Bubok Publishing S.L.
equipo@bubok.com
Tel: 912904490
Paseo de las Delicias, 23
28045 Madrid

*Con profundo agradecimiento
a Doña Guadalupe Martinez Blas
y Don Albino Garcia Quiroga (†)*

Acrónimos usados en el libro:

M.T.M.   – Medicina tradicional mexicana

E.A.C.   – Estado alterado de conciencia

OMS   – Organización Mundial de la Salud

"Yo sufro. Cualquier procedimiento psicológico que tenga como objetivo brindar alivio a una persona con una queja como esta, puede definirse como psicoterapia. El sufrimiento y los métodos psicológicos para aliviar el sufrimiento son ubicuos". [1]

(R. Prince, 1980)

".. Por eso es que son todas esas palabras
porque le estoy dando cuenta a Dios
lo que estoy haciendo
Es por eso que digo todas esas palabras
porque siempre lo he hecho de esta manera
No es un juego lo que estoy haciendo
porque esto es realmente
lo que la va a hacer sentir bien a estas personas..."

(Fragmento de una oración de curación,
Don Albino, Sierra Mazateca, 1999.)

---

[1] Traducción del inglés por la autora.

Índice

Palabras preliminares

Remontándome a los orígenes de los motivos para escribir este libro, me encuentro ya de joven –criada en una sociedad dominada en aquel entonces por ideas materialistas– con una fascinación por los procesos mentales y su impacto en nuestra vida. Ese deseo de entender mejor estos procesos me llevó en un primer momento a estudiar psicología –en los años 90, en la aquel entonces en la Alemania oriental socialista– una disciplina exótica y de poco interés general. Terminando mis estudios de psicología en una Alemania recién unida y liberada de muros tanto materiales como mentales, decidí formarme en la psicoterapia psicoanalítica y humanista.

Luego me di cuenta de que las respuestas que obtuve en mi desarrollo profesional como psicoterapeuta no satisfacían totalmente mi necesidad de entender la mente y su poder curativo. Inconscientemente motivada por esta curiosidad e inquietud, me topé por primera vez con el mundo de la medicina tradicional, cuando al inicio de los años 90 pasé un año estudiando psicología en México. De este encuentro surgió el impulso de entender con más profundidad, el mundo bastante ajeno de conocimientos y prácticas de la medicina tradicional en el área de salud mental. Así, realicé un trabajo de campo entre 1998 y 2000, lo que derivó en mi tesis de doctorado sobre este tema.

Lo que observé y viví en mi trabajo de campo como investigadora, impactó para siempre mi forma de entender y practicar mi oficio psicoterapéutico, dada la reflexión que me provocó el contacto con otra manera de entender la salud, la enfermedad y la curación.

El presente libro "Oráculos, sueños, transcendencia…" es reflejo y forma parte de este camino investigativo personal, en el cual intenté de acercarme con las herramientas intelectuales a lo que –con suerte– una y otra vez se manifiesta como momento en el cual curación y la transformación toman lugar en la vida personal tanto de nosotros(as) como pacientes y como terapeutas.

Reflexionando el proceso que he llevado desde mi originaria curiosidad, me siento agradecida por lo que he podido entender más profundamente y a la vez, más consciente de que en la esencia del fenómeno de curación, en la base de los procesos mentales hay algo que se resiste ser explicado con la lógica racional.

Si pensamos con una perspectiva mundial, el tratamiento de las enfermedades mentales desde la así llamada "psicoterapia occidental" sigue siendo el método de elección minoritario de la población. En el contexto de los procesos de globalización e intercambio de técnicas, culturas y de una creciente reflexión crítica acerca de las limitantes del sistema médico occidental, se nota un mayor interés por parte de la comunidad científica en sistemas médicos no-occidentales. Entre estos métodos los más conocidos son la medicina tradicional china (M.T.Ch.) y de la India (Ayurveda).

En comparación las medicinas tradicionales con raíces en el conocimiento ancestral curativo de los pueblos indígenas del continente americano hasta la fecha no han tenido el mismo interés.

Como profesional de la psicoterapia me ha llamado la atención que el creciente interés científico-médico de las últimas décadas, -p.ej. en los tratamientos tradicionales de enfermedades sistémicas como reumatismo y migraña- ha estado dirigido casi exclusivamente a los aspectos físico-corporales de la enfermedad, la salud y la curación. Esta atención exclusiva se basa obviamente en la concepción dicotómica cuerpo-mente que es constituyente de las ciencias médicas occidentales. Este sesgo profundamente arraigado en el pensamiento occidental se ha mantenido lamentablemente vigente hasta la actualidad, con una amplia ignorancia respecto del papel clave que los sistemas médicos tradicionales atribuyen a los factores mentales y/o psíquicos, tanto para el entendimiento de las manifestaciones de enfermedad, de salud como en sus tratamientos.

Cabe mencionar en estas palabras preliminares que escribo para la versión en español del libro –más de veinte años después de haber iniciado el proyecto de investigación de la M.T.M– que muy recientemente esta "negligencia científica" tanto hacia las medicinas tradicionales amerindias en general, como hacia su pericia en el ámbito de los procesos mentales en particular, ya no sea el caso, especialmente en lo que compete a los rituales a base de plantas y otras substancias con efectos psicodélicos. Hoy y desde hace pocos años se observa más bien un fuerte auge del interés científico-médico en el así llamado "renacimiento psicodélico" en las neurociencias. Al parecer, dentro de este movimiento científico se está llevando a cabo un cambio fundamental en la concepción del papel de estados psicodélicos o alterados de conciencia para la salud mental. El aspecto positivo es que ese giro dinámico tiene también implicaciones para un mayor reconocimiento científico-médico del potencial terapéutico de las medicinas tradicionales.

Aún con lo anterior, siento la necesidad de señalar varios aspectos críticos en ello. En primer lugar, existe el peligro de un abordaje reduccionista que no aprecia la complejidad y sutileza que tiene la medicina tradicional en su entendimiento y manejo de procesos mentales-espirituales. Estrechamente ligado a esta preocupación, se encuentra el riesgo de que este alto interés público está transformando también la práctica de la medicina tradicional, en el sentido de un uso profano bajo el fuerte impacto de una mayor demanda de servicios seleccionados con fines hedonísticos y sin conocimiento de su significado cultural y terapéutico. Este libro con su abordaje sistemático que evalúa y aprecia la M.T.M. en todos sus aspectos curativos, intenta ser un aporte en contra de esas tendencias reduccionistas y utilitaristas.

Dado que existe mucho menos conocimiento y reconocimiento de la medicina tradicional mexicana (M.T.M.), este libro tiene como fin hacer una descripción sistemática y una evaluación científica clínica del potencial psicoterapéutico, para la salud mental de una gran parte de la población mexicana, mismo aporte que no parece estar adecuadamente representado en estudios académicos y discursos oficiales hoy en día.

La descripción de la M.T.M. en sus aspectos terapéuticos está basada en el trabajo de campo que realicé para mi tesis de doctorado. Durante los años 1998 al 2000 entrevisté, hice observación participante y conviví con curanderos y curanderas, así como sus pacientes en el estado de Oaxaca.

Se podría ubicar el estudio resultante en el campo de la psicología transcultural, que se interesa en entender la influencia del contexto cultural y social tanto en las manifestaciones psicológicas y psicopatológicas como en los sistemas terapéuticos, sean estos la medicina tradicional mexicana o la así llamada psicoterapia occidental.

Lo que se anuncia en el título del libro, poder participar en un diálogo entre dos sistemas terapéuticos en el área de salud mental, he intentado cumplirlo en forma de un continuo movimiento entre dos perspectivas, una es la perspectiva de los actores de la medicina tradicional –las curanderas, curanderos y sus pacientes– y la otra, es mi perspectiva como profesionista en psicología y psicoterapia "occidental". La metáfora del diálogo muestra mi profunda preocupación de realizar este intercambio de perspectivas entre dos culturas terapéuticas en pie de igualdad, aunque estoy consciente de que esta intención está limitada por determinantes culturales y personales. Aun así, intenté captar y aprehender como investigadora de campo, las enseñanzas de la M.T.M. con base en una variedad de métodos cualitativos [2] y la intención de una máxima sensibilidad cultural, lo que implicaba también minimizar y reflexionar mis propios suposiciones y preconceptos respecto del tema.

La idea de usar este intercambio de perspectivas como método de conocimiento está en una parte inspirada por la metodología cualitativa en las ciencias sociales, y en la otra parte, por mi profesión de psicoterapeuta de formación psicoanalítica y humanista e investigaciones etnopsicoanalíticas de campo.

Desde mi punto de vista lo que tienen en común estás metodologías es el respeto hacia la subjetividad y por lo tanto multiplicidad (diversidad) de perspectivas individuales de lo que percibimos como "realidad o hecho" en determinado contexto social y cultural. Espero que en el transcurso de la lectura se pueda experimentar el tipo de conocimiento, y un entendimiento más profundo que puede resultar de este tipo de acercamiento al mundo de la salud, la enfermedad mental y su tratamiento y curación.

Los primeros dos capítulos presentan los dos sistemas médico-psicoterapéuticos y su aparición dentro de su respectivo contexto cultural e histórico; por un lado la psicoterapia occidental dentro de la biomedicina al inicio del siglo XX con su inherente carácter dualístico (cuerpo-psique) y secular, y por otro lado la M.T.M., con su carácter holístico y sacral, marcada hasta la actualidad por sus fuertes raíces en la medicina precolombi-

---

[2] Durante el trabajo de campo se usaron métodos cualitativos de investigación: observación participativa de la práctica de tratamiento de las y los curanderos y su entorno de vida, entrevistas con ellas y ellos y sus pacientes, así como estudios de casos cualitativos sobre cursos de tratamiento seleccionados. Se hicieron registros escritos y, si era posible, con la ayuda de cintas y grabaciones de video. Las cintas de las entrevistas y algunas grabaciones de video fueron transcritas al español. Con el curandero de la aldea y su clientela, la mayor parte de la información recogida fue en idioma mazateco, por lo que fue necesario realizar las entrevistas con la ayuda de un intérprete o trasladar las cintas y el material de video al español. Se evaluó sistemáticamente el material de las entrevistas con las y los curanderos y sus pacientes utilizando métodos de análisis de texto probados y cualitativos. (más detalles Zacharias, 2005.Como complemento importante al "diario de campo", se hicieron los llamados "apuntes espontáneos" −observaciones no sistemáticas, impresiones intuitivas, también algunos sueños y fantasías− los cuales fueron provocados por algunos encuentros durante la investigación, siendo incluidos estos datos no analíticos -racionales sistemáticamente en el proceso cognitivo.

na, pero también por los posteriores conflictos e influencias históricas (el cristianismo, la inquisición, el espiritualismo y la biomedicina). Así mismo, se hace referencia a la posición e identidad de la M.T.M. dentro de las prácticas médicas en la población mexicana hoy en día.

A continuación, se ofrece una orientación general respecto a conceptos básicos de la medicina tradicional de mayor relevancia desde una perspectiva psicoterapéutica – p.ej. salud y enfermedad, el modelo tripartito de la psique, la identidad profesional de un curandero o curandera – haciendo referencias comparativas a conceptos científicos de la psicología y psicoterapia occidental.

Los siguientes capítulos se dedican a una sistemática presentación en la M.T.M. de las enfermedades mentales más importantes (el susto, enfermedades por envidia o mal de ojo y brujería o sentimientos fuertes), de los métodos aplicados para su diagnóstico (p.ej. con oráculos, en trance y en otros estados alterados de conciencia) y métodos para la curación (rituales de limpia y de reintegración, rituales de protección y ofrendas, ritual de sudación con temazcal; y con uso de alucinógenos). También a la amplia práctica de prevención, ilustrándolo con comentarios de las y los curanderos y pacientes y viñetas de casos observados.

Finalmente, con base en los datos de entrevistas y de los casos estudiados se trata de identificar los mecanismos terapéuticos puestos en acción dentro de la práctica curativa de las curanderas y curanderos, los cuales son resumidos en un modelo de factores de impacto terapéutico específicos para la M.T.M. y dan evidencia al alto potencial psicoterapéutico de la misma. Entre ellos destacan p.ej. el carácter sagrado de la práctica médica tradicional, la aplicación de estímulos sensoriales en los rituales y el elaborado uso de estados alterados de conciencia de diferentes niveles de profundidad, tanto para generar mayor entendimiento (sea para el o la paciente, o la o el curandero) como para promover cambios terapéuticos a nivel subliminal.

Se concluye con una comparación de las características de los dos sistemas de psicoterapia, una evaluación de la evidente eficacia psicoterapéutica de la M.T.M., una reflexión sobre las oportunidades identificadas para impulsar un mayor desarrollo dentro de los métodos de psicoterapia occidental y un llamado para una mejor valoración de la M.T.M. en su aspecto psicoterapéutico dentro del sistema de salud en México, incluyendo el área de prevención.

El libro se dirige a profesionistas en el ámbito de la salud mental y culturas médicas, profesionales de la psicoterapia y de la antropología, y personas interesadas en el tema de la medicina tradicional que no esperan respuestas simples y reduccionistas en el estilo convencional de las ciencias médicas y naturales, ni cuentos de aventuras o de idealización del trabajo de los chamanes, sino personas abiertas a descubrir algo nuevo sobre la base de un acercamiento científico no-reduccionista al mundo psicoterapéutico de la medicina tradicional; lo que incluye un acercamiento al papel curativo clave de las inherentes prácticas llamadas espirituales, con mucho respeto a sus poderes curativos, pero lejos de mistificar el trabajo de los curanderos y curanderas (chamanes), es decir teniendo una perspectiva "no-esotérica".

El afán de llegar a una descripción lo más completa posible de la M.T.M. como sistema terapéutico, permite desarrollar una idea más clara de su aporte médico y clínico dentro de su contexto en la sociedad mexicana, pero también ayuda a identificar su peculiaridad, incluso sus ventajas en comparación con otras culturas médicas, como la psicoterapia occidental.

¿Qué me motiva a poner los resultados de mi investigación a disposición de las y los lectores de habla hispana, lo que requirió una carga de trabajo adicional de varios años para la traducción? ¿No estoy "llevando leña al monte" o incluso actuando con la creencia eurocéntrica de superioridad en el ámbito científico? - Espero y creo que no.

La publicación del libro en español intenta contribuir a que el valioso y extenso potencial psicoterapéutico de la medicina tradicional mexicana se dé a conocer en detalle también a las personas interesadas de habla hispana, terapeutas o no. También que los resultados de la investigación puedan servir para una mayor apreciación de la M.T.M. como psicoterapia en el contexto de la sociedad mexicana, incluso poder brindar argumentos a los mismos representantes de la M.T.M. respecto a sus herramientas curativas al nivel psicoespiritual y su relevancia para el tratamiento de estados de sufrimiento psicológico y psicosomático.

La publicación del libro en español solo fue posible gracias al comprometido trabajo de dos mujeres maravillosas – una es Alethia Rangel Castillo, quien acababa de llegar a Alemania como una joven psicóloga mexicana cuando comenzamos a trabajar juntas en el 2017. La otra es la editora de la versión en español y amiga de muchos años, Lilian Alemany. Nacida en Chile, antropóloga, traductora y correctora de estilo, que ha vivido y trabajado muchos años en México, me motivó con su entusiasmo y tenacidad a finalizar este largo camino en un momento en el que estaba a punto de abandonarlo. Me gustaría aprovechar esta oportunidad para agradecerles desde el fondo de mi corazón.

También quiero dar mis profundas gracias a las curanderas y curanderos mexicanos, a quienes presento en el libro, quienes depositaron su confianza en mí y me compartieron la riqueza de sus conocimientos y sus prácticas de tratamiento, lo que hizo posible la investigación de campo – la curandera Doña Lupita (Guadalupe Martínez Blas) y su esposo y curandero Don Manuel, practicando en la ciudad de Oaxaca y en el pueblo San José de Pacifico y el ya fallecido curandero Mazateco Don Albino García Quiroga del pueblo San José Tenango en la Sierra Mazateca.

Steffi Zacharias, Dresden, octubre del año 2024

Prefacio de la edición alemana

Vista globalmente, la "psicoterapia occidental" sigue siendo un modelo minoritario en todo el mundo. Dimensiones sagradas, rituales curativos simbólicos, estados alterados de conciencia, una interconexión inseparable de la psicoterapia y la medicina corporal en la acción terapéutica, son sin duda algunas de las características centrales de las terapias tradicionales, indígenas y no occidentales.

La principal preocupación del presente trabajo es acercar quien lee al hecho de que un diálogo intenso y empático entre las "terapias occidentales" y las "tradicionales" ofrece valiosas sugerencias y beneficios para ambas partes. La autora nos presenta una excelente evidencia paradigmática para tal diálogo, utilizando el ejemplo de la llamada "Medicina Tradicional Mexicana" (M.T.M.). Cuidadosamente y con un profundo conocimiento especializado, la experimentada etnocientífica y psicoterapeuta nos adentra en el fascinante mundo de la curandería indígena mexicana, en el arte y práctica de curanderos y curanderas. Debido a sus varios años de investigación de campo en la región de Oaxaca (sur de México) y paralelamente a esto, una práctica de psicoterapia de larga data en Alemania, Steffi Zacharias me parece ideal para implementar el diálogo que ella quiere y exige entre las terapias modernas y tradicionales. En cualquier caso su estudio extenso y detallado resulta un ejemplo de excelencia.

Su encuentro con la M.T.M., intensa y vívidamente descrito, nos invita a una comprensión intercultural más profunda de nuestras perspectivas y acciones psicoterapéuticas. De esta manera, algunos "puntos ciegos" en las psicoterapias modernas con respecto al potencial de otros formatos de terapias simbólicas o indígenas pueden hacerse visibles y posiblemente eliminarse.

La primera parte extensa del libro (10 capítulos) nos lleva gradualmente y cada vez más profundamente a muchos niveles a la riqueza cultural de la M.T.M. Aprendemos cosas interesantes sobre conceptos centrales de la misma como "Susto, Envidia, Mal de ojo, Mal aire, Brujería, Sentimientos fuertes" y mucho más. Se nos enseñan con el mismo detalle las sutiles técnicas de diagnóstico como la lectura del oráculo, los sueños y visiones de la o el sanador, así como los rituales especiales de trance, a veces con el uso de sustancias psicoactivas. Los diversos rituales de tratamiento de la M.T.M. se nos describen vívidamente y de cerca, como rituales de ofrenda-sacrificio, rituales de protección, los rituales de hongos, la operación espiritual o el ritual del temazcal (cabaña de sudor) como método de tratamiento terapéutico grupal integrador. Por último, pero no menos importante, obtenemos una visión bien fundada de tratamientos concretos de la M.T.M. gracias a los estudios de caso seleccionados, como "Ignacio" o el tratamiento de una enfermedad por adicción, "Dolores" o la etnoterapia de una depresión prolongada. "Elvira" o la impresionante terapia de un trastorno de pánico.

En la segunda parte de este estudio etnoterapéutico, nos espera una reflexión fundamental sobre la eficiencia de la M.T.M. en las enfermedades mentales y los posibles factores de efecto de esta etnomedicina, desde la sacralidad o la dimensión espiritual como "superfactor" hasta el uso de hongos psicoactivos. Finalmente, la autora somete a la M.T.M. a una comparación sistemática con las psicoterapias occidentales. Preguntas importantes, y a veces explosivas, que se tratan son:

- ¿La psicoterapia occidental como terapia sin tradiciones?
- ¿Posible uso de la espiritualidad como recurso para la terapia occidental?
- ¿Aplicación clínica de sustancias psicoactivas en la psicoterapia occidental?

Después de leer este impresionante estudio comparativo, tengo esperanzas y sentimientos similares a los de la autora en sus palabras finales:

Que este completo y fascinante estudio sobre etnoterapia inspire al lector o lectora el anhelo o el denuedo por un cambio de paradigma en la psicoterapia y la medicina modernas, que tiene como objetivo deshacer la "comprensión mecanicista" a veces obstructiva de la salud y la enfermedad humanas en la dirección de una comprensión holística de la misma.

Prof. Renaud van Quekelberghe.
Catedrático de Psicología Clínica y Psicoterapia,
de la Universidad Koblenz-Landau, Alemania, 2015

1. La crisis de identidad de la psicoterapia occidental

La intelectualización y racionalización crecientes no significan, pues, un creciente conocimiento general de las condiciones generales de nuestra vida. Su significado es muy distinto; significan que se sabe o se cree que en cualquier momento en que se quiera se puede llegar a saber que, por tanto, no existen en torno a nuestra vida poderes ocultos o imprevisibles, sino que, por el contrario, todo puede ser dominado mediante el cálculo y la previsión. Pero esto significa el desencantamiento del mundo [3]

(Max Weber, 1919, p.16)

El término "psicoterapia occidental" engloba diversas teorías y sus correspondientes métodos, como la psicología conductual, la psicoanalítica o la humanista, entre muchas otras. En este texto, nos referiremos sobre todo a la terapia conductual y sus diferentes formas de proceder, así como a las terapias con fundamento psicoanalítico: la psicología profunda y el psicoanálisis, mismos que son los métodos psicoterapéuticos establecidos en el sistema alemán de atención médica. Este hecho impacta a lo que se entiende por psicoterapia en la sociedad, en la medicina y en la investigación.

Aunque el término "psicoterapia occidental" sugiere una homogeneidad muy difícil de comprender si es vista desde una perspectiva interna, la generalización del término "psicoterapia occidental" resulta indispensable para la diferenciación que se lleva a cabo en el presente libro de los sistemas terapéuticos que proceden de dos culturas diferentes.

Si las distintas formas de psicoterapia occidental se las observa desde una perspectiva comparativa intercultural, se puede comprobar que su integración al sistema médico no sólo ha traído consigo un impulso importante

---

[3] Traducción nuestra del texto original en alemán: "Die zunehmende Intellektualisierung und Rationalisierung bedeutet also nicht eine zunehmende Kenntnis der Lebensbedingungen, unter denen man steht. Sondern sie bedeutet etwas anderes: das Wissen davon oder den Glauben daran: dass man, wenn man nur wollte, es jederzeit erfahren könnte, so dass es also prinzipiell keine geheimnisvollen unberechenbaren Mächte gibt, die da hineinspielen, dass man vielmehr alle Dinge- im Prinzip – durch Berechnen beherrschen könne. Das aber bedeutet: die Entzauberung der Welt." (Max Weber, 1919: La ciencia como profesión. El trabajo intelectual como profesión. Cuatro ponencias ante la Federación libre de estudiantes. Primera ponencia, p.16)

en su desarrollo, sino que también ha dado lugar a la exclusión de elementos supuestamente incompatibles, lo que a la vez obstaculiza su desarrollo. Por esto es que existen otros métodos terapéuticos, fuera del sistema estatal de atención médica en Alemania, que toman en cuenta aspectos que en "las terapias convencionales" no están incluidos. Por ejemplo, los conceptos y temas espirituales en los distintos métodos terapéuticos con enfoque humanista. Aunque es importante decir que aun en estas la exclusión ha tenido algún impacto.

La psicoterapia occidental y la investigación psicoterapéutica estaban orientadas, desde su aparición y hasta los años ochenta del siglo pasado, sobre todo a establecerse como una forma de tratamiento médico científicamente comprobable. Es apenas a principios del siglo veinte que la psicoterapia comenzó a practicarse sistemáticamente y fue establecida institucionalmente, por lo que es una disciplina relativamente joven dentro de las ciencias médicas.[4]

En 1952, en un momento en el cual ya se había desarrollado un campo extenso en la práctica psicoterapéutica en forma de un sinnúmero de procedimientos y la aplicación de estos en diferentes áreas, el psicólogo inglés Hans Eysenck (1952) hace unas declaraciones provocadoras acerca de la ineficacia de la terapia psicoanalítica, planteando básicamente que no había evidencia científica de la eficacia clínica de estos tratamientos psicoterapéuticos[5]. Este acontecimiento fue el que inició la investigación de la psicoterapia, misma que ha comprobado mediante numerosos hallazgos que es un método muy eficaz para el tratamiento de enfermedades mentales. El estudio de Grawe, Donati y Bernauer (1994), que evalúa a todos los estudios clínicos hechos hasta principios del año 1984 acerca de la eficacia de la psicoterapia, puede ser entendido en este contexto como un cierre

---

[4] Como primer procedimiento psicoterapéutico es reconocido el método psicoanalítico desarrollado por Sigmund Freud a finales del siglo XIX y que predominó dentro de la psicoterapia occidental hasta los años 60 del siglo XX. A mediados de siglo, este tratamiento comenzó a tener competencia de otras corrientes psicoterapéuticas como la conductual y cognitiva y la psicoterapia con enfoque humanista.

[5] En 1952 el psicólogo británico Eysenck, uno de los representantes más importantes de la psicología empírica, publicó un estudio que arrojaba como resultado que no había pruebas científicas que mostraran el efecto de la psicoterapia (en ese entonces en su mayoría orientada psicoanalíticamente), y que muchas veces el efecto del psicoanálisis no superaba los efectos de remisión espontánea que se da en personas que no estuvieran bajo tratamiento.

impresionante del empeño que se hizo para establecer a la psicoterapia como una disciplina médica.[6]

El empeño referido anteriormente hecho para establecer una política médica y profesional, sin duda ha reforzado considerablemente el prestigio social de la psicoterapia. Por otra parte, condujo a que el interés por los temas y fenómenos complejos y aún sin aclarar en el tratamiento psicoterapéutico se redujera en gran medida, en contraste con la apertura y poder de innovación en la fase inicial de las escuelas psicoterapéuticas. Puesto que competía con otras disciplinas médicas para garantizar la máxima objetividad científica, entendida esta como positivista, algunos conceptos psicoterapéuticos significativos ya no eran "presentables", en particular aquellos provenientes de los enfoques psicoanalíticos y humanistas[7]. Eso llevó a que estos métodos psicoterapéuticos desaparecieran de la formación académica de las jóvenes generaciones de terapeutas en Alemania.

Procesos similares tuvieron lugar en la evolución de la psicología académica en la segunda mitad del siglo XIX, con la cual la psicología se estableció junto con otras ciencias como una psicología sin alma (Mack, 2007). Afortunadamente esta tendencia, que hace algunos años por poco hubiera llevado a la desaparición del psicoanálisis del ámbito académico, pudo ser frenada.[8] Al mismo tiempo, el desarrollo en las últimas décadas de una serie de métodos psicoterapéuticos alternativos demuestra que existe una parte considerable de la población que no está satisfecha con los tratamientos psicoterapéuticos que les ofrece el sistema médico como respuesta a sus necesidades y problemas. Un buen ejemplo sería el método de las Constelaciones familiares y organizacionales (Hellinger, 2013) el cual trabaja individual y grupalmente e incluso en instituciones y que ha vuelto muy popular, así como la Teoría de grupos operativos de Enrique Pichón Riviere en los países hispanohablantes.

Desde una perspectiva filosófica cultural este desarrollo con la exclusión de los aspectos metafísicos de la psique en la psicoterapia occidental en las

---

[6] La conclusión de los autores de este estudio fue que, en comparación con los estudios acerca de la eficacia farmacéutica, la tasa de mejoría encontrada con la ayuda de un tratamiento psicoterapéutico permite catalogar a la psicoterapia como un método muy potente de tratamiento. (Grawe et al., 1994, S. 676f)

[7] Por ejemplo el psicodrama, la terapia Gestalt y la logoterapia.

[8] En las últimas décadas la reputación académica de las terapias con enfoque psicoanalítico mejoró de nuevo gracias a estudios empíricos sistemáticos que comprobaron su eficacia y a nuevos métodos de investigación del cerebro que permitieron comprobar tanto la existencia del inconsciente, así como los posibles efectos de la psicoterapia a nivel de la fisiología cerebral.

pasadas décadas forma parte de un desarrollo que el sociólogo Max Weber metafóricamente llamó el fenómeno de "desencantamiento del mundo". Con este término, se refería críticamente a los procesos de cambio social contemporáneos que en su opinión, traían consigo una sobreestimación de la racionalidad y la falta de conciencia de sus limitaciones (Weber, 1919) Para Weber el origen de esta hipertrofia del juicio racional estaba en el proceso de secularización de la cultura occidental, el cual se efectúa en estrecha interacción con los procesos de industrialización, con cambios en las estructuras de poder y de valores como por ejemplo la eficiencia y la individualidad. A través de esta secularización de la cultura europea, que viene progresando desde la época de la Ilustración, es que se llega a un despliegue dinámico de las ciencias naturales. Al mismo tiempo aquellas vivencias humanas que se encontraran en evidente contradicción con los supuestos básicos de la ciencia de aquel entonces, como los algoritmos lógicos de distinción y causalidad y la superioridad de lo físico o de la materia, fueron desplazadas del foco de atención. Consideradas como "metafísica" perdieron su valor como objeto de interés en la ciencia, sobre todo las vivencias de tipo espíritu religioso, las místicas y algunas otras vivencias psíquicas que no eran comprobables a base de los supuestos científicos vigentes.

Si bien es cierto que este proceso ha permitido la conexión de la psicoterapia a la medicina científica, también evidencia que ha sido poco fructífero para el desarrollo de conocimiento dentro de la misma. La aplicación del paradigma mecanicista de la biomedicina a fenómenos y procesos psicoterapéuticos limitó sobre todo los contenidos de investigación, los conceptos y preguntas aplicadas y las respuestas resultantes, excluyendo aspectos importantes de la psique como su compleja relación con los procesos corporales, así como, el papel de las experiencias espirituales o de vivencias místicas. Esta reducción de la complejidad tuvo efectos limitantes sobre todo en la práctica de la psicoterapia, pero también en el tratamiento de enfermedades corporales.

Respecto a la psicoterapia occidental se puede constatar que este proceso llevó no solo a una pérdida de "su encanto" sino esencialmente a la pérdida de su identidad.

Debido a lo anterior y como un proceso de compensación, en el transcurso de las últimas décadas el interés por métodos alternativos y prácticas terapéuticas de otros contextos culturales aumentó dentro de la sociedad occidental. Iniciándose primero un proceso fuera del sistema médico y psicoterapéutico académico, poco después también en la psicoterapia occidental creció la atención a métodos tradicionales de otras culturas, las cuales tienen en común que conservan la unión originaria entre la práctica de la terapia y los aspectos espirituales. Fueron tomados especialmente partes de la medicina tradicional asiática para el mantenimiento y el restablecimiento de la salud. El ejemplo más conocido es la Psicoterapia centrada en la conciencia plena o Terapia mindfulness (Kabat-Zinn, 2004) que se estableció exitosamente desde los años noventa y se basa en técnicas de meditación budista.

Tales procesos de asimilación y transferencia sin duda amplifican y enriquecen las prácticas psicoterapéuticas, sin embargo, no erradican completamente los mecanismos colectivos de represión descritos anteriormente. Por lo tanto, es necesario hacer un énfasis en que lo que le hace falta a la psicoterapia occidental es mucho más que una reivindicación superficial del conocimientos y prácticas terapéuticas de otras culturas, le falta ampliar la concepción de sí misma para incluir el redescubrimiento de su esencial conexión con aspectos espirituales y mentales que por su carácter no pertenecen al dominio de la lógica racional.

En los últimos 10 años, en las neurociencias ha surgido un alto interés en los estados alterados de conciencia y su aplicación terapéutica – ya sean estos inducidos a base de substancias o por otros métodos– lo que ha provocado la necesidad de reconocer y reflexionar con las herramientas de la ciencia moderna fenómenos que por muchos años y décadas han sido excluidos, como las vivencias místicas que parecen tener un alto impacto terapéutico. Al parecer este proceso de cambio de enfoques e intereses da impulso a una reintegración de temas metafísicos en el discurso científico. Se está elaborando un entendimiento más profundo de la conciencia humana, lo que incluye el reconocimiento del hecho de que la capacidad de reflexión lógica racional es nada más *un* modo de percepción de la realidad, con sus limitaciones específicas, y que además, disponemos como seres humanos de la capacidad de llegar a vivencias y entendimientos místicos-metafísicos.

Es interesante constatar que entre otros Freud en sus ensayos psicoanalíticos tempranos sobre los sueños diseñó también una duplicidad básica de las funciones mentales. El proceso primario, definido por falta de la lógica racional y activo p.ej. en los sueños y estados psicóticos, a diferencia del proceso secundario, caracterizado por la lógica racional, las divisiones conceptuales de sujeto-objeto o a lo largo de las dimensiones espacio y tiempo. Sin embargo, estos dos conceptos hasta la fecha nunca llegaron a tener mayor atención en la teoría y práctica terapéutica psicoanalítica.

Por otro lado, estamos en la favorable situación de poder aprender de las medicinas tradicionales como la M.T.M. respecto a su profundo conocimiento del uso terapéutico de los fenómenos espirituales, entre otros los estados alterados de conciencia de diferente profundidad, lo que se va a analizar en detalle posteriormente en este libro.

Este cambio conceptual profundo no implica como psicoterapeuta occidental asumir las mismas creencias y conceptos psicoterapéuticos y espirituales de la M.T.M., tampoco requiere recurrir a alguno de los sistemas religiosos, implica más bien una apertura a redescubrir el potencial humano de acceder a este otro tipo de percepción de la realidad, cuando la persona reflexiona acerca de si misma, de su relación con el entorno social y natural; y se vuelve más consciente respecto de temas que no están al alcance de la mente racional.

2. Introducción a la medicina tradicional mexicana

... para los antiguos nahuas, todas las enfermedades eran de origen natural-divino, ya que la naturaleza era por definición divina; lo sobrenatural no existe. Todo, dioses, aire, agua, calor, frío y seres del supra- e inframundo forman parte de la realidad natural. Es el hombre quien al transgredir los códigos de conducta establecidos por la sociedad o por exponerse accidentalmente a los efectos de esa naturaleza mágica, pierde su equilibrio existencial y aparecen síntomas de la enfermedad que no es otra cosa que señales del desequilibrio.

(Xavier Loyoza Legorreta (1994, p.37)[9]

2.1 ¿Qué es la medicina tradicional mexicana?

La medicina tradicional mexicana (M.T.M.) actual se caracteriza por estar basada en la medicina indígena que antes de la llegada de los españoles ya existía como un sistema médico, y es por esto que se le conoce también como medicina prehispánica. Esta medicina indígena contenía un extenso conocimiento sobre las posibilidades de tratamiento de enfermedades tanto físicas como mentales a través de –entre otros– tratamientos quirúrgicos y un extenso uso de medios de curación como plantas. Además, la medicina prehispánica presentaba rasgos de *chamanismo*[10]. Datos históricos demuestran la extensa utilización de técnicas de éxtasis y de (inducción al)

---

[9] Antropólogo médico y biólogo mexicano

[10] Las definiciones del chamanismo coinciden en su mayoría en que se trata de un sistema complejo de conocimientos y convicciones de un grupo étnico, sistema que se ocupa de la relación del ser humano con su entorno inmediato y con una realidad transcendental (cosmos, el mundo de los espíritus y los antepasados), en el cual el chamán tiene la función de ser el mediador entre ambos mundos y con este propósito utiliza estados alterados de conciencia (ver p.ej. Hoppàl. 2002). Formulado de otro modo, el chamán se ocupa de todos los asuntos, en los cuales el ser humano necesite de una intervención directa en lo sobrenatural (Hultkranz et al., 2002). La curación representa una de las áreas de aplicación esencial del chamanismo, además de otros, como profetizar, la interpretación de los sueños, la aplicación de rituales de protección, de contacto y comunicación con los antepasados y otros. La llamada tradición chamánica clásica es practicada por algunos grupos étnicos de Siberia y de las regiones polares de Eurasia, sin embargo, se presentan muchas más formas del chamanismo en diferentes regiones de Asia, el continente americano y en el Mar del Sur (Hultkranz et al., 2002).

trance, del uso terapéutico de la interpretación de los sueños y de profecías en la medicina indígena prehispánica (Quezada, 1989, entre otros).

La medicina tradicional es conocida en el lenguaje coloquial de México y de otros países de habla hispana del centro y Sudamérica como "curanderismo", nombre que se deriva de la palabra española "curar". Los y las terapeutas dentro del curanderismo son llamados *curandero* y *curandera*.

Los diferentes significados que se le da a la palabra curandero y curandera refleja en algo de los conflictos históricos por los cuales pasó la medicina nativa.

El término curanderismo:

- Se refiere a la práctica profesional de curación dentro de la medicina tradicional en general.
- Es el nombre de la especialización del curandero o curandera, quien ofrece el tratamiento de curación espiritual y que es de alta estima en el contexto indígena y tradicional, en comparación con otras disciplinas como herbolaria, partería y quiropráctica.
- Puede ser usado despectivamente como "charlatanería" para descalificar los métodos de curación indígenas, en comparación con una supuesta superioridad de los tratamientos biomédicos.

Puede parecer una ironía de la historia, que son sobre todo los documentos escritos por la Inquisición en las colonias españolas los que facilitan un conocimiento relativamente detallado sobre los tratamientos psicoterapéuticos de la medicina prehispánica (véase el trabajo de Anzures y Bolaños, 1983 y Quezada, 1989) Además de estos, las crónicas de los primeros monjes españoles son también consideradas como fuente de información importante sobre la medicina prehispánica, mismas que se concentran en la descripción de aspectos materiales de la medicina nativa.[11]

Probablemente, dado que la medicina española de la época medieval con la influencia de la doctrina de la iglesia tuvo un desarrollo muy pobre, es que los españoles se interesaron por la importación del conocimien-

---

[11] Las principales obras son: Obras de Francisco Hernández (1571- 1577) – una recopilación de los remedios de curación usados en México, escrito por un doctor español, por orden del rey español; Códice Badiano y Libellus de medicinalibus indorum herbis, 1552, escrito por el médico indígena Martín de la Cruz, un alumno de un monje español; Tesoro de medicinas, 1580- 1589, escrito por Gregorio López; Florilegio medicina, 1712 escrito por Esteyneffer

to médico y de las plantas medicinales provenientes de las colonias en América.[12]

Al mismo tiempo, en el transcurso de los siglos posteriores a la colonización, la medicina nativa entró en contacto con otros sistemas médicos y otras doctrinas, y los procesos de asimilación resultantes llevaron a más progresos. Debido a lo anterior, en la práctica de las y los curanderos mexicanos tradicionales de hoy en día se pueden encontrar huellas de la medicina española medieval. Los movimientos religiosos del espiritualismo[13] que se han dado en México a partir de la mitad del siglo XIX, han afectado fuertemente la práctica de la M.T.M. Además, se nota cierta influencia del conocimiento de la biomedicina moderna y algunos elementos de la psicoterapia occidental. Esto último se manifiesta en el hecho de que las y los curanderos utilizan, en algunos casos, complejos vitamínicos o aplican conceptos de la psicoterapia occidental, como por ejemplo el concepto del "yo".

Foto 1. *Caracol marino, usado en la M.T.M. como instrumento de viento para invocar a lo divino, 2012*

El uso actual del concepto de medicina tradicional acentúa sus raíces en las tradiciones prehispánicas de

---

[12] Así es como el volumen de las importaciones de plantas con fines medicinales y de nutrición superó a la importación de oro y plata a España después de la conquista de las colonias en América. (Lozoya Legorrreta, 1994, p.44).

[13] El espiritualismo se desarrolló en México a partir de la segunda mitad del siglo XIX y fue popular especialmente bajo la dirección del monje católico Roque Rojas, quién fue excomulgado por la iglesia. En la actualidad, es un sistema espiritual y terapéutico autónomo que es practicado en instalaciones construidas especialmente para ello llamadas "templos". Está basado en la creencia de que es posible un desarrollo espiritual y gradual del individuo el cual es guiado por seres espirituales, los cuales se comunican en estados de trance. La curación de enfermedades representa una parte de estos procesos espirituales. El espiritualismo muestra tendencias anticatólicas. Descripciones detalladas acerca de la historia y práctica del espiritualismo en México pueden encontrarse en Finkler (1993, 1994) y Macklin (1979). Las creencias y prácticas espiritistas dentro del curanderismo varían dependiendo de las creencias espiritistas de cada región y de la inclinación de la o el curandero.

cada país, sin reducirlo a una medicina puramente indígena incluye también las influencias de otras prácticas terapéuticas no institucionalizadas y predominantemente basadas en la experiencia. Sin embargo, su carácter único y su poder terapéutico provienen de sus raíces en las culturas nativas americanas, de sus conceptos del mundo y del ser humano.

La figura 1 muestra las especializaciones que en la actualidad pueden encontrarse en la profesión del curanderismo en la M.T.M. Las subespe-

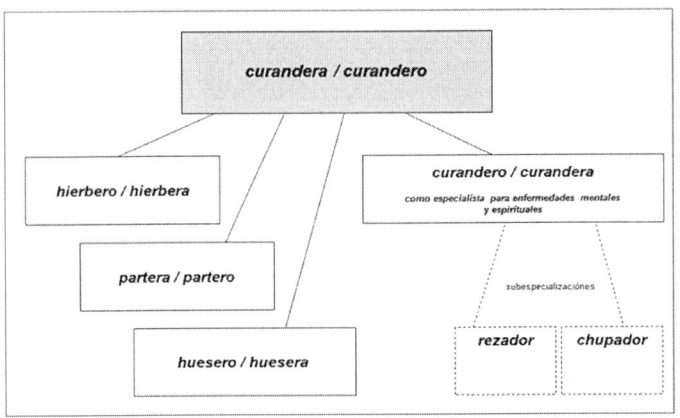

Figura 1. *Las especializaciones más comunes dentro de la medicina tradicional mexicana*

cializaciones mencionadas –como rezador(a) y chupador(a)– representan sólo una parte de la gran variedad de prácticas terapéuticas que existen en el campo de la cura de los trastornos mentales, aunque la práctica de estas subespecializaciones ha disminuido debido a las influencias modernas. Dependiendo de las tradiciones de curación de cada lugar, pueden existir técnicas terapéuticas adicionales o diferentes nombres para las mismas especializaciones. En el curanderismo hay muchas personas especializadas en el tratamiento de trastornos mentales y espirituales, pero estas no necesariamente lo combinan con la práctica de la herbolaria o la partería.

Puesto que la actual M.T.M. está influenciada por la medicina indígena prehispánica, se hablará de ésta detalladamente en el siguiente subcapítulo.

2.2 Los principios de la medicina indígena prehispánica

"¡Ea! Dígnate venir, madre mía, La Dueña de la falda de Jade, la que tiene camisa de Jade, La de Verde Falda, La de Verde Camisa, Mujer Blanca, veamos aquí al pobre niño, al que quizá abandonó su venerable tonalli."

(Conjuro de una médica Nahua prehispánica relacionado con el diagnóstico/tratamiento de la pérdida del tonalli (espíritu) de alrededor del año 1600) [14]

Nuestro concepto de la cosmovisión y medicina indígena precolonial está basado en fuentes secundarias, de reconstrucciones, debido a la falta de registros escritos en los textos originales, los llamados Códices. Las crónicas que se conservan de los primeros conquistadores españoles informando de la cultura indígena, basadas en información oral o en sus propias observaciones, ya están adaptadas a la visión del mundo que tiene el autor y por ende a los intereses coloniales.

Es casi una certeza que el entendimiento original de los indígenas sobre la enfermedad y la salud era holístico. La comprensión integral del mundo que tenían los indígenas estaba basada en la creencia de que todas las formas de la naturaleza y del cosmos contienen un flujo de energía espiritual. Ciertos aspectos de la naturaleza o los artefactos sirven como contenedores de este flujo, siendo por esta cualidad que eran usados por las y los curanderos. Por otra parte, algunos fenómenos naturales pueden dañar este flujo.[15]

En la cosmovisión indígena, cada persona es capaz de ser parte de este flujo de energía espiritual y posee un propio potencial energético, que está a su disposición desde el nacimiento. La energía espiritual está sujeta a influencias favorables o desfavorables y, debido a ello, puede ser debilitada o fortalecida en el transcurso de la vida a través de lo espiritual. El

---

[14] Relatado por el sacerdote católico Hernando Ruiz de Alarcón, cerca de 1629, México (López Austin,1975, pág. 1519)

[15] La supuesta diferencia entre enfermedades con causas naturales y sobrenaturales se contradice expresamente. Así, para antropólogos mexicanos como León- Portilla (1974, citado en Anzures y Bolaños, 1983, Pág. 32) en la medicina prehispánica hay un grupo de conceptos de enfermedad, que se asemejan a los conceptos de la escuela moderna, y otro grupo, que no va con el entendimiento médico científico. La delimitación entre enfermedades naturales y sobrenaturales se presenta como insostenible, cuando se observa que en el pensamiento indígena la naturaleza y lo divino presentaban una unión armoniosa, y que esta solo podía ser desintegrada en caso de un trastorno.

ser humano siempre está conectado en un nivel energético con su medio ambiente y con el medio social y siendo así, se convierte tanto en emisor como en receptor de energía mental-espiritual.

De lo anterior se deriva que todo tipo de enfermedad, tanto física como mental, es una expresión de un desorden en el nivel de la energía espiritual de la persona. Además, esa energía espiritual, misma que es independiente de la existencia humana, se puede utilizar ya sea para favorecer la salud o perjudicarla. Los especialistas en el manejo de esta energía eran las curanderas y curanderos indígenas[16]. Esta facultad del manejo de energía es clave en la práctica del chamanismo en muchas partes del mundo.

En esa cosmovisión, el uso de plantas, animales y minerales no sólo cumple una función fisiológica, sino que actúa también a nivel espiritual. Basándose en esto, parece existir un sin número de posibilidades de tratamientos preventivos y curativos en la medicina prehispánica, mismos que requieren de establecer un contacto con esta energía.

Por medio de análisis de los pocos códices nahual conservados, el historiador mexicano López Austin (1980) realizó una reconstrucción del conocimiento médico precolonial. Los conceptos prehispánicos sobre las enfermedades son de mucho valor informativo con respecto al entendimiento de la psique, por esta razón, habrá una explicación referente a ello en el siguiente subcapítulo. Con mucha probabilidad, aunque se trate de la reconstrucción de conceptos de los indígenas Nahua prehispánicos, los conceptos encontrados son válidos también para la medicina de otros pueblos indígenas de Mesoamérica. Esta suposición es apoyada por el hecho de que los sistemas médicos tradicionales actuales de toda América coinciden en alto grado. Según López Austin, los nahuas prehispánicos diferenciaban tres partes en el aparato psíquico, a los cuales nombraron *tonalli, teyolia* y *ihiotl*. En la representación de los nahuas, estos tres poderes psíquicos estaban estrechamente conectados con regiones específicas del cuerpo o con procesos corporales.

---

[16] La o el chamán funge como mediador(a) entre el mundo del humano y el mundo metafórico de los espíritus y los dioses a través de cualidades psíquicas especiales y con la ayuda de ciertas técnicas.

2.3 Espíritu, emoción e instinto. El modelo "tripartito" de la psique en la medicina prehispánica

Los indígenas nahua prehispánicos diferenciaban tres aspectos o partes de la psique: el aspecto espiritual, el afectivo- emocional y el aspecto instintivo[17]. Estos tres aspectos, *tonalli, teyolia y ihiotl* (López Austin, 1980) nos permiten hablar de un *modelo tripartito* o de un *modelo de tres niveles de la psique de la medicina prehispánica.*

El *tonalli* lo entendían como una energía de origen divino que era esencial para cualquier vida y que establecía una conexión con el cuerpo humano en el momento del nacimiento. El tonalli de una persona conformaba el aspecto energético de toda la salud mental y física del ser humano y se asociaba en particular con los siguientes aspectos y funciones del aparato psíquico: coraje mental, vitalidad, capacidad de pensar y el temperamento. A nivel físico, *el tonalli* estaba relacionado con el crecimiento. Se consideraba que estaba ubicado en la cabeza y era a través de la circulación sanguínea que la energía del *tonalli* se propagaba por todo el cuerpo.

En principio, la conexión del *tonalli* con el cuerpo humano no era estable ni permanente, por el contrario, esta energía espiritual podía desprenderse del cuerpo y regresar nuevamente a él. Esta cualidad le permitía asumir una función mediadora entre las fuerzas divinas y la persona. Los sueños eran vistos como la forma más importante de comunicación con el plano divino y los dioses. Mientras que las ausencias breves del tonalli se consideraban normales e inofensivas, como durante el sueño nocturno, las ausencias prolongadas del espíritu se consideraban potencialmente mortales. En el campo psicopatológico, por ejemplo, la locura era entendida por los nahuas como expresión de un tonalli perturbado.

Los nahuas entendían al *teyolia* como un segundo nivel funcional psicológico que describía una fuerza vital individual ya presente en el útero. A esta entidad psicológica se le asignaban los diferentes estados emocionales, así como la llamada "inteligencia emocional" y los esfuerzos asociados. Según los nahuas, este poder psíquico estaba ubicado en el corazón. Así se explica que una variedad de cuadros sintomáticos leves y graves, en particular los trastornos del estado de ánimo fueran descritos utilizando

---

[17] Un mayor acercamiento al concepto de "espíritu" desde una perspectiva psicológica se hace en el capítulo 4.3.

la palabra *Yollo*, que en náhuatl significa corazón (Elferink *et al.*, 1997, p. 60). A diferencia del *tonalli* (espíritu), esta parte de la psique acompañaba al ser humano durante toda su vida y sólo se desprendía en el momento de su muerte. *El teyolia* podía ser alterada o dañada por diferentes influencias, sobre todo por conductas inmorales, especialmente sexuales y por enfermedades que oscurecen u oprimen el corazón y/o lo cubren con mucosidad, además de por brujería. Las enfermedades del *teyolia* eran curadas no sólo con ciertas plantas (como por ejemplo contra la mucosidad) sino también por medio de la confesión de conductas inmorales, además de ofrendas y otros rituales.

En la medicina tradicional mexicana de la actualidad se ha conservado el concepto de alma y juega un papel importante para el entendimiento de una parte de las enfermedades psíquicas, como se muestra en la investigación de campo que da base a este libro.

La tercera dimensión de la psique era llamada por los antiguos nahuas *ihiyotl* -dicho término derivado de la palabra *ihio* "aliento"- y se relacionaba con el hígado. Se le denominaba así a una energía psíquica indiferenciada, instintiva y que se manifestaba en afectos arcaicos como deseo, envidia o ira.

Si *el ihiyotl* se manifestaba en forma moderada podía brindar resiliencia, pasión y energía vital a la persona. Esta energía psíquica se encontraba en el hígado y podía ser expulsada en forma de un gas brillante, y así dañar directamente a otras formas de vida, tanto a otros seres humanos, como también al ganado, a la fertilidad del campo o al poder de las ofrendas. Este influjo dañino podía proceder también de personas ya fallecidas, además de que un desbalance de esta fuerza psíquica podía perjudicar incluso al portador(a) de esta energía. Así, muchas de las enfermedades de naturaleza psicosomática se atribuían al *ihiotl*, ya que había un desbordamiento demasiado intenso de la energía emocional lo que envenenaba a la sangre y el cuerpo.

Es por lo que una vida moral –sobre todo evitando los "vicios" y "una vida sexual excesiva"– era vista como la regla más importante para la "limpieza" del hígado. Otra recomendación hecha por la medicina indígena prehispánica era que para contrarrestar los daños causados por la energía *ihiyotl*, la persona dañada aplicara una energía igualmente fuerte, por ejemplo, cobrarse la infidelidad sexual del cónyuge con la misma moneda.

El concepto de *ihiyotl* no se ha conservado como tal en la M.T.M. actual, sin embargo, aparece implícitamente en conceptos importantes de enfermedad, como en el de *envidia-agresión, mal de ojo* y *enfermedad por sentimientos fuertes* que parten de la hipótesis de que afectos fuertes como la envidia, la ira, el odio y el deseo pueden enfermar tanto a la persona transportadora del afecto como a la persona receptora.

2.4 Marcas de la colonización en la práctica psicoterapéutica de la medicina indígena

"...los médicos [indígenas] son los más perjudiciales y principales celadores de esta idolatría." (Jacinto de la Serna, siglo XVII).[18]

Como ya se mencionó, la medicina indígena está fuertemente vinculada con prácticas religiosas cercanas al chamanismo. Debido a esta cercanía con las religiones indígenas "paganas", para los españoles representaba una fuerza opuesta a la cristianización y con ello, una resistencia a la ideología de los colonizadores. Por esta razón, el lado psicoespiritual de la medicina indígena fue combatido con gran fuerza por la potencia colonizadora española[19] y es así que los elementos psicoreligiosos de la medicina indígena fueron difamados como "fetichismo, culto al diablo, y superstición" y fuertemente perseguidos por la Inquisición, como lo deja claro la cita presentada al principio de este capítulo escrita por el cura español Jacinto de la Serna en el Siglo XVII. Ejercer el curanderismo era el cargo más común en los procesos de inquisición que fueron efectuados en la Colonia de la Nueva España –lo que hoy en día es México– entre los años de 1571 a 1812 (Anzures y Bolaños, 1983).

En su investigación de los documentos referentes a los procesos inquisitoriales Anzures y Bolaños llega a la conclusión de que el tribunal de la llamada Santa Inquisición penaba especialmente los aspectos psicoterapéuticos de la medicina indígena, tales como el diagnóstico del oráculo y la aplicación de sustancias naturales psicoactivas, así como la interpreta-

---

[18] De la Serna, J. (siglo XVII): Tratado de las supersticiones, idolatrías, hechicerías y otras costumbres de las razas aborígenes de México, como se citó en Quezada, 1989, pág.71).

[19] La destrucción de los dioses indígenas, su devoción y lugares de culto era, como es sabido, uno de los objetivos estratégicos más importantes de los colonizadores. La construcción de iglesias sobre templos indígenas en México es una prueba de esta política.

ción de los sueños, el trabajo con incienso y los tratamientos simbólicos en rituales mágicos (Anzures y Bolaños, 1983, p. 69).

Sin embargo, los conquistadores españoles tenían un serio interés en la medicina indígena debido al retraso de la medicina medieval española. Este especial interés se manifestaba en el hecho de que sustancias con poder curativo se exportaban del Nuevo Mundo a España[20] y que la medicina indígena ocupó un lugar muy importante en los primeros escritos de los monjes. La estimación del lado "empírico" de la medicina indígena perduró hasta el siglo XVII, debido al incipiente desarrollo en Europa de una medicina científica orientada hacia la biología. En los años posteriores, esta postura se transformó en un menosprecio generalizado al curanderismo. Debido a este conflicto de intereses existente al principio de la Colonización, las autoridades coloniales estaban empeñadas en extraer la parte "empírica" de la medicina indígena, menospreciando la parte psicoespiritual. Por esta razón, al leer las primeras crónicas de los monjes españoles se puede encontrar casi exclusivamente representaciones diferenciadas de los aspectos materiales del conocimiento médico de los indígenas, como por ejemplo, un listado de una multitud de plantas curativas y sustancias curativas a base de minerales o procedentes de animales, así como su modo de preparación y aplicación.

El poder colonial hizo esfuerzos para dividir la medicina holística indígena y despojarla especialmente de su fundamento en lo sagrado. El siguiente texto, que trata sobre la diferencia entre un médico "verdadero" y uno "falso" ilustra esta manera de actuar, procede de los primeros tiempos de la Colonia y es parte de una *ordenanza para el gobierno de los hospitales* y en efecto fue traducido al idioma Nahua.[21]

El médico verdadero: un sabio (tlamatini), da vida.

Conocedor experimental de las cosas: que conoce experimentalmente las hierbas, las piedras, los árboles, las raíces.

---

[20] Las expectativas de la élite española eran altas de poder explotar plantas y materias primas para fines terapéuticos y otros fines científicos, ya que la medicina española de esta época estaba pobremente desarrollada con respecto a la aplicación de plantas medicinales, que la curación con plantas por los diferentes grupos indígenas de América..

[21] Representa una práctica usual del poder colonial el traducir ordenanzas administrativas de este tipo en los principales idiomas indígenas del territorio colonizado..

Tiene ensayados sus remedios, examina, experimenta, alivia las enfermedades.

Da masaje, concierta huesos.

Purga a la gente, la hace sentirse bien, le da brebajes, la sangra, corta, cose, hace reaccionar, cubre con ceniza (las heridas).

El médico falso: se burla de la gente, hace su burla, mata a la gente con sus medicinas, provoca indigestión, empeora las enfermedades y la gente.

Tiene sus secretos, los guarda, es un hechicero (nahualli), posee semillas y conoce hierbas maléficas, brujo, adivina con cordeles.

Mata con sus remedios, empeora, ensemilla, enyerba.

(León-Portilla, 1974 como se citó en Anzures y Bolaños, 1983, p. 31.)

Hasta hoy la medicina tradicional en México enfrenta un rechazo latente o manifiesto por parte de las instituciones religiosas cristianas, que se basa en el conflicto histórico de la iglesia católica con el carácter pagano de la medicina indígena. No obstante, se pueden encontrar diversas influencias cristianas especialmente del catolicismo, en los conceptos y tratamientos de la M.T.M., que desde el comienzo fueron asimilados y llevaron al sincretismo característico de la M.T.M. actual.

La cristianización no sólo influyó en los contenidos de las creencias y por ende en la práctica de la medicina indígena, sino que también influyó indirectamente en la comprensión de la psique. Visto de cerca, se puede hablar de una pérdida gradual de la dimensión espiritual en la concepción de la psique. Este proceso se ilustra al estudiar la adquisición de conceptos de la medicina indígena prehispánica y sus creencias psico-religiosas por la cultura occidental. Por ejemplo, los primeros monjes españoles tradujeron el concepto de *teyolia y tonalli* como *alma*.

El concepto cristiano de *alma* humana abarca algunas propiedades de lo espiritual, como lo entendían los nahuas. Por ejemplo, la creencia en la inmortalidad del *alma* se basa en la idea de que una parte de la psique puede separarse del cuerpo y perdurar. Sin embargo, en la religión cristiana, esta propiedad se entiende como pasiva, las acciones a nivel espiritual sólo se le atribuyen a Dios y, en menor medida a sus representantes en la tierra. Este cambio importante en la comprensión del concepto de *alma* con la colonización y la cristianización afecta a algo muy esencial, es decir, a la pérdida de conocimiento acerca de la capacidad de cada persona de tener experiencias religiosas y espirituales por medio de una comunicación directa con lo divino.

Históricamente se trata aquí de un proceso mediante el cual fueron expulsados de la conciencia pública aspectos centrales de la religión y espiritualidad indígena, en el curso de la cristianización de las colonias americanas y con el fin de consolidar el poder de los colonizadores. En términos de historia cultural, este proceso debe entenderse como parte de un cambio global en el que las numerosas formas de práctica religiosa no institucionalizadas y no organizadas jerárquicamente fueron desplazadas en favor de formas de religión más institucionalizadas y jerárquicamente estructuradas. La superposición del concepto cristiano de *alma* sobre la versión nahua más diferenciada de *tonalli* e *teyolia*, es un ejemplo para tales procesos históricos en general y la pérdida de conocimiento acerca de la dimensión espiritual de la psique humana asociada con ellos; lo que muestra cómo estos procesos culturales e históricos pueden afectar indirectamente y a largo plazo a los conceptos médicos de una sociedad, en este caso, los conceptos de las enfermedades mentales y de la psicoterapia.

Es así como la poca importancia que tienen las experiencias y necesidades espirituales en la psicoterapia occidental puede ser entendida también en este contexto histórico. El proceso que comenzó con la Ilustración para liberar a las ciencias -incluida la medicina- de la doctrina cristiana llevó con el paso del tiempo, a una actitud negativa generalizada contra todo lo referente a lo espiritual. Incluso los principios de la psicoterapia occidental, tanto en el psicoanálisis como en el conductismo, están marcados por un rechazo a lo religioso. Sin embargo, la postura que excluye los aspectos espirituales de las vivencias psíquicas contradice los hallazgos empíricos científicos que demuestran la universalidad de experiencias religiosas y místicas, y que describen también el uso ritualizado de estados alterados de conciencia que se lleva a cabo en todo el mundo. Existen ya muchos hallazgos que hablan a favor de la universalidad de vivencias espirituales y religiosas (Bucher, 2014, p. 12).

Las preguntas psicoterapéuticas de este libro se basan en la comprensión occidental de la psique, que no tiene una disposición genuina a las experiencias religioso-espirituales ni a la conexión esencial entre el *alma* y la espiritualidad, lo que trae consigo múltiples dificultades conceptuales para el diálogo que se intenta hacer en este trabajo entre la medicina tradicional mexicana y la psicoterapia occidental, aunque también representa una oportunidad para entender las manifestaciones de lo espiritual en el campo de la psicoterapia.

Finalmente, una comprensión más profunda de las interfaces y las transiciones fluidas entre lo espiritual y lo psicológico-psicoterapéutico es de considerable importancia para la recepción actual de la medicina tradicional en México.

2.5 La recepción de la M.T.M. bajo la influencia del paradigma biomédico.

En la mitad del siglo XVIII comenzó a imponerse también en la sociedad mexicana un modelo médico, biológica y científicamente orientado, lo que dio como resultado un riguroso rechazo a los sistemas médicos "no científicos" hasta la mitad del siglo XX (Menéndez, 1990, p. 62). En este contexto, la M.T.M. cayó una vez más en la marginación social.

Fue la influencia de la política internacional de salud, como por ejemplo a través de la conferencia de la OMS en 1972, que ocasionó que por primera vez los sistemas tradicionales de medicina tuvieran una creciente y abierta atención como recurso para el suministro estatal de prevención de la salud. Debido a ello hubo en México a una preocupación intensiva con aspectos políticos sociales y de salud de la M.T.M. (Menéndez, 1977; Lozoya Legorreta *et al.*, 1988).

En esta fase de una recepción científica inicial, el rechazo colectivo anteriormente establecido a los aspectos psicoespirituales de la M.T.M. parecía seguir teniendo efecto. Es por eso que, la mayoría de los estudios en antropología médica a partir de los años 80 se ocupan de aspectos biomédicos de la M.T.M., como por ejemplo la partería o la herbolaria. Por el contrario, conceptos y prácticas psicoespirituales, como el uso de hongos o plantas psicoactivas debido a su efecto mágico-curativo específico, obtuvieron muy poca atención y su reducida consideración fue hecha solamente desde lo etnológico.

Estas limitaciones en la recepción científica de la M.T.M. nos muestran que había una tendencia eficaz a ajustar la imagen de la M.T.M. a las creencias básicas de la biomedicina. Otro ejemplo de esta "presión de ajuste" en la recepción de la M.T.M. en pasadas décadas se encuentra en que el texto citado en detalle en el capítulo anterior sobre el "verdadero" y el "falso" médico[22], que fue antepuesto en un Manual *para médicos indígenas* publicado por el *Consejo estatal de médicos indígenas de Oaxaca,* como parte de un programa de la OMS para la instrucción de médicos tradicionales de diferentes países en el campo de la prevención básica de la salud (OMS, 1995). Aparentemente, quienes editaron el manual no estaban conscientes de que se trataba de un reglamento por parte de la administración colonial traducido al náhuatl y no de un texto indígena original. Además, en su segunda parte se devalúa, entre otras, la lectura del oráculo, el que es mencionado en el texto como adivinación con ataduras. Este hecho es paradójico, ya que como se verá más adelante la lectura del oráculo representa una de las técnicas de diagnóstico psicoespirituales más practicadas de la M.T.M.

La misma tendencia de desvalorización de aspectos psicoespirituales en los discursos científicos modernos fue descrita por otros autores con referencia a la recepción de sistemas médicos tradicionales en Bolivia y Perú (Steingrüber, 2002). Una recepción científica reducida a aspectos biomédicos no logra captar de ninguna manera el carácter integral de la medicina tradicional, cuando integra aspectos somáticos, psíquicos y sociales, además de culturales y espíritu religioso de salud y enfermedad. Así, es importante constatar que eso llevó a que el significado de la medicina tradicional como psicoterapia casi permaneciera invisible hasta ahora.

2.6 La posición actual de la M.T.M. en la sociedad mexicana

La medicina tradicional mexicana existía hasta el año 2000 sólo como un sistema médico informal junto al sistema oficial de la medicina moderna occidental[23]. "Informal" significa para la M.T.M. hasta ahora, que la prác-

---

[22] En el que -como se recordará- los componentes genuinamente psicoterapéuticos de la M.T.M., como la lectura del oráculo, son considerados charlatanería.

[23] En México hay, además de la medicina tradicional, algunas propuestas de medicina alternativa, como por ejemplo la medicina china, Ayurveda, Reiki, masajes curativos, etc. Tales propuestas son limitadas a áreas urbanas y a público con un alto nivel de formación académica y nivel socioeconómico, comparable con la situación en países industrializados.

tica de esta medicina si bien era estatalmente protegida como un derecho de los grupos indígenas a practicar su autonomía cultural, no era legal como práctica terapéutica.[24]

En las últimas décadas, el esfuerzo de muchos años por el reconocimiento general de la M.T.M. como sistema médico fue finalmente exitoso, por lo menos en varios de los estados de la República Mexicana[25]. En el 2010 la M.T.M. fue reconocida como una parte integral del sistema del cuidado de la salud en seis de los 31 estados. En una ley del Estado de Oaxaca del 2001 que tenía como fin legalizar el uso de la M.T.M. se estipula, entre otras cosas:[26]

- Que entre los representantes de la M.T.M. y la biomedicina debería de reinar una relación de mutuo respeto y se debería de emprender un esfuerzo colectivo referente al cuidado de la salud del pueblo indígena
- Que los representantes de la M.T.M. como "ayudantes de la salud", con ayuda de programas estatales anteriores, establecieran pequeños centros o puestos de salud, los cuales deberían de garantizar el cuidado de la salud en zonas rurales.

Sin embargo, la aplicación de estas disposiciones legales en materia de salud no se ha llevado suficientemente a la práctica hasta el momento. Por otra parte, a nivel mundial un creciente número de sistemas médicos tradicionales han encontrado el camino para liberarse del menosprecio social en el que se han encontrado por siglos, debido a conflictos de poder y opiniones pseudocientíficas. Además de China, en otros países, como Sudáfrica y Perú la medicina tradicional es reconocida legalmente como sistema médico.

Al igual que en muchos países en desarrollo, el cuidado de la salud de los sectores más pobres de la población mexicana mostraba graves deficiencias. La Encuesta Nacional de Salud de 1992 llegó a la conclusión de que en México el 30% de la población vivía sin ningún tipo de asistencia médica, geográfica y económicamente accesible, proporcionada por los sistemas oficiales de salud (Frenk et al., 1994; como se cita en Medina- Mora et al.,

---

[24] La práctica legítima del cuidado de la salud en México consistía de instituciones médicas estatales y relacionadas con el gobierno, así como también de instituciones privadas, todas ellas están marcadas por el modelo biomédico, de la misma manera que en los países industrializados occidentales.

[25] https://revistaquixe.com/2021/09/23/medicina-tradicional-en-oaxaca/

[26] Decreto número 345 del cambio del reglamento del Estado de Oaxaca y de la ley estatal de salud de 15.9.2001

1997, p. 33). Esta situación precaria en el campo de la salud es parecida a la situación en otros países de la región del centro y sur de América, incluso del Caribe. Estimaciones de la Organización Panamericana de la Salud de 1993 arrojaron como resultado que 130 millones de personas en Latinoamérica y el Caribe no tenían acceso a instituciones médicas y que la mayoría de estas personas pertenecen a la población indígena de esos países.

Estas cifras ponen de relieve que, desde una perspectiva de salud pública, en México y otros países la medicina tradicional juega un papel imprescindible para el cuidado de la salud de la población. Especialmente en las regiones del país con deficiencias en el abastecimiento y para la parte de la población que vive en condiciones precarias, la M.T.M. representa muchas veces la única posibilidad del cuidado de la salud. Es por esta razón que las personas recurren a las habilidades terapéuticas de curanderos y curanderas tradicionales para un amplio espectro de tratamiento, como enfermedades infantiles, mordeduras de serpientes, fracturas de hueso, asistencia en partos, pero también el tratamiento de síndromes depresivos o de estados psicóticos.

Para el enfoque psicoterapéutico es interesante el resultado de un estudio de la OMS realizado por Bannerman et al. (como se cita en Mas y Caraveo, 1991, p. 148) en el cual se afirma que en Latinoamérica se recurre a la medicina tradicional no sólo en caso de enfermedades corporales, sino sobre todo en caso de problemas y molestias en el campo de la salud mental. Es probable en que el uso frecuente de la medicina tradicional en el campo de la salud mental no sólo sea resultado de las deficientes ofertas psicoterapéuticas por parte del Estado, sino también se debe al papel clave que juega la coherencia conceptual entre la cosmovisión del paciente y la terapia simbólica ofrecida. Así se entrelazan los efectos terapéuticos de la medicina tradicional con un efecto de fortalecimiento de identidad cultural.

La precaria situación de la atención médica descrita en este capítulo, sobre todo para la población indígena en México y otros países, aclara la discrepancia entre el significado social real de la medicina tradicional y su estatus oficial. El análisis científico del impacto psicoterapéutico de la M.T.M. es una forma de evaluación de su importante y extenso —hasta ahora descuidado— aporte terapéutico a la atención médica dentro de la sociedad mexicana.

3. Las gentes que dan vida a la M.T.M. y dinámicas psicológicas y sociales de una investigación transcultural

"…Vi milagros de esta tierrade mujeres que sus manos alimentan-la que invita, aunque nada tengay pelea por las cosas que si son buenas.

Palomita canta el milagro de la masa del humo de este comal Tu que bebiste mis lágrimas de granitos de cristal".

(Lila Downs, Paul Cohen, 2011)[27]

3.1 La región de Oaxaca

En el momento de la investigación el estado de Oaxaca tenía la mayor tasa de suministro de medicina tradicional per cápita en el país, con el 14% del número total de curanderas y curanderos.

Al sur de México, el estado de Oaxaca se extiende sobre un área de 94,000 kilómetros cuadrados y estaba poblado para el año dos mil por tres millones de habitantes[28]. Con una extraordinaria variedad de paisajes y climas y una diversidad de ecosistemas, sus habitantes se dedican principalmente a la agricultura, en lo que era principalmente una economía de subsistencia. Aun así, se producían algunos productos agrícolas para el comercio nacional, como el maíz, el café, la caña de azúcar y el maguey. En las regiones costeras existía una pequeña industria pesquera. Artesanías altamente desarrolladas, turismo y extracción de materias primas minerales también desempeñaban un papel como factores económicos.

A nivel nacional Oaxaca es el estado con mayor porcentaje de población indígena y la segunda mayor diversidad étnica. El banco mundial y las instituciones nacionales estimaban para el año 2000 que más de la mitad de la población oaxaqueña era de origen indígena (aproximadamente el

---

[27] Parte del texto de una canción de Lila Downs y Paul Cohen con el título "Palomo del Comalito", 2011. Recuperado de http://en/wikipedia.org/wiki/Palomo_del_comalito (2 de febrero de 2014)

[28] Para 2020 eran 4,132,148 habitantes (INEGI). Recuperado de https://www.cuentame.inegi.org.mx/monografias/informacion/oax/poblacion/

68%) y que un alto porcentaje hablaba solo el idioma indígena nativo. Oaxaca tiene 13 diferentes grupos étnicos indígenas, de los cuales zapotecos y mixtecos son los predominantes.

En las áreas de trabajo e ingresos, salud y educación[29], en el momento de la investigación la población estaba muy por debajo del promedio nacional. A modo de ejemplo, en el año de 1995 entre un 71 y un 74% de los hombres y las mujeres adultas con familia no poseían una formación escolar concluida (INEGI, 2000, p. 34). La deserción escolar era en ese momento del 50% aproximadamente, mismo que era más alto que el promedio a nivel nacional de un 37,5% (p. 49). Según un informe del gobierno de 1995 del Estado de Oaxaca el 61% de los hogares no contaban con las condiciones higiénicas básicas, casi el doble del promedio nacional (Gobierno del estado de Oaxaca, 1995).

3.2 Las condiciones de vida

El contacto con las personas que ejercían la medicina tradicional mexicana se dio en dos lugares que diferían significativamente en términos de contexto sociocultural y económico. Por un lado, las curanderas Guadalupe y Hermila, practicaban el curanderismo principalmente en el entorno urbano de la capital homónima del estado de Oaxaca, lo que implicaba que aunque la ciudad también estaba habitada por representantes de varios grupos indígenas, es la población mestiza la que domina en cuanto a cultura y población. Es importante agregar que en la ciudad se encuentran varias universidades y algunas empresas industriales, además de un pequeño aeropuerto, algunos museos, cines y un teatro municipal. El turismo juega un papel importante económicamente.

El curandero Albino y sus pacientes vivían en un ambiente rural más tradicional. Su lugar de residencia, el pequeño pueblo de San José Tenango en las montañas mazatecas aún no tenía una conexión a la red de carreteras, más bien se requería de unas tres horas en coche por un camino de terracería desde el pequeño pueblo mazateco de Huautla. San José Tenango era un centro local para indígenas de los ranchos de los alrededores debido a un mercado que se ponía cada semana. La mayoría de las personas llega-

---

[29] Alrededor del 26% de la población del estado es analfabeta, más de la mitad de los cuales son mujeres (Gobierno del Estado de Oaxaca, 1995).

ban a la aldea a pie o con la ayuda de transporte animal. El pueblo tenía algunas pequeñas tiendas privadas para alimentos básicos y los bienes de consumo más importantes, una escuela primaria, una pequeña iglesia católica y un centro de salud poco utilizado, que aparentemente rara vez estaba equipado con personal médico. Según Boege (1988, p. 10), aproximadamente el 70% de las y los mazatecos hablaban solo el mazateco. San José de Tenango se encuentra en la región mazateca del norte y noreste del estado de Oaxaca. Mientras que en ciertas regiones montañosas hay buenas condiciones para cultivar café a pequeña escala, además del cultivo casi ubicuo de maíz, el cultivo de la caña de azúcar domina en las tierras bajas. La población mazateca en 1980 comprendía alrededor de 148,000 personas (Boege, 1988).[30]

La tradición de los matrimonios polígamos patriarcales locales es parte de la cultura mazateca, la cual todavía existía para fines del siglo pasado,

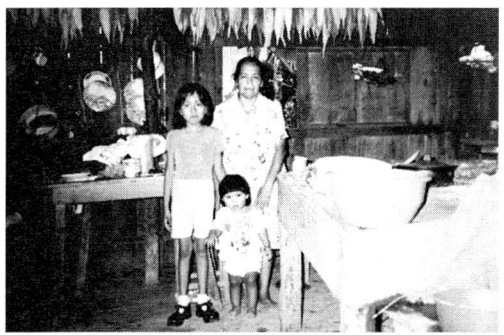

Foto 2. *En la cocina de clientes del curandero Albino, San José Tenango / Mazateca Alta, 1999*

aunque con una tendencia a la baja. Además de la administración política oficial de la región, existían estructuras administrativas y organizativas marcadas por la tradición indígena y en cuyo centro se encontraba el consejo de ancianos de la comunidad local respectiva. La actividad de curación gozaba de una alta reputación social y los miembros del Consejo de Ancianos a menudo también trabajaban como curanderos. A nivel nacional y más allá de las fronteras de México, la cultura mazateca se ha dado a conocer principalmente a través de sus tradiciones curanderiles con el uso diverso de hongos psicoactivos. Un papel pionero en llamar el interés público hacia la cultura terapéutica mazateca lo tuvo la colaboración de la curandera Maria Sabina con la pareja estadounidense de los Wasson en la década de 1960 quienes se dedicaban a la investigación etnobotánica. Esta investigación mostró por primera vez

---

[30] Para información sobre el pueblo mazateco en la actualidad ver https://www.gob.mx/inpi/articulos/etnografia-del-pueblo-mazateco-de-oaxaca-ha-shuta-enima

evidencia empírica del uso de productos naturales psicoactivos en la medicina indígena, que hasta entonces solo se sabía a través de las crónicas de los conquistadores españoles. Estos hallazgos en los años sesenta llamaron mayor atención también fuera de un contexto científico y llevaron a diversas consecuencias negativas y conflictivas para la región.

3.3 Las curanderas y curanderos

Para mejor entender la práctica de la medicina tradicional se describe a continuación la situación de vida de quienes ejercían el curanderismo y que participaron de la investigación de campo en que se basa este libro.

Curandera Guadalupe

La curandera Guadalupe atendía principalmente en la ciudad de Oaxaca, en un distrito cercano al centro. Las numerosas conversaciones y encuentros en su consultorio, con su vida familiar y durante los tratamientos que realizaba diariamente nos sirvieron para tener un primer acercamiento a la M.T.M.

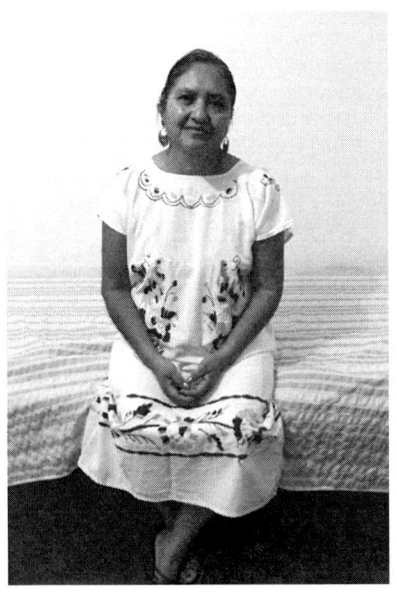

Foto 3. *La curandera Guadalupe en su consultorio en la ciudad de Oaxaca, 2012*

En el momento de la investigación, la curandera Guadalupe tenía 43 años y vivía en una de las partes centrales de Oaxaca con su esposo, tres hijos adultos y una nieta. Ella había estado trabajando allí como curandera durante 20 años. En ese momento, trabajaba a tiempo completo como empleada en la administración de una escuela y solo practicaba la curación como un segundo trabajo, principalmente en las tardes y noches, en cuartos de su casa especialmente arreglados para este propósito.

Su dedicación sin pretensiones a la profesión del curanderismo es de destacar. La remuneración por el trabajo de curación consistía básicamente en tarifas que se basan en los recursos financieros del o la paciente; aunque algunas personas también pagaban en especie. El esposo de Doña Guadalupe de nombre Manuel, también trabajaba con ella como curandero especializado en ciertos métodos de tratamiento, como el ritual de temazcal y masajes. Además, estaba comprometido como miembro principal de la organización profesional de las y los curanderos del estado de Oaxaca. Si era necesario, un hijo adulto –Obed–apoyaba al curandero en su trabajo terapéutico, especialmente realizando extensos rituales.

A menudo los fines de semana, la curandera y su esposo trabajaban, tratando a la población local, en un pueblo ubicado en la montaña a pocas horas, donde la familia tenía su propia casa. Varias veces al año organizan en este lugar "seminarios de fin de semana", en el que podían participar pacientes seleccionados(as) y otras personas interesadas. Estos seminarios se llevan a cabo como un tratamiento grupal, con componentes principales como un ritual de temazcal y otro, con hongos psicoactivos.

Foto 4. *Vista de la sala de espera del consultorio en San José de Pacífico, 2012*

La curandera veía el tratamiento de las molestias psíquicas como su especialidad y área principal de actividad. Ella afirmaba que el 70 al 80 por ciento de su clientela era tratada por molestias de naturaleza psicológica. En su forma de trabajar, ella combinaba diferentes tradiciones indígenas (zapotecas y mixtecas, también del estado de Oaxaca), técnicas espiritistas (sesiones en las que actuaba como médium), conceptos psicoterapéuticos y elementos de biomedicina (por ejemplo, inyecciones de vitaminas). Un tratamiento consistía de múltiples sesiones, generalmente de media hora tres veces por semana. Con pausas de tratamiento específicamente prescritas, así demoraba un promedio de dos a tres meses en completarse. Además de la multitud de elementos de tratamiento ritual (por ejemplo, oraciones y limpieza simbólica), la curandera incluía en su tratamiento el nivel orgánico de la enfermedad, por ejemplo, sintiendo el pulso como diagnóstico y dentro de la terapia, y mediante el uso de masajes, baños de vapor y tratamientos fitoterapéuticos (tés, tinturas, etc.).

Su carrera como curandera había comenzado con su propia enfermedad[31] durante la pubertad, con síntomas poco claros que un médico trató sin éxito, por lo que ella recurrió por ayuda a una curandera. Con ella recibió tratamiento durante un largo período de tiempo hasta que se recuperó. En el proceso de su terapia, la paciente descubrió su propio talento curativo y comenzó a aprender de la mano de su maestra curandera. Después de un aprendizaje de varios años en el que vivía con su maestra en un pueblo del estado de Oaxaca y trabajaba como su asistente, comenzó a trabajar de manera independiente como curandera. En una formación profesional posterior como "asistente médica", adquirió conocimientos básicos de medicina convencional.

Curandero Albino

El curandero Albino originario del pueblo mazateco de San José Tenango, vivía junto con una de sus dos esposas, Epifanía, y la familia de uno de

Foto 5. *El curandero Albino con su esposa Epifanía en el patio de su casa, San José Tenango, Sierra Mazateca, 1999*

sus hijos ya adultos. Su segunda esposa se había separado de él hacía ya mucho tiempo. Varios hijos adultos de ambos matrimonios vivían en la zona, algunos de los cuales trabajaban como curanderos. Al parecer, Don Albino tenía conflictos con algunos de ellos. Además de trabajar como curandero, él había trabajado como carpintero, y, en el momento de las entrevistas, se ganaba la vida principalmente a través del trabajo agrícola,

---

[31] Aquí se encuentra el tema de la "enfermedad de iniciación", que se conoce como una de las formas típicas de convertirse en chamán.

especialmente del cultivo de café y maíz que estaba muy extendido en la región.

Don Albino practicaba la curación normalmente en los dos días de mercado semanal en la ciudad. La sala central de su casa se convertía en estos días en el cuarto para efectuar los tratamientos. En una esquina de la sala se encontraba el altar, típico de la región, que se conformaba de imágenes de santos y pacientes, así como por objetos utilizados en los rituales, puestos en una mesa grande.

La nuera del curandero Albino, Carmela, que vivía en la casa, se convirtió durante la investigación en una persona de contacto e informante muy importante, dado que dominaba el mazateco y el español, haciendo el trabajo de traducción, a menudo indispensable, y ayudando a clasificar mejor la información recogida.

La clientela del curandero provenía principalmente de San José Tenango y de los pueblos de los alrededores, algunos de los cuales solo se podía acceder a pie. Su esposa lo apoyaba con ciertos tratamientos, especialmente en la realización de rituales de hongos -que duraban varias horas- y cada vez que el o la paciente necesitaba masaje adicional o tratamiento fitoterapéutico. El trabajo terapéutico era recompensado según los medios económicos de la persona tratada, siendo a menudo muy bajo debido a los muy escasos recursos financieros de la clientela.

Su forma de trabajar mostraba claras influencias de la cultura mazateca, que a su vez está inseparablemente conectada con el uso ritualizado de hongos psicoactivos para diversos fines espirituales y terapéuticos. El concepto de tratamiento del curandero Albino se refería exclusivamente al nivel espiritual de la enfermedad y la curación. Su habilidad especial para comunicarse con las fuerzas divinas y espirituales a través de invocaciones, oraciones y su don de vidente constituía la base de sus tratamien-

Foto 6. *El curandero Albino en la fase inicial de un ritual de mesa en la habitación principal de su casa, 1999*

tos. Según la antigua subdivisión precolonial de la profesión de curandero, él trabajaba como rezador, lo que puede traducirse como "orador por la salud". Él no solía usar ninguna planta medicinal con el propósito de influir fisiológicamente en las enfermedades, sino que trabajaba únicamente con hongos psicoactivos y otros materiales vegetales, con el fin de activar con ellos procesos psicológicos y espirituales con base en los "poderes espirituales" que se les atribuyen. Siguiendo la tradición chamánica mazateca, en cada ritual de hongos, el curandero ingería hongos psicoactivos, sin embargo, desde su perspectiva tenía un efecto positivo para el tratamiento si la o el paciente también consumía hongos y participaba de tal manera en el cambio de estado de conciencia.

El curandero Albino creía que generalmente un solo tratamiento era suficiente para tratar con éxito la afección, aunque en casos difíciles, se podían requerir de hasta cuatro tratamientos. Además del tratamiento curativo, las medidas preventivas eran una parte importante en su trabajo terapéutico. Así, gran parte de la clientela preguntaba sobre tales medidas preventivas, como en caso de los sucesos vitales críticos anticipados, de conflictos psicosociales o cuando había un sueño con contenido perturbador.

En sus palabras, las razones por las que decidió ejercer la profesión de curandero:

> Recuerdo que mi padre realizaba tratamientos[32]. Y a menudo estaba cerca de él cuando era niño y veía cómo lo hacía. Ahí que tengo sangre de curandero en mí. Sin embargo, nunca he estado enfermo por mucho tiempo, no usé esta medicina. Pero en algún momento decidí intentar curar a mi esposa yo mismo, porque hasta entonces ningún tratamiento la había ayudado. Era la primera vez que pedía ayuda a los hongos y me enseñaron cada vez más.[33]

> (Curandero Albino, 1999)

---

[32] Según el curandero, su padre practicaba la lectura del oráculo.

[33] Su esposa Epifanía describía la enfermedad como causada por brujería; aparentemente la envidia jugó un papel porque ella había sido muy trabajadora desde pequeña. Durante diez años había sufrido una variedad de dolencias; tales como dolor de venas -y por ello sentía como si la sangre ya no pudiera fluir-, dolores de cabeza y dolores en todo el cuerpo y "el pelo erizado al mediodía". Las terapias de los médicos y otros curanderos no la habían podido ayudar. Gracias al tratamiento de su esposo, ella fue "sacada del reino de los muertos con la ayuda de los hongos", reino al cual su espíritu había sido llevado por la brujería de otro curandero.

La iniciación de Don Albino como curandero fue por lo tanto, a través de visiones en la realización del ritual de hongos psicoactivos debido a una enfermedad grave y a largo plazo de su esposa. En el momento de la investigación, el curandero era miembro destacado de la organización profesional local de las y los curanderos y también era comprometido representante nacional.

Curandera Hermila

La curandera Hermila tenía unos 60 años en el momento de la investigación. Ella había diseñado programas de asesoramiento en la radio y la televisión local sobre opciones de tratamiento para diversas enfermedades en el curanderismo. Ella provenía de una región montañosa al norte del estado de Oaxaca y vivía ya varios años en la ciudad de Oaxaca con un hijo adulto, que trabajaba como quiropráctico. Como una fuente adicional de ingresos para la curación, vendía artesanías indígenas y dulces caseros. En el momento de la investigación, parecía haber reducido en gran medida el trabajo terapéutico en favor de las relaciones públicas en el área de la medicina tradicional, por lo que la colaboración estuvo dada por varias entrevistas.

Su carrera profesional como curandera la comenzó como partera, para luego trabajar durante varios años como curandera en un templo espiritualista. En su trabajo como curandera trataba una amplia gama de molestias desde somáticas hasta psicológicas, así como en el campo de la partería. Los aspectos psicoespirituales siempre jugaron un papel importante en sus tratamientos, haciendo uso de limpias y otros rituales. Además, tenía mucha experiencia en la medicina herbal y en la aplicación del ritual de temazcal que usaba principalmente en el contexto de la partería. No se veía a sí misma como especialista en enfermedades mentales y no practicaba ningún tratamiento con hongos psicoactivos. Recientemente había comenzado a llevar a cabo discusiones grupales terapéuticas sobre problemas específicos de las mujeres.

3.4 La alteración de la identidad de quien investiga a través del encuentro intercultural

Estamos de acuerdo con el antropólogo y psicoanalista Mario Erdheim, cuando escribe: *"La percepción de lo extraño está tan estrechamente vinculada a la propia historia de vida que uno no puede hablar de lo extraño sin hablar de sí mismo" (1984, prefacio, p. VIII).*

La dinámica psicológica, en gran parte inconsciente, puesta en marcha por una situación intercultural, como la describe Erdheim la tuvimos que enfrentar en la investigación de campo. Esto significaba tratar de ser consciente de que, paralelamente a nuestras cuidadosas observaciones y la comunicación con las y los curanderos y sus pacientes y familiares, se despertaban a un nivel menos consciente tanto por nuestra parte como en ellos y ellas diversas confusiones emocionales estrechamente ligada a la cultura de cada quien y a su socialización.

Una primera fuente de reflexión fue un aspecto por demás evidente, la interacción entre la investigadora –de cultura y habla alemana– con los curanderos y curanderas y sus respectivos pacientes, que estaban algunos(as) más influenciados(as) por las raíces indígenas y otros(as) más por la cultura mestiza mexicana.

Junto con la pertenencia a diferentes nacionalidades y culturas, la pertenencia a estratos socioeconómicos diferentes y los entornos de vida reales e imaginarios vinculados a ellos también desempeñaron un papel implícito en los encuentros. Esta interculturalidad llevó –como Erdheim plantea– a que el proyecto de investigación tanto como la investigadora despertaran en las y los curanderos y sus pacientes una gama de expectativas, imágenes estereotípicamente asociadas con la cultura alemana y actitudes ambivalentes las que eran solamente en parte conscientes y comunicadas. Obviamente y a pesar de nuestros esfuerzos para una aproximación imparcial al "objeto de investigación", se dio la misma situación en la investigadora, es decir, su forma de percibir y describir estaba asociada a los conceptos y valores implícitos que fueron formados por la cultura alemana. Finalmente, queremos subrayar que esa dinámica típica de un encuentro intercultural influyó de diferentes maneras en las actitudes subjetivas de todas las personas involucradas.

Se manifestó por ejemplo en las decisiones de las y los curanderos sobre cuáles situaciones y aspectos de su práctica me permitirían observar, así como en nuestra selección de lo observable o lo que valía la pena observar en los complejos procesos de la práctica de curación. Por último, influyó en la interpretación de lo observado. El influjo de numerosas actitudes y motivaciones subjetivas en el proceso de investigación en las ciencias sociales es omnipresente, pero adquiere una dinámica más intensa en la investigación intercultural. Por lo tanto, en una investigación cualitativa se debe conceder importancia a reflejar de la manera más completa posible las influencias subjetivas relevantes de los actores respecto al tema. Es por esto que en los siguientes párrafos analizaremos brevemente las actitudes personales del curandero y las curanderas y sus pacientes hacia la investigadora y su proyecto de investigación; y los de la investigadora relacionados con ello.

Básicamente cada una de las tres personas dedicadas al curanderismo, el curandero Albino y las curanderas Elvira y Guadalupe, recibieron a la investigadora con una actitud abierta y benevolente. Al mismo tiempo era posible notar a una sutil ambivalencia.

En el polo "positivo" de la ambivalencia percibían la presencia de la investigadora y el profundo interés en su trabajo como expresión de aprecio hacia la M.T.M. en general y hacia él y ellas como sus representantes. Este aprecio sirvió como una suerte de reforzamiento de su competencia terapéutica a los ojos de la comunidad, de las y los vecinos, colegas y, finalmente de las y los pacientes, representando sin duda un aumento del prestigio en su entorno social.

Foto 7. : *Conversación con el curandero Don Albino en el patio de su casa. San José Tenango.1999*

Sin embargo, este aumento en el prestigio ofrecía un potencial de conflicto, como deja claro el curandero Albino en una plática posterior a un *ritual de hongos* al que asistimos para observar. "He visto que la gente de aquí, los vecinos, se sienten celosos de que una persona como tú venga a mí. Bueno, están molestos, enojados, cómo puede ser que conozca [sic] a tanta gente que vienen a visitarme".

El polo "negativo" de la ambivalencia era una desconfianza generalizada respecto al papel de una investigadora proveniente del extranjero. Este papel era asociado con la práctica neocolonial de los países industrializados occidentales, misma que ha persistido hasta nuestros días, con la obtención de materias primas o información para el propio beneficio sin tener en cuenta el principio de intercambio, el dar y recibir que sigue siendo esencial y altamente valorado en las culturas tradicionales.

Esta desconfianza se basa en experiencias históricas y también actuales de los grupos étnicos en la nación mexicana, que a menudo han sido víctimas de explotación por parte de compañías y corporaciones extranjeras, aparte de la expoliación de las materias primas etnobotánicas y el conocimiento curativo asociado, que se ha convertido recientemente en un tema de interés lucrativo de las corporaciones extranjeras. El curandero y las dos curanderas nos contaron espontáneamente con visible rencor e indignación de tales actividades de grupos farmacéuticos y cosméticos internacionales. Además, es importante recordar que en la historia neocolonial la etnología primermundista a menudo jugó un papel pionero en la exploración de los recursos indígenas.

LA DOBLE CARA DE LA INVESTIGACIÓN ETNOLÓGICA: EL CASO DE LA CURANDERA MAZATECA MARIA SABINA (1894 -1985)

La historia reciente del curanderismo mexicano también conoce otras consecuencias negativas de la investigación científica. La decisión tomada en el año 1955 por la curandera mazateca Maria Sabina de dar acceso a investigadores occidentales al uso tradicional de hongos psicoactivos —hasta aquel entonces guardado por siglos como tradición oculta— trajo consecuencias muy conflictivas, a quien después de la investigación se volvió muy conocida junto con la comunidad local en la que practicaba (Hofmann, 1987). La curandera Maria Sabina permitió la participación en rituales de hongos

al investigador –académico privado y banquero– estadounidense Gordon Wasson y a su esposa Valentina
Pavlovna y más tarde a otros investigadores, incluidos
el químico suizo Albert Hofmann y el médico y psicoterapeuta alemán Hanscarl Leuner. G. Wasson logró
incluso llevarse esporas de hongos y examinarlas.

De esta manera, el curanderismo mexicano se hizo inter-
nacionalmente conocido a finales de la década de 1960 y,
por primera vez, se percibió su importancia psicoterapéutica, lo que fue promovido por el inicio de la investigación
aplicada de sustancias psicoactivas en la psicoterapia,
que a su vez había sido posible desde el descubrimiento
del LSD por parte de Albert Hofmann en 1943 y que se
había convertido en todo el mundo en un tema de investigación innovador, aunque para pequeños grupos de investigadores y psicoterapeutas, desde la década de 1960

Al mismo tiempo en esa época, hubo un rápido desarrollo del uso de sustancias psicoactivas en grupos alternativos de la población general en los Estados Unidos y otros
países occidentales. La publicación de un artículo sobre
su investigación en una revista estadounidense de gran
volumen por Gordon Wasson en 1957 atrajo a un "turismo
psicodélico" a la región mazateca en la década de 1970.
La población indígena, incluida la curandera Maria Sabina, percibieron el uso predominantemente hedonista del
ritual de hongos psicoactivos por parte de los extranjeros
como un abuso. La curandera Maria Sabina fue culpada
y perseguida hostilmente por parte de su entorno social.
Esto llevó al aislamiento de su familia en la comunidad
local e incluso destrucción de su casa en Huautla de Ji-
ménez por un incendio. En los últimos años de su vida,
se opuso amarga y rotundamente al uso sin respeto alguno de los hongos sagrados por parte de la gente de la
cultura occidental.

En la tensión causada por las proyecciones culturales y las motivaciones subjetivas tratamos de encontrar una posición que no negara la responsabilidad histórica de la cultura occidental, pero que tampoco nos abrumara y obstaculizara la relación personal con las y los curanderos durante las actividades de investigación. Para ello, más por intuición que por una reflexión racional, desarrollamos la estrategia de poner el acento en el principio de dar y recibir, que es muy valorado y ubicuo en la cultura mexicana. Así, compartimos con la curandera Guadalupe los cuestionarios desarrollados para la medición del curso del tratamiento y entregamos a cada curandero(a) la transcripción de su entrevista.

También la investigadora estuvo dispuesta a aplicar sus conocimientos y habilidades profesionales como terapeuta con algunos(as) clientes del curanderismo, en dado caso que el curandero o las curanderas lo desearan y pareciera practicable. Las personas que accedieron de esta manera a la psicoterapia occidental no fueron obviamente incluidas en los casos tratados por la M.T.M.

Además, la investigadora tuvo que pasar por un proceso de cuestionamiento fundamental de su identidad profesional y cultural al tener que establecer comunicación y vivir para más tiempo en una "normalidad cultural" bastante diferente a la propia. Por "exóticas" que puedan parecer algunas de las prácticas de tratamiento presentadas en este libro, en las salas de tratamiento de la M.T.M. la investigadora era "la exótica", a quien, además de la curiosidad, la envidia y la admiración, también se le mostró una sutil actitud de desprecio defensivo porque ella era "la ignorante". A veces, la investigación de campo significaba que tenía que renunciar temporalmente a algunos de los hábitos de privacidad. Estando con el curandero Albino en las montañas mazatecas, el lugar para dormir estaba en su sala de tratamiento, ya que no había ni un hotel ni una habitación especial en el pueblo, y probablemente habría provocado una irritación innecesaria si ella hubiera rechazado este gesto hospitalario. Quedarse en la sala implicó muchas veces despertarse con los golpes del primer paciente a la puerta y la obligación a retirar rápidamente la cama, una situación que tocaba aspectos básicos de su experiencia personal, y su percepción de la intimidad. Además, la renuncia a hábitos básicos obligada por el encuentro intensivo con una cultura ajena le causó una especie de "desorganización espiritual e intelectual" temporal.

Al inicio del trabajo de campo, la investigadora pensaba que todo lo experimentado en las prácticas de las y los curanderos no podía asociarse en absoluto con la psicoterapia. Así, abandonando el proyecto original consideró la selección arbitraria de elementos "adecuados" del tratamiento que fueran compatibles con su trabajo científico y omitir todo el resto "incompatible", como los "rituales mágicos" difíciles de describir y el uso de las sustancias psicoactivas, así como algunas cosas que para ella resultaban extrañas.

Desde un punto de vista psicoanalítico estas reacciones se pueden entender como estrategias de defensa, como distanciamiento intelectual y retirada a una superioridad fantaseada, así como a pronunciadas tendencias de control. En retrospectiva, es posible decir que la situación intelectual de la investigadora era de impotencia. Conteniendo el impulso de huir por medio de los mecanismos de defensa descritos y obligándose a una estrategia de pequeños pasos de entendimiento por la "jungla exótica" de la práctica de tratamiento de la M.T.M., a menudo era necesaria una observación y una descripción muy atentas y la voluntad de soportar el "no saber y no entender".

De esta manera, llegamos a descubrir gradualmente conexiones y entender cada vez más. Para lograrlo a menudo tuvimos que prescindir de algún concepto familiar a nuestra propia socialización profesional y reorientarnos en el así formado *vacío de significado*.

Foto 8. : *La autora en conversación con el curandero Albino y su nuera Carmela, San José Tenango, 1999*

Como un ejemplo claro, recordamos una plática con Carmela, la nuera del curandero mazateco Albino. En ese momento estábamos con ella traduciendo un cuestionario del español al mazateco, para evaluar la salud mental general. Cuando se le preguntó acerca de los ítems del cuestionario que medían autoestima, tales como: *"¿Te sientes útil en tú vida?", afirmó espontáneamente que "nadie aquí preguntaría eso"* *y menos lo experimentaba y agregó: "¡Ni siquiera los borrachos!",* ya que ellos dirían que al menos trabajan para la próxima botella. Después de esta conversación, optamos por dejar de lado estas y otras preguntas similares, tales como: *"¿Tienes confianza en ti mismo?"* Y *"¿Tienes pensamientos de no tener valor?"* No se nos olvida la sensación de asombro difícil de nombrar, cuando hicimos conciencia de diferencias culturales profundas respecto al entendimiento de la propia situación existencial en el mundo, por medio de este comentario de Carmela.

4. Alma y espíritu: la concepción dual de la psique e ideas sobre las enfermedades mentales en la M.T.M.

Es en el cuerpo en donde interactúan todos los problemas, porque el cuerpo es el hogar de nuestra alma.Y el alma está conectada a su espíritu.Pero si hay un problema de miedo o incluso un problema relacionadocon una ira fuerte, entonces el espíritu se aleja un poco.Y el alma no puede influir en eso porque es comouna esponja entre el cuerpo y el espíritu.

(Curandera Guadalupe)

La declaración de la curandera Guadalupe revela que en la medicina tradicional, todo proceso de enfermedad mental y somática se entiende básicamente como la interacción de tres niveles diferentes de regulación y que estos niveles regulatorios se encuentran en una relación jerárquica.

Como ya se mencionó anteriormente al hablar del modelo tripartito de la psique en la medicina prehispánica, el nivel designado como *espiritual* es la función reguladora superior de los procesos de salud y enfermedad de una persona. Las emociones y los afectos actúan subordinados al nivel espiritual, y a su vez, estos dos niveles de regulación tienen un orden superior al de los procesos fisiológicos y corporales en los procesos de salud y enfermedad.

El término *espíritu*, que tiene una gran importancia en la M.T.M. y se da por entendido. Este hecho, generalmente nos compromete como psicoterapeutas occidentales, porque no es parte de nuestra terminología e incluso aparece en ella con menos frecuencia que el termino *alma,* como lo expone Mack (2007), entre otros, refiriéndose a la historia de los conceptos *alma* y *espíritu* en la tradición occidental y en la psicología científica. Dado que ambos conceptos habían sido utilizados durante los siglos anteriores en las religiones cristianas, resultaron inadecuados para ser asimilados en la terminología de una recién formada psicología científica con su orientación decididamente positivista. Para los intentos actuales de replantearse y comprender aún más el concepto científico de la psique, especialmente con respecto a la reintegración de una psicología de la conciencia y la abolición de la estricta dualidad del cuerpo y la psique, Mack (2007) ve útil y adecuado el modelo de capas del *alma* de Aristóteles.

Aristóteles entiende lo psíquico como estrechamente relacionado con la existencia corporal del individuo. Para Aristóteles, lo psíquico no es una sustancia, sino el principio de funcionamiento de los seres vivos, y le da a la existencia corporal un propósito y una meta. Según Aristóteles, no hay vida sin lo psíquico. Esta cualidad esencial de la psique se manifiesta en los otros significados de la palabra *psique* en griego, que también se refiere a "soplo de vida" y "aliento".

Dentro de lo psíquico, que está fundamentalmente ligado a la existencia física, Aristóteles identifica un subconjunto que es el único que puede separarse de la existencia corporal. A este subconjunto él le llama *nus poeitikos* (mente creativa) y representa un aspecto de la razón y del pensamiento humano. El *nus poeitikos* se caracteriza por la posibilidad de pensar contenidos formales-abstractos. En esto difiere de los procesos mentales, que tienen lugar sobre la base de la experiencia sensorial concreta y que Aristóteles llama *nus pathetikos*. Así, *nus poeitikos* es la capacidad de la mente humana de desarrollar ideas que no dependen de las percepciones sensoriales y, por lo tanto, del cuerpo. Aristóteles concluyó de esa capacidad de la mente para "pensar todo", en otras palabras: de imaginar cosas independientemente de su existencia física, que aquella no perece con el cuerpo físico de una persona, sino que es atemporal o eterna: *"De lo contrario, probablemente perecería como resultado de la debilidad que ocurre en la vejez (...) El espíritu bien puede ser algo divino e inalterable." (Aristóteles como se citó en Mack, 2007, p.8).*

El carácter integrador y no-reduccionista , del concepto de alma de Aristóteles es más apropiado para nuestra reflexión que la concepción de la psique del ser humano declarada siglos después por René Descartes –filósofo y científico francés del siglo XVI– la que impactó fuertemente en el pensamiento occidental con sus ideas de que el alma/la psique se puede reducir a la razón (*res cogitans)* y además sugiere que es posible entenderla en forma mecanicista como una entidad estrictamente separada del cuerpo físico (dualismo sustancial). El concepto de un "alma incrustada en el cuerpo", como dice Aristóteles, parece más apropiado para abordar los temas actuales de interés científico, aquellas que se enfocan en las estrechas y mutuas conexiones mente-cuerpo, como por ejemplo *la teoría del embo-*

diment[34] o las investigaciones multidisciplinarias recientes de la conciencia humana (véase por ejemplo Metzinger, 2014). Mack (2007) observa en los últimos 10 a 20 años una tendencia a revitalizar el concepto aristotélico del alma para la comprensión básica de lo psíquico.

Para el tema que nos ocupa, es importante más que nada porque el concepto aristotélico de alma permite entender a experiencias espirituales más allá de la existencia individual, como un aspecto parcial de lo psíquico y permite pensarlo existiendo estrechamente vinculado y en parte en inseparable conexión con los procesos físicos-fisiológicos. Además, hay sorprendentes similitudes entre el *modelo de niveles del alma* de Aristóteles y las concepciones fundamentales de las y los curanderos respecto a los tres niveles reguladores de los procesos de salud y enfermedad, *cuerpo, alma y espíritu.*

En psicología, y de manera similar en el uso coloquial, el término "espiritualidad" se refiere a una religiosidad intrínseca, una forma de relación trascendental que no necesariamente cubre creencias o dogmas religiosos[35] y, por lo tanto, permite a las personas más libertad en la vivencia y expresión de su relación con lo divino o el mundo transcendental. El término espiritualidad se deriva del latín "spiritus", palabra que se refería originalmente a *aire, aliento, aliento de vida,* pero también a *alma, espíritu, entusiasmo y sentido. Recordemos que l*as escuelas de meditación usan la conexión entre *mente y respiración* de manera muy consciente. Con la aparición del cristianismo en la antigüedad tardía, el término espiritualidad se comienza a utilizar para referirse a la polaridad entre lo carnal *(carnalitas)* y lo espiritual o mental *(spiritualis)* en la religión cristiana. Es de esta época de donde procede la cercanía semántica entre los términos espiritualidad y fe, pero en el concepto de fe se hace hincapié a la fe y/o devoción religiosa al Dios cristiano. El uso habitual del término *spirit* en el idioma inglés

---

[34] La teoria del embodiment en el contexto de la ciencia cognitiva moderna plantea que la conciencia presupone un cuerpo, es decir, una interacción física. Esta visión representa un alejamiento fundamental de las antiguas teorías cognitivistas y del modelo de inteligencia artificial para el estudio de la conciencia humana. En psicología, la filosofía del cuerpo es una comprensión más integral de la interacción del cuerpo y la psique. Los estados psíquicos no solo se expresan en posturas, etc., sino que los estados físicos influyen en los estados mentales, cogniciones y emociones (ver Leuzinger-Bohleber, Emde, Pfeifer (ed.) (2013) y Varela, Thomson, Rosch, (1991)).

[35] Religión es "la manifestación histórica y culturalmente diversa de la relación de los humanos con una persona divina o de otro mundo, que puede ser experimentada personalmente, adorada en conjunto, nombrada en las escrituras, adorada en los ritos y efectiva en la vida cotidiana" (Diccionario de psicología de la religión, 1993, p. 228).

refiriéndose a la esencia de un objeto o persona muestra una relación semántica con la comprensión aristotélica de lo espiritual como un aspecto parcial perdurable de lo psíquico. En su sentido actual, al indicar una experiencia y conducta de vida religiosa intrínseca, el término espiritualidad fue utilizado por primera vez en 1928 por el jesuita francés Deguibert (Bucher, 2014, p. 29). Según la investigación de Bucher (2014) el término espiritualidad en psicología prevaleció a partir de los años noventa en contra de términos como religiosidad y fe o devoción.

Bucher *(2014)* define *espiritualidad* como una posibilidad de vivencia para el ser humano

> …cuyo núcleo es el vínculo por un lado con el entorno social, natural y cósmico, por otro lado, con algo que va más allá de eso - algo inapelable que abarca todo, lo espiritual, lo sagrado, para muchos Dios. Sin embargo, esta apertura presupone que el hombre todavía es capaz de trascenderse a sí mismo y puede abstenerse de su ego. (p. 69)

Si bien el concepto de vínculo no necesita más explicaciones porque la importancia de los apegos para el ser humano ha quedado ampliamente reflejada en la psicología y la psicoterapia occidentales, es importante referirse brevemente al segundo determinante del concepto de espiritualidad según Bucher, la *autotrascendencia*, que es menos utilizado. La autotrascendencia se refiere a las experiencias que relativizan el significado de las intenciones, los deseos y las experiencias estrechamente relacionadas con la propia experiencia del yo a favor de la incorporación significativa del propio ser individual en un contexto social o cósmico más amplio. C. G. Jung en sus obras describió las experiencias de autotrascendencia cuando aborda el proceso interno del abandono de la identificación con el propio ego a favor de la individuación como una tarea de desarrollo. Más adelante en este libro, los métodos de tratamiento en la M.T.M. y los factores de impacto ilustrarán cómo los aspectos espirituales de la M.T.M. permiten experiencias individuales de autotrascendencia y apego, y que tales experiencias espirituales tienen un potencial psicoterapéutico considerable.

Es esta *amplia comprensión de la espiritualidad* que nos entrega Bucher la que parece más adecuada para realizar una comparación entre la psicoterapia occidental y la M.T.M. Ella hace evidente, que vivencias y entendimientos de carácter espiritual tienen impacto inmediato a lo de que una persona tiene conciencia, en otras palabras, a las representaciones mentales en general, o sea a su cosmovisión.

Además, la psicoterapéutica occidental de hoy en día está "descubriendo" viejas técnicas espirituales, en forma de meditación, atención o inducción de estados alterados de conciencia más profundos, abordándolos en primer lugar como modificaciones del estado mental. Por lo tanto, decidimos amplificar el término de *espíritu* –central para la medicina tradicional– como *nivel de regulación mental -espiritual* para los fines analíticos-comparativos de este libro.

4.1 El modelo general de salud y enfermedad en la M.T.M.

Según la opinión de las y los curanderos una situación interna mental-espiritual bien equilibrada representa la condición esencial para la salud mental y física. En otras palabras, siempre es un desequilibrio de la situación interna mental-espiritual lo que causa enfermedades tanto psíquicas como corporales. Las y los curanderos consideran que las emociones y los afectos son un nivel de regulación que reacciona pasivamente a las influencias externas, que tienen una función de mediación y *amortiguación* entre el cuerpo y la mente/espíritu:

> El espíritu de cada uno de nosotros siempre está saludable. Como nuestro ángel guardián, nuestro espíritu. Solo que a veces se desconecta de nuestra alma. Eso es lo que llamamos "enfermedad espiritual", aunque en realidad es el alma la que se enferma. La persona se queda atrás, sin impulso, sin capacidad de poder pensar. Eso es porque su espíritu se ha ido. (curandera Guadalupe).

Desde el punto de vista de la M.T.M., todas las enfermedades son causadas en última instancia por un desequilibrio mental y espiritual. Las enfermedades mentales pueden manifestarse sintomáticamente como trastornos afectivos, como por ejemplo cuadros depresivos, o –si alcanza al nivel de regulación física– como síntomas psicosomáticos (lo que desde la perspectiva de la medicina occidental sería una enfermedad puramente somática). Las y los curanderos atribuyen algunos de los trastornos a emociones demasiado intensas, como la ira, el coraje o la envidia. Por un lado, los afectos excesivamente fuertes pueden ser causados por una desintegración entre los niveles espiritual y afectivo-emocional. Por otro lado, los afectos muy violentos pueden desencadenar la pérdida de la integridad espiritual y psíquica de la persona. Los procesos mentales desintegrativos representan la causa interna más importante para las enfermedades desde el punto de vista de la M.T.M.

El modelo de general enfermedad representado esquemáticamente en la figura 2 revela claras similitudes con los supuestos básicos de la medicina prehispánica -ya discutidos, dada la fuerte conexión de la M.T.M. actual con las culturas indígenas precoloniales.

Al comparar el concepto de enfermedad en la medicina tradicional mexicana y con el de la cultura occidental, se hacen evidentes dos diferencias principales. La primera, se refiere a la multidimensionalidad y complejidad de los procesos patogénicos y salutogénicos. La medicina y la psicoterapia occidentales, en promedio, abordan los problemas de salud y enfermedad de una manera mucho menos inclusiva u holística

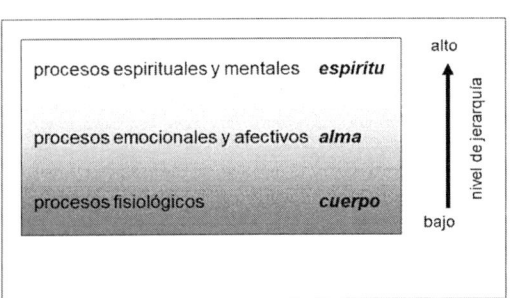

Figura 2. : *El concepto multidimensional de enfermedad en la M.T.M.*

que la M.T.M. A pesar de algunos importantes puentes entre los enfoques de la medicina orgánica y psicoterapéuticos, como se ha establecido, por ejemplo, en el campo del manejo terapéutico del dolor, los tratamientos médicos para una enfermedad somática suelen estar en gran medida separados del tratamiento psicoterapéutico. En cambio, las y los curanderos tradicionales intentan en su tratamiento aprovechar de la multidimensionalidad de los procesos patológicos o salutogénicos con fines terapéuticos. La segunda diferencia se refiere a la importancia de lo espiritual para la comprensión de la enfermedad y la salud. La M.T.M. está muy enfocada en el manejo de la situación espiritual de una persona, una característica que comparte con otros sistemas médicos tradicionales en todo el mundo. Por el contrario, en la medicina y la psicoterapia occidentales modernas la dimensión espiritual de salud y enfermedad con pocas excepciones sigue siendo marginada.

4.2 La influencia de la sociedad moderna en los conceptos de salud y enfermedad en la M.T.M.

El modelo o concepción de la enfermedad en la M.T.M. es -como todos los modelos- una simplificación de la realidad empírica, por lo que es importante discutir brevemente algunas diferencias importantes entre la comprensión general de la enfermedad de las y los curanderos rurales-tradicionales y la de las personas que ejercen el curanderismo en contextos urbanos. Estas últimas atribuyen una autonomía relativa a los diferentes niveles de regulación, característica se hace evidente en el hecho de que las y los curanderos urbanos distinguen entre diferentes subgrupos de enfermedades, atribuyendo una importancia decisiva a factores mentales y psíquicos en el desarrollo y el tratamiento de gran parte de las enfermedades. En un pequeño grupo de casos cuando el órgano afectado tiene un papel prioritario en la enfermedad, las y los curanderos la llaman enfermedad orgánica, dando prioridad a un tratamiento orgánico médico en vez de las medidas terapéuticas simbólicas o espirituales. Por ejemplo, este enfoque diferencial se da en el tratamiento a pacientes con cáncer. El tratamiento somatoterapéutico más importante que practican las y los curanderos es la fitoterapia en la cual se utiliza una cantidad impresionante de plantas medicinales locales. Además, prescriben suplementos vitamínicos y similares, y posiblemente también, se recomiende un tratamiento médico especializado [36].

Las y los curanderos urbanos subdividen la totalidad de las enfermedades mentales en el grupo de *enfermedades del espíritu* y *el grupo de enfermedades del alma*. El análisis de los datos de las entrevistas y los obtenidos mediante la observación, muestra que usaban el concepto de *enfermedad espiritual* para describir los patrones de desorden en los que el evento patológico se manifestaba predominantemente en el área de las funciones de conciencia, ya sea basal o superior. Este grupo de trastornos mentales se

---

[36] Las personas que realizan curanderismo en contextos urbanos coinciden que en casos de enfermedades físicas causadas por una infección o un proceso de deterioro y/o envejecimiento, además de en casos de cáncer avanzados, un tratamiento biomédico es prioritario a un tratamiento con M.T.M. En algunas enfermedades orgánicas primarias consideran que el (co) tratamiento psicoterapéutico es efectivo (por ejemplo, en diabetes y tumores en etapa temprana).

analiza en el siguiente capítulo. El grupo de *enfermedades del alma* incluye enfermedades mentales, que se caracterizan esencialmente por disfunciones afectivas y emocionales.

El curandero rural, sin embargo, entendía todas las enfermedades como *enfermedades del espíritu* y las trataba exclusivamente a través de medidas espirituales, lo que se expresa en las siguientes declaraciones hechas por él: *"La causa principal de la enfermedad es que la mente abandona el cuerpo de una persona "*, o también: *"Cuando el cuerpo está enfermo, el espíritu se ve afectado"* (curandero Albino). En su práctica utilizaba exclusivamente medidas terapéuticas espirituales y, por lo tanto, simbólicas. En la mayoría de los casos observados, el enfoque exclusivo en un tratamiento espiritual simbólico pareció lo indicado. Cabe señalar que la gente de la región consultaba al curandero Albino especialmente por su especialización en el manejo de energías espirituales, en otras palabras, como rezador.

Las mencionadas diferencias conceptuales y de práctica entre el curanderismo de la ciudad y el rural corresponden a la distinción hecha por Wilber entre un concepto *holístico-diferenciado* y uno *holístico-prediferenciado* en la totalidad de las concepciones holísticas somatopsicoespirituales de la enfermedad (Wilber, 1999, p. 71). Esta diferencia se puede atribuir a diferentes grados de acceso a la medicina moderna en los diferentes hábitats de las y los respectivos curanderos. Por ejemplo, las curanderas urbanas entrevistadas tienen la experiencia de que los enfoques de tratamiento somático son más efectivos para al menos un grupo de enfermedades que ya se manifiestan de manera altamente somática, y recomiendan el tratamiento disponible para las y los pacientes afectados. Por el contrario, el uso intensivo de los métodos de curación espiritual-simbólicos hecho por el curandero rural es –al menos en parte– el resultado de su falta de conocimiento detallado de las opciones de tratamiento de la biomedicina. Esta crítica respecto a un aspecto de práctica terapéutica del curandero Albino, no ignora sin embargo, la falta de acceso a un tratamiento biomédico para la mayoría de su clientela. Aun así, es necesario advertir de una tendencia en la medicina alternativa[37] occidental, a sobreestimar la efectividad de las intervenciones espirituales.

---

[37] Medicina alternativa se usa para subsumir métodos curativos que se aplican fuera y en lugar de métodos curativos que forman parte del sistema médico académico.

El hallazgo de la integración por parte de las curanderas de la ciudad de opciones de la biomedicina es evidencia también del carácter dinámico ya mencionado de la M.T.M., por su la capacidad de asimilar y transformar, lo que también muestra que las y los curanderos están selectivamente abiertos a las influencias de sistemas médicos externos. Por otro lado, revela una capacidad de preservación o continuidad igualmente importante con respecto a los supuestos básicos de la M.T.M., lo cual permite que esta no pierda su carácter inconfundible, a pesar de la predominante existencia del sistema biomédico en su entorno.

4.3 ¿Hay vinculación entre el concepto de lo espiritual en la M.T.M. y los conceptos de la psicología y psicoterapia occidental?

El concepto de *espíritu* dentro del modelo de enfermedad en la M.T.M. es clave en la comprensión de su teoría y su práctica. Aunque se describe la estrecha interacción entre las prácticas y creencias religiosas y la práctica terapéutica como una característica típica de los sistemas médicos tradicionales en general (Kleinman,1988; Csordas y Kleinman, 1996), consta que todavía falta una comprensión científica más profunda de la dimensión terapéutica de lo religioso, a pesar de la abundancia de evidencia empírica (Csordas y Kleinman,1996).

En la investigación que da base a este libro, la cuestión de la dimensión terapéutica de lo religioso fue central. Así, las referencias del curandero Albino a aspectos espirituales como las causas y también referido al tratamiento de la enfermedad está estrechamente relacionada con sus creencias y convicciones religiosas.

La religiosidad de mucha de la población en los países de América Latina tiene un carácter sincrético, lo que implica que las creencias y prácticas indígenas, católicas y espiritistas[38] están inseparablemente fusionadas. Por lo tanto, en el tratamiento las y los curanderos piden ayuda a entidades divinas y fuerzas de tradiciones religiosas diversas. La curandera Guadalupe tiene en el cuarto donde realiza sus tratamientos un retrato de Jesús, que es a su vez la única decoración de la pared. En sus curaciones ella se dirige al *espíritu*, al *maestro*, al *creador,* y también a la *madre tierra,* al *padre cielo*, además del *poder de del fuego y aire.* En algunos tratamientos ella se comu-

---

[38] Definición de espiritualismo ver capítulo 2.1.

nica particularmente con los maestros y espíritus auxiliares del panteón espiritualista. El curandero Albino dirige sus oraciones e invocaciones al *Señor Dios,* a *Jesús,* a varios santos católicos -especialmente a *San Pedro*- y también a los espíritus de la naturaleza, los cuales son llamados por él *los señores* de ciertas montañas, fuentes y de lugares aledaños.

Además, las y los curanderos consideran que ciertos comportamientos que representan una amenaza para la salud espiritual de la persona afectada. Estos incluyen brujería, permanecer cerca de cementerios, ciertos sueños, encuentros casuales con espíritus de la naturaleza y energía negativa flotante. Sin embargo, también conocen el antídoto para tales peligros, constituido por una variedad de prácticas religiosas que sirven para mantener una buena salud a través de procesos beneficiosos de comunicación e intercambio con las fuerzas divinas. A menudo utilizan los siguientes rituales, incluidos en el repertorio de métodos en el curanderismo: rituales de limpieza aplicados de forma preventiva, rituales de sacrificio y de protección con la ayuda de amuletos y talismanes; así como oraciones regulares.

La *pérdida del espíritu,* es decir, una alteración del nivel de regulación espiritual de la persona afectada es la causa más conocida de enfermedad y el diagnóstico más común en la M.T.M., situación bastante similar también en muchos otros países con sistemas médicos tradicionales intactos. La enfermedad causada por la *pérdida del espíritu* en México y en otros países, a menudo es conocida con el término de *susto.*

El concepto de espíritu en la M.T.M. de hoy está acorde con las creencias prehispánicas que también considera la relación de una persona con su espíritu como existente desde el momento del nacimiento y que la describe por naturaleza como fácilmente perturbadora e inestable. Esa cualidad inestable de la relación entre el espíritu y el cuerpo de una persona se manifiesta, desde punto de vista de la M.T.M., en el hecho que durante el sueño y también durante el acto sexual la conexión entre una persona y su espíritu se debilita. Las siguientes propiedades se atribuyen al espíritu de un ser humano: curiosidad, fácil de atraer mediante estímulos sensoriales agradables, como olores y puede ser atraído por recipientes en los cuales luego se instala temporalmente. Estas cualidades se manifiestan sobre todo en las actividades de los sueños, que, en opinión de las y los curanderos son manifestaciones de la *mente errante, y* de sus experiencias cuando realiza sus viajes por el cosmos.

Por su carácter inconstante, el espíritu puede *alejarse* de su portador(a) más allá de las dimensiones temporales y espaciales normales e incluso *perderse* a causa de los factores perturbadores relativamente cotidianos de la vida humana. En tales casos, se diagnostica una *pérdida del espíritu* y, por lo tanto, una enfermedad. Un susto repentino o la caída de la persona son vistos como causas frecuentes de una enfermedad por *pérdida del espíritu* que resulta en síntomas leves. Más perjudiciales para la salud son los estados de inconciencia o intoxicación, así como el comportamiento inmoral y antisocial de la persona o las experiencias de violencia. Además, el abuso de drogas es considerado por las y los curanderos como un comportamiento que debilita y deforma la relación de la persona con su espíritu y que incluso puede conducir a su pérdida.

Los síntomas de una *enfermedad por susto* o *pérdida del espíritu* son muy diversos. En el campo de las enfermedades mentales, las formas graves de *susto* se manifiestan como trastornos delirantes, confusión psicótica, incluso estados estuporosos y catatónicos. Para las y los curanderos, el tratamiento exitoso de estas enfermedades se logra al restaurar la conexión entre la persona afectada y su espíritu, mediante el ritual de integración.

En el análisis de las entrevistas con las y los curanderos, y en particular de sus declaraciones respecto a las manifestaciones psicológicas de un funcionamiento sano o de *una enfermedad por susto* en sus pacientes, es claro que siempre se referían a manifestaciones o trastornos de las funciones de la conciencia superior y basal. Las y los curanderos consideraban las siguientes funciones y fenómenos psíquicos como una expresión inmediata de la acción de las fuerzas espirituales:

- Sueños y estados alterados de la conciencia en estado de vigilia, como posibilidad de comunicación entre la persona e instancias divinas,
- tener un sentido de vida y el sentido de identidad como manifestaciones de un *espíritu sano*
- trastornos y enfermedades mentales, como por ejemplo los estados disociativos de conciencia, confusión y estados de somnolencia, esquizofrenia y otros estados psicóticos.

Por lo tanto, en la teoría implícita de la M.T.M. existe una relación funcional entre los fenómenos religiosos y espirituales del individuo y las funciones de conciencia basal y superior. Este hallazgo fue beneficioso heurísticamente para los siguientes análisis, ya que implica un primer vínculo conceptual entre el concepto de espiritualidad - que es como sabemos bastante ajeno a la psicoterapia occidental - y los fenómenos psíquicos de la conciencia humana. Suponemos que la presencia de conceptos y prácticas espirituales en los tratamientos ofrecidos por la M.T.M. no es solo una expresión del contexto cultural, sino que también se debe a sus efectos terapéuticos, lo que se va a comprobar y aclarar en detalle a lo largo de este libro. Entender en detalle los diferentes implicaciones y beneficios de experiencias espirituales integradas en los tratamientos de la M.T.M. da impulsos para pensar en opciones que tiene la psicoterapia occidental para integrar la dimensión espiritual.

4.4 La universalidad de la psicopatología

Por un lado, los conceptos de la medicina tradicional son en gran medida culturalmente específicos y, por lo tanto, difíciles de asociar con los conceptos clínico-psicológicos de la medicina y la psicoterapia occidentales. Por el otro lado, los típicos síntomas psicopatológicos asociados con los conceptos de enfermedad de la M.T.M. coinciden en gran medida con los síntomas de las enfermedades mentales y psicosomáticas tratados en la psicoterapéutica occidental.

Aunque la psicogénesis de las dolencias individuales no siempre se puede considerar segura, este hallazgo sugiere que las y los curanderos tratan una amplia gama de enfermedades mentales graves. Además, son evidentes las similitudes con la psicoterapia occidental, tanto en términos del tipo de síntomas, como de la frecuencia de los síntomas mencionados; por ejemplo, la acumulación de síntomas depresivos y psicosomáticos. Esta similitud, parece sobre todo como una expresión de una dimensión universal de la manifestación del sufrimiento psicológico. A pesar de todas las influencias culturales específicas en la experiencia subjetiva de la desregulación psíquica, es plausible que los mecanismos funcionales básicos del aparato psíquico determinen una cierta correspondencia en su expresión psicológica y psicosomática. Un ejemplo de estos mecanismos funcionales básicos es la capacidad psíquica de disociación como mecanismo protector involuntario del aparato psíquico contra el estímulo amenazante o el desbordamiento del Yo. Las similitudes transculturales en el área de la expresión sintomática de la desregulación mental también están respaldadas en la literatura médica antropológica, cuando se informa de una gama similar de

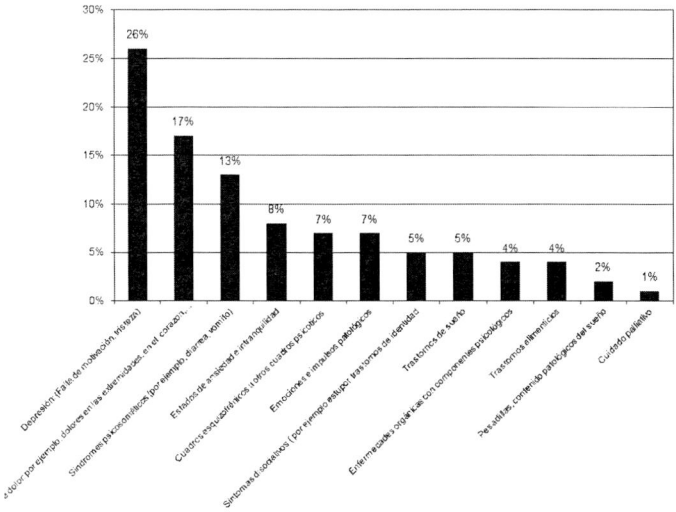

Figura 3. : *Síntomas y síndromes psicosomáticos mencionados por las y los curanderos respecto a su clientela (Zacharias, 2005, p.152)*

dolencias por parte de la clientela de otros sistemas terapéuticos tradicionales no occidentales (Kleinman, 1988, p. 116).

4.5 El carácter causal de los conceptos de enfermedad

Uno de los primeros resultados de la investigación de campo fue conocer que *los conceptos de enfermedad de la M.T.M. son de naturaleza causal.* En otras palabras, los cuadros clínicos se diferencian entre sí por ciertas constelaciones causales. La mayoría de las causas de la enfermedad a las que se refieren las y los curanderos se originan fuera de la o el paciente, es decir, son de naturaleza externa. Solo unos pocos conceptos de enfermedad se refieren a una causa interna, localizada dentro de la persona. En el grupo de causas externas de enfermedad, se pudieron identificar dos grandes subgrupos. El primero, involucra un amplio espectro de eventos ambientales amenazantes que provocan una reacción *de susto* en la o el paciente y, por lo tanto, causan el llamado *susto* o *enfermedades causadas por el susto..* El segundo subgrupo incluye *los efectos patogénicos de las tensiones y conflictos sociales.* Estos pueden ubicarse en el entorno social más amplio o cercano de la persona afectada. A este tipo de causas pertenecen cuatro tipos diferentes de enfermedades: *la enfermedad a través de la envidia y los sentimientos agresivos de otras personas, el mal de ojo,* las *enfermedades por mal aire,* así como la *enfermedad por brujería.*

La única causa interna para enfermedades de mayor importancia que conoce la M.T.M. es la tendencia a la emocionalidad impulsiva. Este tipo de enfermedad es denominada como *enfermedad por sentimientos fuertes.* Estos son a menudo fuertes sentimientos agresivos, incluidos los celos, así como la tristeza, a los que atestigua dicho efecto patógeno.

Con respecto a la práctica de tratamiento de las y los curanderos, se puede ver que el enfoque causal de la enfermedad, utilizado para el diagnóstico, tiene un beneficio terapéutico inmediato. Por un lado, ofrece al o la paciente una primera orientación cognitiva de su situación, que antes de un diagnóstico se percibía como incontrolable y dolorosa. Por otro lado – como el diagnóstico de las causas de enfermedad por los curanderos y curanderas está estrechamente vinculado con rituales terapéuticos que están dirigidos a eliminar y modificar estas causas, antes de todo al nivel espiritual-mental, pero también corporal, el diagnóstico ya figura como un primer paso decisivo en su proceso de curación, ya que experimenta y estimula su esperanza de curación.

5. Las enfermedades relacionadas con la psique en la M.T.M.

Las y los curanderos entrevistados manejan *once enfermedades* para los que tienen tratamientos psicoterapéuticos. Estos se muestran en forma resumida en la figura 4. Los fenómenos psicopatológicos descritos por las y los curanderos los consideramos como *conceptos de enfermedad* en la M.T.M. dado que existían datos de:

a. la etiología de la enfermedad;
b. los mecanismos y/o procesos patológicos de la enfermedad;
c. los síntomas típicos de la enfermedad.

Figura 4. : *Las enfermedades de la psique más importantes de la M.T.M.*

Las y los curanderos coincidieron en sus descripciones de las cinco enfermedades mencionadas en la fila superior de la figura 4. Sin embargo, el concepto de *enfermedades por sentimientos fuertes* fue nombrado solo por las curanderas urbanas, así como las psicopatologías resumidas en el grupo de los conceptos no-tradicionales. Más detalladamente este grupo abarca el trastorno de la autoestima, enfermedades mentales reactivas, por ejemplo, causada por experiencias de pérdida, eventos críticos vitales y los trastornos psíquicos relacionados con conflictos del desarrollo (adolescencia o vejez). La presencia de tales conceptos muestra que la psicoterapia occidental tiene en la actualidad influencia sobre la M.T.M., y se explica en este caso porque ambas curanderas urbanas informaron tener contacto directo con psicoterapeutas, como parte de su trabajo de curación

Las enfermedades de la psique manejados por las y los curanderos se describen en detalle en el siguiente capítulo, excepto el grupo pequeño de los conceptos *no-tradicionales*. En general, se puede afirmar que las enfermedades de la psique identificados coinciden con los conceptos de enfermedad tradicionales de la medicina prehispánica descritos en la literatura científica (Anzures y Bolaños, 1983; Quezada, 1989, López Austin, 1980).

La tabla 1 proporciona una visión general sistemática y comparativa de los aspectos clave de las diez enfermedades relevantes de la M.T.M., que se han asociado con síntomas mentales y psicosomáticos, así como con procesos psicopatológicos. Es de notar que, la inclusión del concepto de *enfermedad del mal de ojo* en esta tabla no debe considerarse del todo segura, ya que las concepciones específicas de los procesos de la enfermedad se pueden ordenar en el área de lo psíquico o psicopatológico, no así los síntomas característicos del *mal de ojo*. Una consideración decisiva para su inclusión fue que su diagnóstico considera las tensiones sociales como causantes de la enfermedad. Así mismo, era recomendable combinar *la enfermedad por envidia y/o sentimientos agresivos, el mal aire y el mal de ojo* en una tríada conceptual de enfermedades por influencias patógenas del entorno social.

El resumen muestra que las y los curanderos tienen una comprensión diferenciada de los posibles orígenes y manifestaciones de las enfermedades mentales, así, un área importante de aplicación de la M.T.M. es la psicoterapia. Además, la tabla nos brinda una primera impresión de cómo los curanderos y las curanderas perciben las interacciones entre los niveles de regulación espiritual-mental, afectivo-emocional y somático, que conducen al desarrollo de enfermedades mentales.

Enfermedades nombradas por las y los curanderos	Factores desencadentantes	Ubicación central estructural- funcional del proceso de la enfermedad	Síntomas
Susto	Susto o conmoción	Funciones mentales y de la consciencia	Trastornos de la conciencia y del pensamiento (p. ej. somnolencia, amnesia, estados psicóticos); trastornos afectivos y de la motivación; dolencias psicosomáticas; agitación psicofisiológica o estupor
Agresión y/o envidia	Sentimientos agresivos de otras personas en el entorno social	Regulación emocional y afectiva	Trastornos afectivos y de la motivación, por ejemplo, dolencias psicosomáticas leves
Mal de ojo	Envidia de otras personas en el entorno social	Nivel mental-espiritual y/o funciones somáticas	Dolencias psicosomáticas y orgánicas
Mal aire	Sentimientos negativos que marcan la atmósfera en el entorno social general	Regulación emocional y afectiva	Trastornos afectivos y de la motivación, por ejemplo, dolencias psicosomáticas leves

Enfermedad por brujería	Brujería por parte de otras personas, motivada por conflictos y/o tensiones sociales	Nivel mental-espiritual, funciones de la consciencia	Psicosis, trastornos de delirio, por ejemplo, esquizofrenia, enfermedades psico-somáticas graves
Sentimientos fuertes	Propios sentimientos violentos, como ira, tristeza, celos, envidia	Regulación emocional-afectiva y somática; en parte con deterioro del nivel espiritual	Trastornos afectivos y de ansiedad; trastornos psicosomáticos
Falta de fe	Espiritualidad no cultivada	Nivel espiritual, funciones de la consciencia	Mayor vulnerabilidad, especialmente para enfermedades por brujería, agresión, mal aire y sentimientos fuertes
Trastornos de la autoestima	Relaciones deficientes en la infancia; traumas en la niñez	Nivel espiritual, funciones de la consciencia (experiencias propias)	Trastornos afectivos y de ansiedad; inseguridad
Trastornos causados por conflictos en las relaciones interpersonales inmediatas	Conflictos interpersonales crónicos	Niveles de regulación emocional y afectiva	Trastornos afectivos y de ansiedad (sobre todo depresión); trastornos psicosomáticos
Trastornos reactivos	Eventos de vida estresantes y/o críticos	Niveles de regulación emocional y afectiva	Trastornos afectivos, luto
Crisis relacionadas con la maduración	Conflictos de roles y emocionales	Niveles de regulación emocional y afectiva	Trastornos afectivos

Tabla 1. : *Enfermedades de la psique relevantes en la M.T.M.*

En los siguientes subcapítulos se verá a profundidad cada concepto de enfermedad para una mejor comprensión de la enfermedad y el pensamiento terapéutico de las y los curanderos.

5.1 El susto

"Por ejemplo, el caso de un hombre que fue golpeado por la noche, unos hombres lo detuvieron y lo sujetaron poniendo las manos en la espalda mientras lo golpeaban. Este hombre me dice que no sintió miedo, no sintió nada, pero no ha estado interesado en nada desde entonces, solo duerme y duerme. ¿Qué es lo que pasa aquí? No está herido físicamente, sino que el espíritu está afectado, su poder mental está confundido, no quiere nada en absoluto. Estos son casos en los que tratamos el susto".

(Curandera Hermila)

La *enfermedad del susto* es el diagnóstico más frecuente hecho por las y los curanderos para los malestares de la psique, y se refiere a enfermedades en las cuales un evento repentino e inesperado provoca en la persona afectada *desapego o la pérdida del espíritu*. Tal separación de la mente de la persona conduciría a que las emociones y otras funciones mentales básicas permanezcan sin la protección del *espíritu*. Este proceso de desintegración entre los niveles de regulación espiritual y psicosomática se convierte en el desencadenante de enfermedades de diversos tipos. Este concepto de enfermedad confirma así la suposición básica de la M.T.M. respecto a la función protectora del nivel de regulación espiritual, por un lado y por otro, su susceptibilidad relativamente alta a la interferencia. La prevalencia del diagnóstico de susto es consistente con las afirmaciones hechas por otros autores, quienes generalmente dan importancia central al concepto de enfermedad por susto en la comprensión medica tradicional, no solo en los países latinoamericanos, sino también en otros. (Rubel et al., 1985).

En otros estudios etnomédicos, en su mayoría antiguos, a menudo a la enfermedad por susto se la denomina *pérdida del alma* (por ejemplo, Rubel et al.,1985), sin embargo, el término es engañoso porque, como se explicó en anteriormente, la M.T.M. asume una estructura dual de la psique, dividida entre el nivel jerárquicamente más alto de regulación espiritual, y el nivel subordinado de regulación afectiva-emocional. Una característica distintiva de ambos niveles mentales de regulación es que solo los poderes de la mente –o en otras palabras, del espíritu– tienen la capacidad de separarse temporal o permanentemente de la existencia física del ser humano.

El análisis de la relevancia psicoterapéutica del concepto de *susto* abre asombrosas referencias y concordancias a algunos conceptos de la medicina y psicología occidentales modernas. La psicoterapia occidental también reconoce muchas formas de deterioro o desintegración de la consciencia frecuentemente causados por una vivencia de carácter traumático, por ejemplo, fenómenos psicopatológicos tales como disociación, somnolencia, amnesia, demencia que pueden ocurrir con la completa preservación de las funciones vitales.

El curandero Albino dividía el concepto *de enfermedad del susto* en una multitud de enfermedades subordinadas, que describían de forma figurativa diferentes formas en que el *espíritu* de una persona era afectado o se perdía (por ejemplo, caído en la red y/o caído en el espacio). Las dos curanderas urbanas no hacían ninguna diferencia, sin embargo distinguían tres grados de gravedad de la enfermedad por susto, que se caracterizaban por diferentes síntomas.

Los efectos psicopatológicos de una situación de miedo y/o susto los describe muy claramente la curandera Hermila en el caso del hombre presentado al inicio de esta sección, cuando ella describe lo ocurrido cuando él fue víctima de un asalto nocturno.

Las y los curanderos también destacan las siguientes características del proceso de la *enfermedad por susto*:

- una amnesia o desrealización relativa y temporal, que se relaciona con el evento desencadenante;
- la presencia de una fase temporal de latencia entre el evento desencadenante y la enfermedad.

El siguiente caso en el relato de la curandera Hermila ilustra esto:

> *"Cuando percibí cómo llegó ella (una paciente) esta mañana, le dije: ¡Tú has sufrido un susto! Ella no recordaba nada hasta que de repente dijo: 'Sí, por supuesto, tuve un accidente automovilístico, pero no me pasó nada'. Sí, por supuesto, dice ella, llegó feliz y riéndose aquí con el auto. Bueno, dije, y el susto lo curé. Pero también hay muchas personas que tardan mucho en enfermarse de susto."*

Los síntomas característicos en un cuadro de *enfermedad por susto* son:

- estados depresivos con pérdida de interés, tristeza, ataques de llanto;
- susto, intranquilidad, nerviosismo;
- síntomas disociativos que van desde estados leves de somnolencia y/o ausencia mental a estados de personalidad raros y alteraciones repentinas (*como una doble personalidad*);
- trastornos del sueño: generalmente como sueño perturbado, raras veces como una mayor necesidad de sueño;
- hábitos alimenticios alterados, pérdida de apetito con pérdida de peso o, más raramente, apetito excesivo con aumento de peso;
- diferentes síntomas psicosomáticos como fiebre o temperatura corporal muy baja, palpitaciones, diarrea y/o vómitos, retención de líquidos en el cuerpo, diabetes, boca seca, piel seca y escamosa;
- estados psicóticos (estupor, mutismo);
- estados de ansiedad;
- pesadillas.

Los desencadenantes de un susto nombrados por las y los curanderos demostraron ser muy diversos, desde eventos de baja intensidad como caídas, agua fría repentina o encuentro con un animal, hasta experiencias traumáticas severas, como muestra el siguiente testimonio de la curandera Hermila:

> Las personas en las áreas de la aldea son más dispuestas a las enfermedades relacionadas con el susto porque hay muchos animales, serpientes. (...) Por ejemplo, los toros en las aldeas son muy salvajes, pueden atacarte, cierto. Eso pienso, corro y ya estoy "asustado", o la gente se cae del árbol o el río se desborda, entonces se enferman del susto por el agua.

Las situaciones patógenas más comunes que desencadenan *una enfermedad por susto* son:

- sufrir violencia física y/o psicológica;
- accidente automovilístico, caídas leves a fuertes;
- presenciar desastres naturales como terremotos, inundaciones;

- encuentros repentinos y peligrosos con animales, por ejemplo: serpientes, toros, etc.;
- estados de fuerte excitación afectivo-emocional;
- estímulos sensoriales intensos, por ejemplo: contacto con agua muy fría del río;
- abuso de drogas;
- *susto* provocado por brujería.

Según las curanderas Guadalupe y Hermila las dolencias psicosomáticas causados por un *susto* a menudo reflejan las cualidades sensoriales centrales de la situación y el lugar donde ocurrió *el susto*. Si este ocurre por el agua o dentro del agua, causa hinchazón en el cuerpo, pero si es causado por una serpiente, la piel de la persona afectada se secará y se volverá escamosa.

Para las curanderas el debilitamiento de los mecanismos de defensa mental y espiritual lleva a que la persona afectada entre en un estado de mayor sugestibilidad y permeabilidad, y hace que el alma y cuerpo absorban las cualidades y propiedades ambientales.

Desde el punto de vista del curandero, el abuso de drogas como causa para un *susto* funciona de tal manera que los cambios inducidos por las drogas en la consciencia, como las alucinaciones y las visiones, son formas de desprendimiento temporal del *espíritu* en la persona afectada. Estos efectos de las sustancias psicoactivas no son para la M.T.M. necesariamente causantes de enfermedades, pero su abuso se considera perjudicial para el *espíritu* de la persona afectada y, al mismo tiempo, una falta de respeto hacia las fuerzas espiritual religiosas atribuidas a los hongos y plantas psicoactivos.

En general, los casos analizados confirman que un evento repentino y amenazante al que la persona se siente expuesta sin remedio es la explicación etiopatogénica más importante para el desarrollo de una *enfermedad de susto*. Un análisis profundo de los aspectos psicopatológicos del *susto* sustenta nuestra opinión de que *el concepto de susto* se puede entender como *el concepto de psico trauma de la medicina tradicional*, idea que ya ha sido defendida en los últimos años por otros autores (Marsella *et al.*, 1996).

Las variantes culturales se explican en gran medida por la existencia de *maneras de nombrar la angustia* específicas de cada cultura, lo que ha sido ampliamente confirmado en la antropología médica. Además, varios autores suponen que las culturas no occidentales tienen otros conceptos para enfermedades relacionadas con el estrés, los cuales están estrechamente relacionados con el concepto occidental de *trastorno de estrés postraumático* (McFarlane & de Girolamo, 1996).

Actualmente los estudios sobre conceptos de enfermedad culturalmente específicos relacionados con el concepto occidental de *trauma* son pocos y no sistemáticos. Hough *et al.* (1996) critican la falta de un enfoque sensible a la cultura de los estudios –realizados hasta la fecha– sobre trastornos debidos a estrés postraumático en contextos culturales tradicionales. Los mismos autores discuten el concepto de *susto* como un concepto de trauma específico de la cultura mexicana[39]. En su argumentación se remiten a estudios clínicos realizados por Martinez (1993) y Simons y Hughes (1993) que describen *la enfermedad de susto* como un síndrome específico que ocurre en la subcultura mexicana en los EE.UU. Este es causado generalmente por un evento catastrófico y se caracteriza por síntomas como ansiedad general, agonía, tristeza y trastornos del sueño.

Estos hallazgos coinciden con los resultados de nuestro trabajo de campo. Sin embargo, debe tenerse en cuenta que este reciente enfoque, solo está representado por unos pocos autores. Anteriormente y por muchas décadas el concepto de enfermedad de *susto* fue visto principalmente como *un síndrome cultural específico* (*cultural bound syndrom* [40]) perteneciente más que nada a las culturas hispanohablantes, sin haber sido además clasificado como enfermedad mental.

El síndrome de *susto* ha sido largo tiempo uno de los temas de investigación etnomédicos preferidos y numerosos estudios referentes al concepto de *susto* han abordado la descripción etnográfica del fenómeno, su función social y tratamiento, aunque muy pocos estudios han abordado aspectos médicos o psicológicos de la enfermedad (Rubel *et al.* 1985 y Andritzky,

---

[39] Los autores mencionan para Puerto Rico el concepto de "ataques de nervios" como un segundo concepto de trauma específico de la cultura (Hough et al., 1996, p.329), que literalmente se puede llamar un "ataque nervioso" y que es caracterizado por síntomas como temblor, somnolencia, pérdida de memoria y palpitaciones.

[40] La categoría de síndrome cultural supone (de manera implícita) que no existen conceptos de enfermedad comparables en la cultura occidental.

1999). Gillin (1948) en un estudio etnopsiquiátrico identifica *el susto* como un síndrome psicopatológico culturalmente específico, que incluye síntomas de ansiedad, depresión, reacciones histéricas y somatización, acompañados de "signos de un colapso temporal de la organización del ego" (p. 387). El estudio más completo de *la enfermedad por susto* hasta la fecha es el estudio de campo a gran escala realizado por Rubel *et al.* (1985), en una muestra de la población mexicana con el propósito de tener una comprensión general, médico social del *susto*. En el estudio se examinaron las siguientes hipótesis para la comprensión del concepto (p. 340):

- la hipótesis somatogénica que define el *susto* como un concepto que describe enfermedades esencialmente corporales,

- la hipótesis sociogénica que define el *susto* como describiendo esencialmente dolencias subjetivas causadas por el estrés social, en el sentido de tener el sentimiento de no estar cumpliendo las expectativas del rol social y

- la hipótesis psicogénica, que define el *susto* como una descripción de enfermedades psiquiátricas y mentales.

Los resultados del estudio mostraron una estrecha correlación entre la *enfermedad por susto* y un alto "estrés social subjetivo". Además, se encontró un aumento de la morbilidad orgánica en pacientes con *susto*, aunque no se encontró asociación entre la enfermedad de *susto* y el "estrés psicoemocional" medido con pruebas. A este respecto, Rubel y sus colegas consideraron que los instrumentos de encuesta utilizados probablemente no lograron capturar las covariables psicológicas relevantes. No obstante, estos resultados, en parte contradictorios, los autores llegaron a la conclusión de que la "hipótesis psicogenética" del concepto *susto* debía considerarse como insostenible y en lugar de ella favorecieron la hipótesis del estrés social, que Rubel ya había establecido en 1964. Así, los autores reconocieron que el valor explicativo de los resultados del estudio estaba limitado por el hecho de que no podía demostrarse ninguna relación entre el grado de "estrés social" y de los padecimientos corporales y, por lo tanto, la "hipótesis del estrés social" no podía explicar las dolencias de una manera convincente. Esto llevó a los autores del estudio a concluir que se necesitaba más investigación.

A pesar de los hallazgos contradictorios e inciertos presentados en la investigación, el "rechazo de la hipótesis psicogenética" para la comprensión del concepto de *susto* -con que concluyeron Rubel y sus colegas- parece haber reforzado en las investigaciones siguientes una tendencia a evadir las interpretaciones psicológicas.

El médico e investigador etnológico alemán Andritzky (1999) destaca en su revisión de la medicina tradicional en Perú, el significado etiológico central de un susto para la enfermedad y se opone a la suposición de que *el susto* sea un síndrome culturalmente específico en el sentido de una "enfermedad específica de pueblos latinoamericanos" (p. 228). Por otro lado, en su interpretación del *susto* este autor no llega más allá de lo que es evidente desde una perspectiva etnográfica cuando afirma:

> El susto es evidentemente una manifestación de un motivo universal de pérdida del alma, que ya consideraba Clements (1932) como uno de los cinco modelos mundiales de patogénesis además de la brujería, la ruptura del tabú y la intrusión de un objeto o mente en el cuerpo. (Andritzky, 1999, p. 228)

Andritzky (1999) llega así a una comprensión clínica bastante vaga del concepto de *susto* como una "categoría general para un espectro fluido de trastornos cada uno bien definidos" (p. 247), que incluye trastornos somáticos, psicosomáticos y psicológicos y concluye que todavía hace falta una investigación etnoterapéutica holística del *susto* que relacione el diagnóstico de *susto* del o la paciente y los síntomas, el diagnóstico médico y los tratamientos para su curación (p. 239).

La variedad sintomática que describe Andritzky referente al cuadro de diagnóstico de *susto*, que no se ha encontrado en nuestra investigación de campo, se puede explicar por el hecho que las medicinas tradicionales –a diferencia de la medicina occidental– no tienen una visión dualista de enfermedad corporal o de la psique. Esto explica por qué el lenguaje de la enfermedad se expresa más comúnmente como una condición física en las culturas no occidentales (ver Kirmayer, 1996). En sus consideraciones acerca de la génesis del susto Andritzky parece no tomar en cuenta este conocimiento fundamental de la antropología médica, más bien sus reflexiones parecen permanecer a pensamiento caracterizado por la separación dualista cuerpo-alma de la medicina occidental. Aunque él asume la existencia de un tipo de *susto* –relacionado con enfermedades somáticas primarias (por ejemplo, parásitos) y de otro tipo– en el que predominan los conflictos psicológicos.

De acuerdo con los resultados de nuestra investigación el *susto* se trata de un trauma, incluso afirmamos que *el concepto de susto en la medicina tradicional es en sí el concepto de trauma.* Los resultados más importantes del presente estudio, que respaldan esta tesis, son los siguientes:

- Las causas desencadenantes características de la enfermedad por *susto* se describen como shock psíquico o experiencia traumática de diferentes grados. Esto se expresa en el uso del término "*susto*" y también en la calidad psicológica de las situaciones desencadenantes descritas como "repentinas e inesperadas" o "amenazantes" para la integridad mental y/o física de la persona afectada.

- Las características típicas de las reacciones psíquicas inmediatas al *susto* son la amnesia, la desrealización, la presencia frecuente de una fase de latencia. Son consistentes con los fenómenos de disociación peritraumática y latencia en el trastorno de estrés postraumático (TEPT) descritos en la psicoterapia occidental.

- Los síntomas característicos de la *enfermedad de susto* concuerdan con los signos patognomónicos[41] del trastorno de estrés postraumático, a los que se hace referencia en la ICD-10 (1999), hiperactivación, intrusiones, entumecimiento emocional y evasión de situaciones asociadas al trauma.

- Es evidente que las y los curanderos describen un proceso desintegrador o incluso hasta disociativo a nivel de las funciones de consciencia al describir el proceso patológico, que es común a las enfermedades por *susto*, como el "desapego de la mente" del cuerpo y el alma.

Estos resultados confirman *la hipótesis psicogenética del susto.* La tesis de la enfermedad por *susto* como un concepto de trauma en la M.T.M. ofrece una explicación clínicamente comprensible de la variedad de síntomas conocidos asociados con esta enfermedad. La concepción de una naturaleza histérica o sea de conversión neurótica de la enfermedad por susto representada por Andritzky (1999) y al principio por Gillin (1948), es teóricamente compatible con la "tesis del trauma", considerando que en la teoría psicoanalítica de la enfermedad, se reconoce ampliamente la proximidad sintomática, etiológica y psicodinámica entre el procesamiento histérico de conflictos y los psicotraumas.

---

[41] Síntomas característicos que por sí solos permiten establecer un diagnóstico.

Si se entiende el *susto* como un concepto cultural para enfermedades psicotraumáticas, lo que incluye una dimensión neurobiológica de la respuesta de un aparato psíquico a un trauma, se explica de manera concluyente la difusión amplia e intercultural del concepto de *susto,* lo que cambia la comprensión de la categoría antropológica de *síndrome culturalmente específico" (cultural bound symptom).* "Así, partiendo de la existencia universal de trastornos postraumáticos, se hace evidente que los síndromes del susto no son algo tan exóticos y ajenos, como lo sugiere esta última categoría, sino que los dos sistemas médicos y psicoterapéuticos (el occidental y el tradicional) tienen mucho más en común de lo que hasta ahora se creía.

Para fundamentar la tesis del trauma en relación con *el susto* se requieren evidentemente aún más estudios sobre este tema. Por esta razón, se explica la considerable relevancia práctica de esta comprensión específica de *la enfermedad por susto* en la M.T.M. en uno de los capítulos de la última sección del libro.

5.2 El grupo de enfermedades causadas por factores patógenos en el entorno social.

La influencia de los factores patógenos sobre la salud mental de las personas juega un papel importante en la M.T.M. Así, encontramos tres psicopatologías tradicionales, en los que se especifican varios tipos de influencias mentales, espirituales y emocionales perjudiciales del entorno social, lo que causa diferentes síntomas característicos. Estos son:

a. *Agresión o envidia*,

b. *mal de ojo*, también conocido como "vista fuerte";

c. *Mal aire* o *aire fuerte*, enfermedad por "vibraciones negativas".

La influencia del entorno social para este grupo de enfermedades no debe entenderse como previsiblemente negativo como en el caso del concepto de brujería, que se discutirá más adelante. Además, es variable el grado en el cual el efecto patógeno se puede calificar como involuntario, como en el caso de *la enfermedad por agresión o envidia*, que considera como conscientes las actitudes y sentimientos de rechazo que el entorno social dirige hacia una persona causando la enfermedad.

5.2.1 Enfermedad por agresión o envidia

"Y si a la gente no le agradas, puedes sentirlo. No tienes ganas de trabajar, no te sientes bien en ese lugar,te sientes mal, quieres irte, estás inquieto. Cuando llegas a casade repente tienes dolor de cabeza, que proviene de la agresiónque has recibido, es como una enfermedad que se está gestando (...)y tu espíritu, tu consciencia (...) no puede resistir la agresión".

(Curandera Hermila)

El concepto tradicional de enfermedad por *agresión o envidia* se enfoca en el efecto patogénico de afectos y emociones de tono negativo –como por ejemplo el rechazo emocional y la envidia– que emanan de otras personas durante un encuentro social y se dirigen específicamente a la persona afectada. Es uno de los diagnósticos de frecuencia relativamente alta en las dolencias psíquicas. Cuando se pidió al curandero Albino que estableciera la causa de la enfermedad de una joven paciente, él respondió:

"Por lo general, lo que causa la enfermedad con mayor frecuencia es la envidia. Estas personas, los abuelos de Mireya (la paciente) están tratando de mejorar su economía, lo que genera que se acumulen muchas envidias en la casa. Al nacer ella, toda esta energía negativa le pegó. Es por esto que ella nunca ha estado sana, porque siempre hay personas que insultan a esta familia, les dicen cosas malas."
(Curandero Albino)

La curandera Hermila denomina esta enfermedad como *agresión* y explica las características de esta en contraste con el cuadro clínico del *mal de ojo*:

"Es similar, pero en este caso (la agresión) esa es una cosa que sientes ... que las personas en tu trabajo son escépticas contigo, que no les agradas. - ¿Por qué? Porque eres mejor (...) Bueno, estás allí y haces tu trabajo, pero las personas que te tienen envidia son las que no pueden trabajar. Eso es una agresión de persona a persona, no te golpean, no te insultan, ¡pero aun así! Reflejan sus sentimientos y pensamientos en la forma en la que miran y te enfermarán. Te dicen algo, te sientes mal, no puedes responder porque te dicen: "¡Solo eres alguien cualquiera!" Esa es una forma de agresión". (Curandera Hermila)

Las descripciones de las y los curanderos coinciden en que los sentimientos agresivos e intensos que causan la enfermedad emanan de la gente con las que la persona afectada tiene contacto, pero que generalmente no forman parte de su círculo más cercano. Como causantes de la enfermedad son mencionados, en su mayoría, personas de la vecindad, colegas de trabajo, parientes lejanos, y también personas desconocidas.

Como característica de los síntomas de *la envidia*, la curandera Hermila señala un inicio bastante latente de la enfermedad, con el que se diferencia del *mal de ojo*: *"La agresión la sufres durante meses o años, y no te sientes bien, no estás equilibrado, te sientes mal, cansado todos los días y de mal humor"*. Los síntomas típicos son predominantemente de naturaleza psicológica: estados de ánimo depresivos de leves a moderados caracterizados por falta de impulso, labilidad emocional e inseguridad y sentimientos de inferioridad. *La curandera continua, "…si la gente siente agresión hacia ti o no le agradas, lo sientes, no tienes ganas de trabajar, no te sientes bien en este lugar, te sientes mal, prefieres irte, estás inquieto"*. El curandero Albino mencionó como síntomas de *la envidia* dolores de cabeza y acaloramiento, pero aparentemente también relaciona esta enfermedad con molestias predominantemente físicas.

Las y los curanderos comparan metafóricamente el proceso de *la enfermedad por agresión* con una enfermedad infecciosa para señalar que, si hay suficiente "defensa espiritual", la persona receptora de los sentimientos en el entorno social posee una especie de inmunidad contra este efecto patogénico. De lo que se deduce la posibilidad de que tales enfermedades se pueden prevenir.

5.2.2 Mal de ojo

"Cuando era pequeña, no quería creer en eso. Mi abuela me dijo:pon una cinta roja en tus trenzas para que no te hagan ojo,porque tenía largas trenzas, pero respondí: "¡Eso es mentira!" (...)Hasta que un día, mi cabello comenzó a caerse, pero en grandes cantidades,así que mi abuela me dijo: Y ahora ves. Entonces fuimos a visitar a la persona a la que le gustó mi cabello, y ella me curó.Esta mujer me curó y se me dejó de caer el cabello."

(Curandera Hermila)

El término *mal de ojo* engloba enfermedades que, en comparación con el concepto de *enfermedad por agresión o envidia*, se desencadenan por afectos involuntarios y menos agresivos, ya que más bien son sentimientos como de admiración y/o fuerte deseo de tener lo que la otra persona posee, los que conducen a la persona afectada a enfermarse. La existencia de un objeto codiciado o envidiado juega un papel clave en las enfermedades causadas por el *mal de ojo*, como explica la curandera Hermila.

> *"El mal de ojo puede originarse afuera en la calle, por ejemplo, cuando viajas con tu hijo pequeño, o cuando tu cabello luce bien y la gente te mira, y luego vuelves a casa y empiezas a tener dolor de cabeza, y no sabes por qué y te sientes cada vez peor, es el mal de ojo."* (Curandera Hermila)

La curandera Guadalupe explica que especialmente los bebés, niños pequeños, niñas y mujeres se ven afectadas por tales enfermedades, pero no las personas mayores. El concepto del *mal de ojo* también incluye el supuesto de que algunas personas habitualmente poseen una vista tan fuerte, que puede tener el efecto de causar enfermedades.

Las y los curanderos describen un inicio relativamente repentino de dolencias psicosomáticas, con mayor frecuencia diarrea y vómitos, con menos frecuencia dolor de cabeza y fiebre como síntomas característicos de esta enfermedad. Las molestias somatomorfas[42] afectan particularmente a las partes del cuerpo a las que se dirigen los sentimientos de admiración y envidia. Esa característica de la enfermedad es muy evidente en la caída del cabello en el caso que mencionó la curandera Hermila. Para el curanderismo los animales también pueden convertirse en víctimas del *mal de ojo*, ya que síntomas severos de este que parecen ser frecuentes, pueden conducir a la muerte del animal.

Las descripciones de las y los curanderos para el manejo de enfermedades por *mal de ojo* no solo se refieren a los métodos de tratamiento, sino que también enfatizan la importancia de las medidas preventivas. La prevención contra el mal de ojo es incluso una parte importante de las costumbres y hábitos mágicos de la población en general. La costumbre más importante es el uso de amuletos, en bebés y durante la infancia, los que debido a sus poderes mágicos pueden detener *el mal de ojo* y al mismo

---

[42] https://www.msdmanuals.com/es/hogar/trastornos-de-la-salud-mental/trastornos-som%C3%A1ticos-y-trastornos-relacionados/trastorno-somatomorfo

tiempo, servir como una especie de adorno para el cuerpo. Los llamados ojos de venado son especialmente ideales para ello, puesto que son semillas que se asemejan a los ojos de los ciervos y, por así decirlo, contrarrestan la vista perjudicial a través de una "contra mirada mágica". Las cintas rojas atadas alrededor de la muñeca del niño(a) o trenzadas en el cabello tienen según las creencias mágicas un efecto similar.

El concepto tradicional del *mal de ojo* no parece ser totalmente compatible con lo que sería un diagnóstico tradicional de enfermedad mental en el contexto de los planteamientos hecho al inicio de este subcapítulo. Las dudas sobre la naturaleza psicopatológica de esta enfermedad surgen, por un lado, de las declaraciones de las y los curanderos acerca de los síntomas típicos, predominantemente somatomorfos y severos. Además, no fue posible encontrar explicaciones comprensibles, desde el punto de vista de la psicoterapia y la medicina occidentales, para el proceso de la enfermedad descrito por las y los curanderos en el caso de enfermedades causadas por *mal de ojo*.

A pesar de las dudas sobre una patogénesis psíquica en el sentido más amplio, incluimos *el mal de ojo* en la presentación sistemática de enfermedades psicoterapéuticamente relevantes en la M.T.M., debido a que es un concepto de enfermedad tradicional significativo, con un uso generalizado en las culturas tradicionales. Está ampliamente comprobado que este concepto de enfermedad era muy popular también en la Europa antigua[43] y continúa en nuestros días, aunque en forma rudimentaria en algunas regiones tradicionales del sur de Europa (Hauschild, 1982)[44].

---

[43] En la mitología antigua, la idea de un efecto "dañino" de la mirada se conserva en el mito de la Medusa gorgona. Según el mito la Medusa era una de las tres hijas de las dos deidades del mar, Forcis y Ceto y era la única de ellas mortal. En la antigüedad temprana fue descrita como fea, pero en tiempos posteriores era retratada bella. La esencia del mito trata de que cada hombre que la veía y se encontraba con su mirada, se convertía en piedra. El antiguo héroe Perseo logró matarla solamente con un ardid que le recomendó la diosa Atenea: usando una gorra que le hizo invisible y un escudo que podía usar como espejo para no tener que enfrentar la vista inmediata de la Medusa. Después de ser decapitada por Perseo, la diosa Atenea colocó la cabeza cortada en su escudo de batalla, usando así el poder dañino de la mirada de Medusa que permaneció intacto después de su muerte.

[44] Las creencias acerca del *mal de ojo* que prevalecieron desde la antigüedad europea han sido reprimidas gradualmente y así eliminadas de la conciencia pública desde la Edad Media, en un contexto histórico cercano a la persecución de creencias como la de la Inquisición católica. Su persistencia hasta la actualidad ha sido descrita por el etnólogo Hauschild (1982) usando el ejemplo de las creencias populares en las regiones rurales del sur de Italia.

5.2.3 Mal aire

"Eso se siente especialmente de noche o simplemente cuando caminas a algún lado y todo lo que está en el aire te afecta. Y si llega un momento en el que tu cuerpo no está listo para salir a la calle, este aire penetra tu cuerpo. Esto es lo que llamamos aire fuerte. En el lenguaje moderno uno dice vibraciones negativas y nosotros decimos aire, un aire negativo."

(Curandero Albino)

El concepto de enfermedad por *mal aire, aire fuerte o aire pesado* describe el efecto patógeno de afectos negativos que son más bien inespecíficos, es decir no van dirigidos a personas determinadas, sino que predominan en el sentido de una "mala atmósfera" en ciertas comunidades o lugares. Los afectos dañinos y negativos se pueden representar como " flotando libremente", por así decirlo. El curandero y las curanderas usan el concepto de *mal aire* casi tan a menudo como el de *mal de ojo*. Al igual que con el concepto de *envidia*, las y los curanderos describen el proceso de enfermarse por mal aire metafóricamente como una infección. El curandero Albino explica, por ejemplo, que la susceptibilidad a la enfermedad del *mal aire* aumenta si la persona no tiene suficientes defensas. Los síntomas típicos del *mal aire* consisten en dolor de cabeza, sensación de cansancio y un ligero estado de ánimo depresivo.

5.2.4 Diferencias en la conceptualización del entorno social como causa de enfermedad en la M.T.M. y en la psicoterapia occidental

La tríada de enfermedades causadas por efectos patógenos de las condiciones socioambientales –la *enfermedad por agresión, el mal de ojo y el mal aire*–, ilustra como ninguna otra la estrecha interacción entre cultura y medicina. Lo que aquí es importante es el alto grado de coincidencia respecto a la importancia de los conflictos y tensiones en el ámbito social como causa de enfermedades mentales y psicológicas e incluso orgánicas. En la M.T.M., este desencadenante de la enfermedad es la causa más importante de síntomas depresivos y de una variedad de dolencias psicosomáticas leves a moderadas (por ejemplo, dolor de cabeza, agotamiento). Los resultados de nuestra investigación de campo sobre la gran importancia de los desencadenantes de enfermedades sociales en la M.T.M. concuerdan con los hallazgos de otros estudios antropológicos médicos y etnológicos. Se conocen conceptos de enfermedad similares en otros sistemas médicos tradicionales en muchas regiones de América Latina. En diferencia, en la psicoterapia occidental no hay un énfasis comparable en la patogenicidad del entorno social.

Sin embargo, si se tienen en cuenta las influencias de la cultura en la percepción de procesos de salud y enfermedad en un sistema médico, es posible que en una cultura tan colectivista como la mexicana, la calidad armoniosa de las relaciones sociales sea de gran importancia en la experiencia subjetiva individual. Los conceptos tradicionales, que son omnipresentes en la consciencia de la población, probablemente tengan también una función de regulador social al atraer la atención colectiva a los efectos destructivos de la codicia, la envidia y la agresión. Esta función reguladora es evidente cuando la curandera Hermila citando a su abuela, dice que los sentimientos de envidia pueden destruir a una comunidad entera. Al mismo tiempo, los métodos de terapia y prevención asociados con estas enfermedades hacen presente en la conciencia colectiva que existen estrategias disponibles para controlar los peligros debidos a las influencias sociales patógenas. Si bien la importancia salutogénica de la calidad de las relaciones sociales, especialmente en lo que refiere al "apoyo social", es un tema relativamente reconocido en la medicina occidental, esto no se aplica a los efectos patógenos de esas mismas relaciones. En el contexto clínico occidental, la patogenicidad de las relaciones sociales se aborda principalmente como una influencia nociva ya internalizada por la persona en cuestión, es decir a nivel de su estructura psíquica-mental, como por ejemplo en forma de las así llamadas representaciones internas o introyectos. Dicho de otra forma, la psicoterapia occidental no pone mucha atención a posibles factores sociales patógenos fuera del contexto de la familia nuclear en la infancia, tendiendo a pasar por alto la posibilidad de influencias patógenas actuales en el entorno social como la causa de la enfermedad.

El único concepto de influencia patogénica en el entorno social comparable es el concepto de *bullying*. Sin embargo, y a pesar de que el tema está muy presente en el discurso cotidiano de la cultura occidental, el *bullying* no figura como una categoría de diagnóstico clínico reconocido. La desestimación por parte de la psicoterapia occidental de la patogenicidad del entorno social inmediato probablemente está determinada por su carácter. El hecho de que la persona sea vista principalmente como "creadora de su vida y del propio destino" deja en segundo plano al hecho de que esta individualidad siempre existe en contextos sociales más amplios y, por lo tanto, está sujeta a las influencias de aquellos.

Debido a las convicciones compartidas en la cultura individualista, como terapeuta occidental se tiende a enfocar unilateralmente en la responsabilidad personal y el autocontrol de la o el paciente y, por lo tanto, se corre el riesgo de sobreestimar sus habilidades y posibilidades. A menudo las personas afectadas por el rechazo social experimentan un enfoque terapéutico de este tipo de una manera poco útil, incluso hasta nocivo.

En resumen, se puede decir que debido al contexto cultural individualista la psicología y psicoterapia occidentales tienden a subestimar las influencias patógenas y/o salutogénicas de los grupos sociales sobre el bienestar (o malestar) de las y los individuos. Esto a su vez significa que la psicoterapia occidental tiende a fallar con sus tratamientos para pacientes afectados(as) por ese tipo de malestar.

5.2.5 Enfermedad por brujería

"Lo poco que has aprendido, ahora lo mezclarás con otras cosas, pero no debes perder lo esencial. Porque si pierdes lo esencial, pierdes tu fe y luego la medicina que das pierde su poder curativo, te sales del camino."

(Curandera Guadalupe)

Las y los curanderos diagnostican *brujería* en algunos de sus pacientes con problemas de salud mental. La curandera Hermila explica:

"Aquí lo llamamos daño si a alguien no le caes bien o por alguna otra razón puede lastimarte. Usa algunos cabellos tuyos o tus cosas para esto (…) para brujería, entonces te dañará y eso afectará tus habilidades mentales, te asustará que no puedas dormir, que no estés bien, que estás desesperado, asustado " (Curandera Guadalupe).

Cuando se le pide más información sobre el tipo de enfermedades causadas por la brujería, ella responde: *"Sí, son sumamente difíciles (...) Puede provocar enfermedades mentales o emocionales muy fuertes o problemas estomacales".* En otra ocasión, ella menciona que *"…es muy similar a la esqui-*

zofrenia. He visto algunos casos en los que se trataba efectivamente de casos de esquizofrenia y otros casos en los que la persona sí ha sido hechizada".

Fue el curandero Albino, quien mencionó con mayor frecuencia las enfermedades causadas por la brujería, siendo posible investigar cuatro casos diagnosticados como *enfermedad por brujería*. La sintomatología consistía en síntomas depresivos, en dos casos mezclados con ansiedad. En todos los casos había dolencias psicosomáticas, del tipo de disfunción autonómica somatomorfa o trastorno del dolor somatomorfo. En el cuarto caso de *brujería*, el de Dolores, que se describe con detalle en el capítulo 10, los síntomas consistían en una enfermedad cutánea recurrente (erisipela) además de un trastorno depresivo y de ansiedad pronunciado, los cuales demostraron ser resistentes a la terapia convencional.

La curandera Guadalupe usó *la brujería* como el concepto de enfermedad en el tratamiento de una paciente con síntomas de esquizofrenia, que evidentemente tendía ya a volverse crónico con estados catatónicos y de mutismo. Estos resultados de la investigación de campo indican que, con mayor frecuencia, los síntomas psicológicos con alto grado de severidad son diagnosticados por las y los curanderos como una enfermedad causada por daño mágico o brujería.

Las opiniones de las y los curanderos sobre el proceso de aparición de *la enfermedad por brujería* se basan en suposiciones fundamentales en la creencia popular mexicana sobre cómo funciona la brujería. En el lenguaje de la ciencia, la brujería puede describirse como una aplicación ritualizada de objetos, imágenes y acciones, que se consideran portadores de poderes espirituales, a fin de lograr a distancia un efecto deseado evitando la influencia voluntaria y consciente de la persona afectada. Los efectos que se pretenden causar pueden ser psicológicos y/o somáticos. Además del hechizo de maleficio, el hechizo de amor es especialmente común.

Desde el comienzo de la antropología, los fenómenos de brujería y magia han atraído el interés de la investigación, por lo que hay una serie de estudios clásicos del fenómeno en diferentes áreas de aplicación (Evans-Pritchard, 1988; Malinowski, 1948 y Levi-Strauss, 1971). Estos etnólogos vieron la importancia cultural y psicosocial de la magia principalmente en el hecho de que las prácticas mágicas fortalecen la experiencia del control de la situación, es decir, permiten el manejo compensatorio de situaciones de impotencia y, por lo tanto, se usan tradicionalmente en situaciones existenciales importantes donde hay falta de conocimientos y técnicas sólidas para el control adecuado de la situación (ver resumen de Aberle, 1966). Los estudios mexicanos sobre curanderismo y la M.T.M. han enfatizado la importancia de la brujería como regulador de conflictos sociales y reclamos de poder (Anzures y Bolaños, 1983).

Sin embargo, la interpretación etnológica clásica de la magia a menudo conduce a una yuxtaposición simplista entre enfoques mágicos "precientíficos" y las estrategias de afrontamiento con base empírica y científica (por ejemplo, Evans-Pritchard, 1988). Esta visión ha sido cada vez más criticada como determinada por una perspectiva etnocéntrica occidental malinterpretando el carácter de las prácticas mágicas. El etnólogo Tambiah (1973) escribió al respecto:

> Ver la mayoría de los actos rituales y mágicos como si estuvieran dirigidos al propósito de la actividad científica de descubrir causas naturales, predecir consecuencias empíricas en términos de una teoría de la causalidad, es inapropiado y no es productivo para la máxima comprensión. (p. 226)

Tambiah fue uno de los primeros en señalar el carácter "performativo" de los rituales mágicos, así con el concepto de *performance* o el aspecto performativo de los rituales mágicos, la calidad sensorial de las acciones mágicas o simbólicas y su uso psicosocial se convirtió en foco de investigación etnológica. Nuestra investigación de campo muestra que, además de la perspectiva etnológica, también la psicoterapéutica y la cultural pueden contribuir a una comprensión más profunda de la funcionalidad y el significado de las acciones mágicas y especialmente sus aspectos performativos (ver el subcapítulo 12.4).

En nuestra investigación, las dos curanderas urbanas y el curandero rural participantes, diagnosticaron ciertas dolencias psicológicas causadas por brujería, con una frecuencia de diagnóstico significativamente mayor por este último. La existencia de este diagnóstico en ambos contextos es sorprendente, porque sugiere que el uso de este concepto de enfermedad no depende del grado de acceso a una educación biomédica u otro tipo de información científica por parte de quienes se dedican al curanderismo. Se centra más bien en la cuestión de la relevancia terapéutica y sociopsicológica del concepto *de brujería* en la M.T.M.

Al profundizar en el significado psicosocial y terapéutico del concepto de *brujería* se hace evidente que el daño mágico y la enfermedad derivada parecen siempre ocurrir en el contexto de conflictos psicosociales y que se requiere, para realizar la práctica del involucramiento de personas que tienen especial acceso a los poderes psicoespirituales, como las y los curanderos. El curandero Albino dice al respecto lo siguiente:

> *"Cuando se trata de personas que se dedican a hacer el bien [es decir, que trabajan como curanderos/as] y llegan a discutir y enojarse, se dan cuenta de repente que tienen problemas con alguien y "quieren hacerle algo malo".*

Las y los curanderos mencionan una amplia gama de conflictos que se pueden encontrar en la brujería: competencia profesional u otro tipo de competencia, sentimientos de venganza por infidelidad de la pareja, rivalidad entre padres e hijos. Las y los curanderos se refieren al fenómeno de la brujería cuando reflexionan sus actividades profesionales en el curanderismo. El curandero Albino lo expresa de la siguiente manera:

> *"Sí, hubo personas que llegaron al punto de que querían que yo dañara a otras personas. Pero siempre me he negado a hacer esto porque no es posible curar y practicar brujería al mismo tiempo. Por eso para mí queda fuera de cuestión."*

Las y los curanderos concuerdan en que rechazan este tipo de peticiones, ya que el mal uso de su poder espiritual debilitaría el poder curativo de sus acciones o incluso lo haría desaparecer por completo.

A manera de conclusión, es posible decir que la brujería parece ser un fenómeno omnipresente en las relaciones sociales de la clientela de la M.T.M. Tanto las premisas de la brujería como los supuestos básicos de la M.T.M. se basan en la idea que hay personas especialmente talentosas y capacitadas en el manejo de los poderes espirituales. A estas personas se les atribuye un poder que sobresale de las capacidades humanas normales. Este poder se usa en la brujería con la intención de dañar y se le conoce también con el término de *magia negra*, a diferencia de la *magia blanca* la cual se utiliza para el bien de las personas, como es el caso en la parte psicoespiritual de la medicina tradicional. Así, la brujería encarnaría el lado oscuro de la potencia terapéutica de la o el curandero, y en este sentido, el concepto de brujería demuestra indirecta e implícitamente la efectividad del curanderismo.

Desde una perspectiva terapéutica, esa contextualización lleva a fortalecer la confianza de la o el paciente en la efectividad y experiencia de quienes ejercen el curanderismo y la esperanza de curación aunada a ello. Esta consideración ofrece también una explicación a los resultados de la investigación de campo, donde la mayoría de las enfermedades muy graves tienen un diagnóstico asociado con la brujería. Especialmente en casos donde la efectividad del tratamiento ofrecido por el curanderismo se vuelve claramente limitada, por ejemplo, en enfermedades mentales o físicas muy graves, el concepto de brujería sirve de una manera paradójica e imaginaria para (re)establecer la efectividad terapéutica de la o el curandero puesta en duda por la realidad del tratamiento.

Dado que tales experiencias de actividad terapéutica limitada o incluso de impotencia terapéutica son experimentados por cualquier terapeuta, parece plausible que el que concepto de brujería sea utilizado por las y los tres curanderos independientemente de las influencias de la modernización. Como un regulador de la dimensión de la potencia-impotencia terapéutica su función es mantener la creencia de la persona en la efectividad de la o el curandero y su medicina, lo que es necesario para el éxito de la curación, a pesar de los inevitables intentos fallidos en el tratamiento.

5.3 Enfermedad por sentimientos fuertes

"Hay personas que dicen, por ejemplo: ¡Tengo algo en el corazón!Pero eso no es cierto, simplemente tienen mucho resentimiento,es una enfermedad del alma."

(Curandera Hermila)

Con el concepto de *sentimientos fuertes* las y los curanderos describen su experiencia clínica de que las personas también pueden enfermarse al tener intensos sentimientos propios. En la investigación de campo este diagnóstico solo fue usado por las curanderas urbanas, casi tan a menudo como el concepto de enfermedad por agresión y/o envidia y con menos frecuencia que el concepto de susto. La curandera Guadalupe, por ejemplo, habla de esta enfermedad cuando se le pregunta sobre las causas de las enfermedades emocionales: *"Para mí, las causas principales son el enojo, la ira, rencor en tu vida y el miedo, el rencor y, a veces, el resentimiento que tienes en tu corazón o los malos sentimientos y deseos hacia los demás".* La curandera Hermila tiene una opinión similar:

> *"Por ejemplo, este tipo de personas que vienen con mucho resentimiento y sentimientos dañinos también están enfermas. ¿Por qué? Porque no hay nadie que les diga que no deberían estar tan deprimidas. A menudo estas personas no se valoran a sí mismas y piensan que los demás les están pidiendo demasiado."*

En general en la M.T.M. se usa el concepto de *enfermedad por sentimientos fuertes,* aunque algunas de las personas que ejercen el curanderismo usan términos que especifican el tipo de sentimiento o afecto que causa la enfermedad. Por ejemplo, se dice que un paciente padece una enfermedad llamada *ira o mohína* en otros casos el diagnóstico es: *envidia*[45], *celos u odio.*

Como consecuencia de afectos y sentimientos demasiado fuertes de la persona, las curanderas describen más que nada estados de ánimo depresivos y el agotamiento, así como enfermedades psicosomáticas, tales como las dolencias funcionales del corazón y del estómago y aquellas con lesión orgánica, por ejemplo, la diabetes.

> *"También hay personas que son diabéticas debido a la ira y el enojo. Algunas personas que se enojan y que su páncreas está predispuesto a esto, tendrán diabetes, azúcar, como lo llamamos [...] Muchas enfermedades del hígado tienen mucho que ver con los trastornos emocionales. El hígado es la bolsa en la que guardamos los sentimientos, la ira, el enojo, el dolor. No se guarda tanto en el corazón sino en el hígado"* (curandera Guadalupe).

Las explicaciones de las curanderas sobre el principio de acción y los síntomas típicos de esta enfermedad revelan similitudes con el concepto de neurosis de la psicoterapia occidental, cuando describen con ello el trabajo de los procesos psíquicos inconscientes, que también incluyen mecanismos de defensa como somatización, represión y formación reactiva. La siguiente declaración de la curandera Hermila ejemplifica su suposición de que hay conexiones inconscientes entre los propios deseos reprimidos y las

---

[45] Aquí, el término *enfermedad por envidia* significa el efecto autolesivo del sentimiento de envidia, que deriva en la enfermedad de la persona que lo siente, en contraste con el concepto de la enfermedad llamada *envidia,* descrito en el subcapítulo 5.2.1, que tiene el efecto patogénico en el "receptor" de tal afecto negativo.

emociones mostradas: *"…sentir envidia es muy similar a los celos. Es similar a la mujer que está celosa. Está harta de cuidar y tener que atender ya sea a sus hijos o a su esposo"*. Ella también describe cómo una defensa demasiado fuerte contra el afecto conduce a la formación de síntomas psicosomáticos y cómo intenta tratarlo: *"Los afectados luego dicen que hay algo en sus almas, tienen rencor, una aflicción que no pueden dejar salir. Luego trato de hacer que se deshagan de todo lo que los enferma."*

Las curanderas también parecen estar familiarizadas con el proceso psicopatológico que, en la psicoterapia orientada psicoanalíticamente, se conoce como somatización de los afectos:

"La irritación que ingresa a la sangre a través de la ira y el enojo puede ser muy fuerte. Porque cuando alguien está molesto, a veces se enciende, muy caliente. Pero a veces puede tener mucho frío, porque cuando estás enojado, pero no tienes tiempo para reaccionar, permanece congelado en tu estómago" (curandera Hermila).

Queda abierta la explicación referente a esta cercanía conceptual de *la enfermedad por sentimientos fuertes* al concepto de la psicoterapia occidental. Suponemos que *la idea de poder enfermase por sentimientos fuertes* propios podría ser el resultado de un proceso de asimilación cultural. A diferencia a los demás conceptos de la M.T.M., los eventos emocionales internos desempeñan un papel decisivo en la comprensión psicopatológica, tanto con respecto a la causa atribuida como también a la dinámica general del proceso. Además, contiene los supuestos básicos de la medicina tradicional: el desequilibrio interno y externo y, por lo tanto, la pérdida de la función protectora del nivel de regulación espiritual debido a los afectos intensos.

La influencia de la cultura occidental en la M.T.M. se puede resaltar comparando los conceptos de enfermedad del curandero rural con los de las curanderas urbanas.

Los resultados de nuestra investigación indican que la cultura local de las y los curanderos influye en la teoría y la práctica respectivas. Solo las curanderas urbanas mencionan enfermedades de la psique que se relacionan claramente con la comprensión de crisis y conflictos psicológicos individuales, como es característico en la psicoterapia occidental, como son, déficits en la autoestima, trastornos debido a conflictos familiares y relaciones de pareja, así como situaciones de exigencia excesiva, enfermedades mentales reactivas, crisis de la madurez.

Por otro lado, *la enfermedad por susto* y *la enfermedad por brujería* muestran un mayor grado de diferenciación en el curandero rural que en los de las curanderas urbanas. Así, el curandero nombró varias enfermedades regionales que pueden asignarse al concepto de *susto*, aunque se diferenciaban en que designan diferentes formas en las que la mente de la persona afectada se ha "perdido", como *caído en una red* o *caído en el espacio*. En la *enfermedad por brujería*, él consideraba *la enfermedad de los muertos* como un subgrupo, y refería a que en estos casos la influencia mágica está causada por espíritus de los muertos o los atributos de la muerte, por ejemplo, la tierra del cementerio. Estas variantes para entender las enfermedades parecen manifestar las diferentes condiciones del contexto cultural. Mientras que en los conceptos de enfermedad del curandero rural mazateco se han conservado claramente las tradiciones curativas indígenas con la primacía del nivel de regulación espiritual y las causas de la enfermedad más atribuidas a lo externo, la práctica de las curanderas del medio urbano está más influenciada por el estilo de vida moderno y, por lo tanto, inevitablemente por la cultura occidental. Mientras que aumenta la influencia de los valores individualistas en la sociedad, se pierde la importancia clave de la cohesión social de la comunidad en las culturas tradicionales. Los roles de género tradicionales también se cuestionan, lo que crea cambios en las áreas psicosociales de conflicto.

El hecho de que estas influencias culturales se reflejen en los conceptos de enfermedad, indica que las y los curanderos tradicionales pueden reaccionar de manera flexible a este cambio social y cultural.

La medicina tradicional mexicana muestra una vez más en su historia de varios siglos que es capaz de adaptarse a los procesos de cambio social a través de procesos de adaptación y asimilación. Esta es una gran fortaleza que el antropólogo médico mexicano Menéndez (1990) ha señalado repetidamente y que debe enfatizarse, ya que el atributo de lo "tradicional" conduce de manera injustificada a pasar por alto la enorme versatilidad de la M.T.M.

6. Estado mental saludable y prevención en la M.T.M.

"Algunas personas tienen ciertos sueños o pesadillas. Estos sueños anuncian que pueden enfermarse. Por lo tanto, estas personas deben ir al curandero para que se les haga una limpia".

(Curandero Albino)

En vista del alarmante aumento de personas con enfermedades mentales en la población alemana, recientemente se han considerado medidas prácticas para la prevención activa en el área de la salud mental. En la psicología académica, el interés por la salud mental ha crecido significativamente desde la década de los 90. Como resultado, han surgido nuevas subdisciplinas psicológicas y médicas, así como áreas de investigación como la psicología de la salud y la investigación de la salutogénesis. Sin embargo, ese interés teórico no se ha traducido hasta el día de hoy en una práctica preventiva comparable en el área de la salud mental.

La investigación de campo, por otro lado, mostró que la prevención de enfermedades mentales es de gran importancia para la medicina tradicional mexicana y que representa un área de actividad que es frecuentemente solicitada e inherente a la práctica del curanderismo. Impresiona el consenso que existe en las opiniones de curanderas y curanderos tradicionales sobre la salutogénesis y la prevención de enfermedades.

6.1 Comparación del concepto de salud mental en los dos sistemas terapéuticos

"Lo ves en los ojos de una persona, que hay alegría, en sus facciones, en todo. Es como una planta que no tiene parásitos, una planta que crece densamente frondosa, se desarrolla en abundancia."

(Curandera Hermila)

Para una presentación más clara del conocimiento de la M.T.M. sobre la salud mental, nos basamos en la sugerencia del psicólogo de salud Becker y distinguimos entre *salud mental como cualidad* y *salud mental como estado* (Becker, 1995, p. 186).

Curanderas y curanderos reconocen a una persona en *un estado mental saludable* de la siguiente manera:

- "Se toma las cosas con calma y serenidad" (curandera Hermila);
- "Incluso si hay problemas externos, estos no los pueden dañar […] si ocurren cosas serias, no los afectarán" (curandera Guadalupe);
- "¿Por qué debería estar enojado? No quiero lastimarme a mí mismo, no quiero que mi alma duela [...] Es por eso que les digo a mis pacientes: Vive la vida, quiérete, no te enojes..." (curandera Hermila);
- "Tener energía positiva, estar satisfecha y poder desplegar toda mi energía, centrarme en lo que tengo planeado hacer hoy". (curandera Hermila);
- "Si todos tuviéramos fe y confianza, estaríamos sanos, creo. Entonces tendríamos la oportunidad de entender las cosas, rezar y ser creativos [...] La fe es como el fuego, nos enciende "(curandera Guadalupe).

Un *estado mental saludable* en la M.T.M. se define de tal manera que, a pesar de las tensiones externas, se mantienen un estado emocional de serenidad o un relativo equilibrio emocional interno y predominan los estados de ánimo positivos. La persona muestra vitalidad, tiene una relación positiva consigo misma y experimenta la posibilidad de involucrarse en la vida cotidiana. Ella tiene confianza en Dios y una actitud generalmente confiada y optimista hacia su propio futuro. Con respecto a las condiciones individuales que una persona necesita para mantener tal estado de salud mental a largo plazo, las y los curanderos consideran que hay dos actitudes esencialmente significativas:

- lo que podríamos llamar *capacidad para lograr la trascendencia espiritual-religiosa*, y
- *capacidad para hacer frente a las exigencias tanto internas como externas.*

La capacidad para la trascendencia espiritual-religiosa fue la condición individual más frecuentemente mencionada por las y los curanderos para la salud mental. Es descrito como religiosidad y/o espiritualidad activa o como fe. Como ya se ha mencionado, la buena integración entre el lado espiritual y el emocional-afectivo de la psique representa para la M.T.M. la condición esencial para una salud física y mental estable.

La llamada *capacidad de superación y entrega personal* enfatiza la capacidad perdurable de una persona para poder mantener un estado de equilibrio emocional y de poder centrarse a pesar del estrés externo, al mismo tiempo, participando plenamente en las actividades de la vida diaria. Es interesante que las ideas de las y los curanderos sobre un estado de salud mental tengan similitudes con la comprensión occidental de la salud mental, entre las que más destaca es la importancia central de las habilidades de afrontamiento para mantener la salud mental. Por ejemplo, Becker (1995) define la salud mental como "la capacidad de hacer frente a los requerimientos externos e internos [psicológicos]" (p. 188).

Para facilitar la comparación sistemática, la tabla 2 muestra y compara de forma general los criterios sobre salud mental de ambas culturas. Se utiliza nuevamente a Becker (1986) como un ejemplo de un concepto de salud en la psicoterapia occidental.

Criterios de un estado mental saludable		Grado de concordancia conceptual
M.T.M.	**Psicología occidental (según Becker, 1986)**	
Estado de ánimo predominantemente positivo, satisfacción	Estado emocional positivo vs estado emocional negativo	alto
Serenidad, equilibrio mental y emocional a pesar del estrés externo		ninguno
Autorreferencia levemente positiva	Alta autoestima vs baja autoestima	alto
Despliegue completo de energía en el propio actuar (impulso no perturbado o inhibido)	Alto nivel de energía y rendimiento vs falta de motivación y mal funcionamiento	medio

Actitud confiada y optimista con respecto al propio futuro, vivencia de sentido y de estar vinculado(a) con la dimensión espiritual o cósmica	Autotrascendencia vs centrado en sí mismo(a)	bajo
	Expansividad vs defensividad	ninguno
	Autonomía vs dependencia	ninguno

Tabla 2 *Comparación de la definición de un "estado mental saludable" entre la M.T.M. y la psicología occidental*

Si se comparan la idea de un *estado mental saludable* en una persona en la M.T.M. con la de la psicología occidental pueden reconocerse tanto similitudes como diferencias. Respecto de estas últimas, es claro el hecho de que la comprensión occidental de *un estado mental saludable*, al menos sobre la base de la teoría discutida aquí, no reconoce la *serenidad* como una característica salutogénica importante. Por otro lado, las y los curanderos no consideran la vida autónoma y la asertividad social, esta última mencionada por Becker como una manifestación de "expansividad" (1995, p. 35) como una criterio de *un estado mental saludable*.

Parece evidente que estas diferencias se deben a los valores culturales implícitos de cada cultura, por una parte, individualista y, por la otra, colectivista. De esta manera, la capacidad de afirmar los propios intereses en el ámbito social puede identificarse como un aspecto de ajuste exitoso a los valores de la cultura occidental, lo que también tiene un impacto en la salud mental de la persona. Una actitud de serenidad no parece ser en el mismo grado una adaptación a los valores dominantes de la cultura occidental. Por un lado, estas consideraciones muestran la influencia de la cultura respectiva y sus valores en la formación de la teoría psicológica. Por otro lado, muestra cómo el enfoque comparativo de la cultura en psicología y psicoterapia puede ayudar a identificar los puntos ciegos en los conceptos y teorías de la propia cultura. Cabe mencionar que en las últimas décadas la actitud de serenidad se ha comenzado a valorar a mayor escala en la psicoterapia y la psicohigiene occidentales, y en el entrenamiento y práctica de la psicoterapia se promueve –por ejemplo– mediante la terapia basada en la atención plena y la creciente integración de las técnicas de meditación o la práctica del yoga.

Finalmente, es interesante que *la trascendencia* esté asociada con la salud mental en ambas culturas terapéuticas. En la psicología occidental, el tema de la trascendencia aparece en el concepto de la llamada *autotrascendencia*, que se contrasta con la actitud de *centrado en sí mismo(a)*. En la M.T.M. lo encontramos como una consciencia de la vinculación de la existencia propia con la dimensión religiosa-espiritual y/o cósmica.

El concepto occidental de *autotrascendencia*, el cual en el modelo de Becker enfatiza una actitud de orientación externa, de interés y compromiso con el medio ambiente de la persona como promotora de la salud, puede verse desde una perspectiva comparativa como una variante secular de una espiritualidad y/o religiosidad practicada como recurso de la salud.

La experiencia de las y los curanderos de la M.T.M. en esto último se explica en el siguiente subcapítulo.

6.2 La trascendencia espiritual-religiosa como recurso salutogénico y el factor de riesgo "falta de fe"

"Si todos tuviéramos fe y confianza, creo que estaríamos sanos.Entonces tendríamos la oportunidad de comprender las cosas, rezar y ser creativos (...)La fe es como el fuego, nos enciende".

(Curandera Guadalupe)

La capacidad de una persona para desarrollar una convicción espiritual-religiosa que genera emociones positivas se considera el *factor protector* más importante contra la enfermedad en la M.T.M. Las descripciones de las y los curanderos señalan tres mecanismos de acción salutogénica y/o psicoterapéutica de las experiencias de trascendencia espiritual religiosa:

- la persona se experimenta a sí misma como en una relación cercana con una instancia imaginaria que se presenta como poderosa y que transmite seguridad y protección;
- la creencia y confianza en este poder protector promueve una actitud optimista generalizada hacia las incertidumbres del futuro;

- Las creencias y experiencias espiritual-religiosas proporcionan fuentes importantes para experimentar el significado de las propias acciones.

La posibilidad de experimentar como significativa la propia vida y acciones, y una expectativa de esperanza confiada y orientada al futuro se ha considerado en la psicología y psicoterapia occidentales importante en relación con sus efectos salutogénicos. Esto se hace evidente en el concepto de *sentimiento de coherencia* de Antonovsky [46] (1997), en el contexto de la logoterapia de Frankl (1973) o en el criterio de "sentido" como un "factor interno de salud mental" (Becker, 1995).

El mecanismo mencionado en el primer punto indica que la trascendencia espiritual-religiosa incluye una experiencia intensiva de apego y/o relación. El psicólogo van Quekelberghe (1995) señaló la importancia psicológica de la vivencia trascendental-espiritual para la experiencia y la necesidad del apego como parte de la estructura básica de la motivación humana. Propuso el concepto de *consciencia de apego generalizada o cosmo-psicosocial* para describir experiencias relevantes de apego en el estado de trascendencia espiritual-religiosa.

Debe señalarse brevemente aquí, que gracias a la investigación del apego –de la cual Bowlby (1969, 1973) es considerado el fundador– se reconoce hoy en día su relevancia salutogénica. Esta investigación proporciona conocimiento sobre la enorme importancia de las experiencias de apego –estables o interrumpidas– en el desarrollo psicológico, incluyendo la influencia que tiene en los procesos neuroendocrinológicos[47]. A este respecto, todas las opciones de intervención que fortalecen las experiencias de vinculación positivas y estables deberían ser de gran interés tanto para la práctica de la psicoterapia como para la prevención en el área de la salud mental.

Straube (2005) se ocupa en su trabajo de las dimensiones psicológicas de la religión y en gran parte del efecto salutogénico de las creencias religiosas. Él apunta la importancia psicológica de la religión, entendida esta como un intento humano central para hacer frente a las condiciones de vida adversas. Según este autor, el pensamiento religioso ofrece "ventajas

---

[46] Aquí será calificada como relevante a nivel salutogénico la actitud individual persistente con respecto a la "comprensibilidad", la "manejabilidad" y la "importancia" de los eventos de la vida potencialmente estresantes.

[47] Por ejemplo, el conocimiento sobre la liberación de los propios opiáceos del cuerpo (oxitocina) durante las experiencias de unión positivas y seguras.

de supervivencia" de varias maneras, en particular al satisfacer las necesidades de control cognitivo, pero también de apego (Straube, 2005, p. 48). Compara la eficacia terapéutica positiva inespecífica de las creencias religiosas con la eficacia bien investigada de los placebos.

La opinión de las y los curanderos de que la *falta de fe es un factor de riesgo* para las enfermedades mentales, es la contrapartida conceptual de la convicción básica de la M.T.M. de que la capacidad de transcendencia espiritual-religiosa de una persona es un factor protector para la salud mental. Al principio, sus frecuentes declaraciones sobre el significado de falta de fe –así como el descuido de "prácticas de fortalecimiento mental" para el desarrollo de la enfermedad– llevaban a creer que este era otro concepto de enfermedad. Sin embargo, debido al hecho de que las y los curanderos no asignaban síntomas típicos a este concepto y a una mejor compresión nuestra acerca del papel clave de la espiritualidad en la teoría y práctica terapéutica de la M.T.M., es posible concluir que el concepto de *falta de fe* es más bien considerado un factor de riesgo para enfermedades mentales y otras enfermedades, comparable al concepto de estrés en la psicoterapia occidental. Esta concepción de factores de riesgo para la salud guía la práctica preventiva en la M.T.M., práctica que se describe en el subcapítulo siguiente.

6.3 Prevención como una parte importante de la M.T.M.

"Se puede proteger haciendo una ofrenda de velas[48]*, el ritual de limpieza con tabaco o granos de cacao [¿Debería de hacerlo por sí misma la gente?] No, pueden venir aquí para una limpia, pero a tiempo antes de que tengan alguna dolencia."*

(Curandero Albino)

El análisis de las prácticas en el área de la salud mental y la prevención en la M.T.M. ofrece una imagen sorprendente desde una perspectiva de la psicoterapia. Por un lado, impresiona lo seriamente que las y los curanderos toman los asuntos de prevención y que las medidas preventivas correspondientes son una parte natural de la vida cotidiana, especialmente en

---

[48] El mencionado ritual con velas, por ejemplo, persigue el propósito de satisfacer a las entidades espirituales, en particular a los espíritus de los muertos o santos y otros seres espirituales mazatecas, con regalos, y al mismo tiempo –casi a cambio– de recibir protección. y el apoyo de ellos.

la población con costumbres tradicionales, ya que existen rituales caseros preventivos realizados sin necesidad de recurrir a la ayuda del curanderismo. Por otro lado, la gente consulta con la finalidad de prevenir algún malestar o peligro. Especialmente en el contexto rural, una gran parte de la clientela visita al curandero con preocupaciones preventivas. Así, en palabras del *curandero Albino:* "*...hay personas que tienen sueños o pesadillas, estos sueños anuncian a la persona que puede llegar a tener problemas", por lo que esas* personas, motivadas por sueños inquietantes, que son interpretados como señales tempranas de advertencia de enfermedad, recurren al curandero.

Eventos importantes en la vida, como el nacimiento de un hijo o hija, o la apertura de un negocio eran motivos típicos para consultar al curandero. Según las creencias tradicionales, las personas en esas situaciones y especialmente en las de transición son más vulnerables a las perturbaciones de su bienestar, ya sea debido al curso incierto del nacimiento de un hijo(a) o debido a la envidia de otros provocada por la mejora de la situación económica. En tales casos, la gente espera que el curandero realice un ritual psicoespiritual de protección. El curandero Albino se ve a sí mismo como un especialista en tales medidas preventivas, alentando a su clientela y pacientes a aprovechar esta oportunidad para prevenir enfermedades y problemas.

La siguiente viñeta describe una consulta para la prevención, que parece ser acostumbrada tanto para las y los curanderos como para sus clientes.

CASO 1: TRATAMIENTO PREVENTIVO DEBIDO A UN "MAL SUEÑO.

Una madrugada en el pueblo de San José Tenango, en las montañas mazatecas, en un momento en que la neblina de la mañana aún no se había levantado por completo, una cliente llamó a la puerta. Venía acompañada por una mujer, ya así lo refiere el código de conducta local. Era la esposa del policía del pueblo y la razón por la que venía tan temprano era que su esposo había tenido una pesadilla la noche anterior, que aparentemente preocupaba a la familia. Por esta razón, ella pedía ayuda al curandero en nombre de su esposo, que no podía presentarse personalmente.

El curandero Albino corrobora la petición de la cliente y le pide un poco de paciencia. Luego prepara el altar de su casa en unos simples movimientos. Como primer paso del ritual el curandero escucha atentamente la narración del sueño del policía de la aldea. Él había soñado que había salido por la zona con un pariente más joven (un sobrino), y en el camino se habían encontrado con un grupo de hombres que peleaban. El sobrino había interferido en la discusión, cortando la garganta de uno de los hombres. En la mañana, el policía al despertarse había sentido un fuerte dolor, como si fuera un corte en el cuello. El curandero hace algunos comentarios sobre el sueño en lengua mazateca hablando con la cliente. Más tarde me explica su interpretación del sueño. Para él, cada sueño es un mensaje importante de los poderes divinos. En este caso, el curandero ve que a través del sueño se anuncia una enfermedad en el cuello del hombre que soñó, posiblemente una flexión irreversible de la columna cervical. Además, el sueño también podría indicar conflictos interpersonales inminentes, a los que el hombre a menudo estaba expuesto en su trabajo como policía de la aldea.

Como medida de tratamiento, el curandero llevó a cabo un ritual de ofrenda de velas de unos veinte minutos en su altar de casa, acompañándolo de numerosas oraciones, que sirven para prevenir los peligros anunciados. En estas oraciones se involucra a la esposa del policía y su compañera. Al final del ritual, el curandero crea un talismán para que la cliente se lo de a su esposo, haciendo también la recomendación de que el esposo no beba alcohol en los próximos días, para evitar una posible participación en conflictos. Además, pide a la cliente que vuelva a encender en su casa las trece velas que se había utilizado en el ritual. Después de pagar una pequeña tarifa, las dos mujeres se despiden.

Las y los curanderos consideran que los sueños son una señal de alerta de una perturbación inminente en la salud mental y física y, también son vistos como tal por la misma gente. Las dos curanderas urbanas hicieron declaraciones muy similares sobre las medidas preventivas adecuadas, aunque sea menos frecuente que la clientela urbana visite a las curanderas sin ninguna dolencia manifiesta. No obstante, el hecho de que las curanderas ofrecieran rituales de limpia incluso en el caso de trastornos relativamente leves puede entenderse como una práctica psico-espiritual más bien preventiva que curativa.

Desde la perspectiva de la M.T.M. el cuidado de la relación con las y los antepasados es otra de las medidas preventivas para la salud mental y física. Tener una buena relación con espíritus de familiares ya fallecidos garantiza que la persona tenga su protección y apoyo, incluso en asuntos referidos a la propia salud. El ritual más conocido de este tipo es *el día de los muertos*, que se conoce a nivel mundial. Durante esta festividad –que es una variante tradicional mexicana de celebración de la fiesta católica *día de los difuntos*– se llevan a cabo varios actos rituales y festivos según la tradición, que sirven para dar gusto a las y los antepasados fallecidos. Los cementerios y las tumbas están decorados festivamente y por la noche bandas locales tocan música en el mismo cementerio, mientras las familias se reúnen en las tumbas con los platos favoritos de las personas difuntas para compartir una comida.

Unos días antes del día de los muertos (en los últimos días de octubre), en el consultorio del curandero Albino había mucha demanda de un ritual para gratificar a las y los difuntos, que en el pueblo mazateco llamaban la ofrenda de las trece velas. Las personas de la aldea acuden al curandero con paquetes de 13 velas largas y estrechas envueltas en papel periódico. En un ritual de media hora, se ponen las velas en una tabla estrecha que es colocada para el ritual en *la mesa* (designación mazateca para el altar del curandero), y se prenden una tras otra con oraciones e invocaciones para los espíritus de las y los difuntos. El curandero le pide a la clientela que mencione los nombres de los antepasados fallecidos, que luego el curandero vuelve a invocar en los cantos y oraciones. El curandero también integra a estas oraciones las peticiones que la persona desea dirigir a los antepasados, por ejemplo, la petición de que brinde apoyo y protección espiritual a la persona y a su familia. La luz de las velas y las palabras de agradecimiento se entienden como una especie de ofrenda a las y los antepasados.

El fin de año es otro momento en que muchas personas del pueblo solicitan al curandero un ritual de protección y ofrenda. Se pueden encontrar tradiciones similares en la ciudad, ya que también a las curanderas se les pide que realicen actos rituales, por ejemplo, para la inauguración de nuevos edificios. En el medio urbano, sin embargo, ha habido una pérdida gradual de significado de estos rituales tradicionales y originalmente preventivos. Así, la celebración ritual del día de los muertos parece entenderse más bien como una impresionante puesta en escena de tradiciones mexicanas que es de interés para el turismo nacional e internacional, mientras que su importancia espiritual y psicohigiénica no parece estar presente en la consciencia colectiva.

En resumen:

a. En sectores de la población en contextos más tradicionales, el propio estado de salud psicosomático se reflexiona aparentemente con mucho cuidado. Además, existe una consciencia diferenciada de la vulnerabilidad general de la salud mental, incluidos los factores desencadenantes y eventos típicos de enfermedades mentales y psicosomáticas. Estos incluyen conflictos interpersonales, pero también mejorías en la situación personal a través de un aumento de privilegios y estatus, entre otras cosas, los cuales pueden provocar envidias en el entorno social. En tales situaciones, se llevan a cabo rituales de protección psicoespirituales simples para prevenir enfermedades.

b. Los sueños de cierto contenido juegan un papel muy importante como señales de advertencia o indicadores de enfermedades inminentes.

c. Mantener una relación de aprecio y activa con las y los antepasados y otros espíritus o poderes divinos es una parte importante de las prácticas preventivas en la M.T.M. La comunicación ritualizada con las y los antepasados se caracteriza por el principio de "dar y recibir". Se ofrecen ofrendas y oraciones a cambio del apoyo espiritual deseado. Rituales de protección y de ofrendas son las formas más comunes de implementar este principio.

7. Características principales del tratamiento de enfermedades mentales en la M.T.M.

"Es por eso que te pido energía para mí en poder atender a estas personas. Así como en todo el mundo hay enfermos así yo trataré de hablar para todos, no nada más para mí. Yo siento, Dios mío, que estoy poniendo arboles alrededor del mundo para hacer que estas enfermedades no vengan de otro lado para acá."

(de una invocación del curandero Albino)

Antes de ocuparnos por separado de los métodos utilizados para el diagnóstico y la terapia en la M.T.M., explicaremos las tres características generales de su práctica de tratamiento, por las cuales se diferencia claramente de la psicoterapia occidental. Además, se da un vistazo a las preguntas básicas sobre indicaciones y procedimientos en el tratamiento.

7.1 El carácter sagrado y el concepto terapéutico en los ámbitos clínico y no clínico

La contextualización sagrada representa una característica destacable de la M.T.M., que comparte con la mayoría de los sistemas médicos tradicionales. En la M.T.M. la dimensión mental- espiritual no sólo es considerada como principio activo más importante y la primera causa de enfermedades, sino que también representa la principal dimensión para intervenciones terapéuticas. Eso se refleja en la variada práctica de tratamiento de la M.T.M., por una parte, en el modelo multidimensional de salud y enfermedad con las interacciones entre los niveles de regulación somática, emocional y mental- espiritual. Por otra parte, en las suposiciones referentes al efecto terapéutico de las intervenciones espirituales, en donde estas son más eficientes que las intervenciones a nivel corporal o emocional. Para la práctica de tratamiento significa que los métodos diagnósticos y terapéuticos, los que se aplican más directamente a nivel de regulación mental y psíquica, son considerados como los más efectivos, así hay una referencia constante al nivel espiritual-mental por parte de las y los curanderos durante sus tratamientos y la dimensión de lo espiritual está siempre presente en el contacto creando una atmósfera *sagrada* fuera de lo común.

Esta atmósfera se logra a través de invocaciones y oraciones, por un lado, y de tratamientos connotados espiritualmente, por el otro, mismos que incluyen el uso de sustancias y objetos con un significado espiritual. Como los chamánes, las y los curanderos se entienden a sí mismos(as) como una mediación entre la persona o un grupo y las fuerzas espirituales más allá de lo personal. A partir de este supuesto básico se deriva que las y los curanderos consideran su tratamiento o cotratamiento como indicado en todo tipo de trastorno y desequilibrio, ya sea de salud, social y ambiental. Esto explica también que estén convencidos(as) de que, independientemente de los tratamientos médicos convencionales realizados, es aconsejable un cotratamiento psico-espiritual, como lo formula el curandero Albino:

> *"Lo primero que deberían de hacer los médicos es comunicarse con un curandero, [...] los pacientes de estos médicos deberían de acudir con un curandero para hacerse limpias con el fin de comprobar que más se puede realizar y después de esto acudir con ellos [los médicos]. Como yo lo he descrito con el ejemplo de una mujer, la cual ya estaba espiritualmente sepultada, ya estaba espiritualmente muerta. Los médicos le dijeron que la operarían, pero al final [después del tratamiento del curandero Albino] ya no requirió ser operada, pues se sentía mejor."*

A la inversa, la suposición de una indicación universal de medidas de tratamiento psicoespirituales significa que en el curanderismo se niega la posibilidad de remisión espontánea. Esta creencia la defiende más claramente el curandero Albino: *"Aquéllos que no buscan tratamiento viven su vida entera así sin apetito, ellos viven enfermos. La enfermedad nunca se va, pues nunca se han tratado"*.

Desde el punto de vista de las y los curanderos los rituales terapéuticos de la M.T.M. son adecuados para el tratamiento de trastornos mentales con cualquier grado de severidad, aunque al parecer, en la mayoría de los casos, se tratan enfermedades mentales con un grado bajo y medio. Aparte de los tratamientos contra las enfermedades, los tratamientos preventivos representan una parte considerable de la actividad terapéutica.

Además, la vocación de curandero o curandera va más allá del ámbito de la atención médica individual y se extiende a numerosas aplicaciones no clínicas, ya que se ven como responsables también del bienestar de la comunidad y su ambiente natural. Así, en la práctica curativa regular de índole "no clínica", ese concepto extenso de la propia profesión terapéutica se puede reconocer en las raíces históricas del chamanismo, y es todavía una importante característica de la M.T.M.

Las y los curanderos, en su función de mediación entre el mundo humano profano y el mundo espiritual, no sólo se les consulta por asuntos referentes a enfermedad y/o salud, sino también reciben otro tipo de solicitudes, tales como rituales de preparación y de acompañamiento en días festivos, por ejemplo, con ceremonias de ofrenda y rituales de limpieza en *el día de Muertos o el día de Año Nuevo*. También en sucesos vitales importantes, como la inauguración de un negocio o un nacimiento próximo, se necesita asegurar el éxito del acontecimiento a través de la invocación de ayuda de seres espirituales impersonales y de los antepasados. En estos casos se aplica sobre todo rituales de ofrenda y protección.

Además, las y los curanderos realizan rituales con fines de autoconsciencia y de desarrollo espiritual, lo que se puede comparar con el papel de *psico pompo*, denominación que se usaba en la griega antigua para seres mitológicos o personas que guiaban el alma al inframundo. Es por este motivo que en el curanderismo se efectúan rituales con la aplicación de estados alterados de consciencia.

Las y los tres curanderos reciben también pedidos de tratamiento relacionados con la cura o la prevención de daños a los grupos y comunidades sociales más grandes. Tales pedidos de tratamiento pueden ser hechos por una persona, por ejemplo para los rituales de inauguración de nuevos edificios y departamentos o para "rituales de limpieza espiritual" de edificios y cuartos que estaban contaminados con "energía espiritual negativa". Sin embargo, hay también casos en los que la o el curandero, recibe un pedido a través de visiones, a través de seres espirituales. En el contexto de nuestra investigación, así lo informaron las dos curanderas acerca de la realización de varios viajes a una zona en peligro y afectada por huracanes en la costa del Pacífico en su propia región, donde realizaron rituales para la protección de la región en pequeños grupos.

7.2 La dimensión sensorial y de acción en los tratamientos de la M.T.M.

Las actividades terapéuticas verbales, que representan la base de la comunicación terapéutica en la psicoterapia occidental, son en la M.T.M. relativamente infrecuentes, ya que esta se basa principalmente en *acciones terapéuticas* (sólo una curandera urbana afirma que utiliza "la plática" como método psicoterapéutico). Los tratamientos terapéuticos de la M.T.M. causan fuertes impresiones sensoriales y es por eso que son muy palpables. El trabajo de campo permitió comprender que esa característica de índole sensorial y performativa (de acción) no es un elemento decorativo del ritual, sino que es un factor importante de cambio. Este principio de la M.T.M. es presentado detalladamente en el subcapítulo 12.4.

Así, la práctica de la M.T.M. es caracterizada por la forma ritualizada de la mayoría de los tratamientos terapéuticos. Todos los tratamientos para enfermedades mentales descritos por las y los curanderos tienen un carácter ritual, exceptuándose sólo los diálogos terapéuticos, que integrados en el proceso terapéutico, son usados flexiblemente y dependiendo de las necesidades. Otra excepción es la prescripción de medidas fisiológicas coadyuvantes, como tomar infusiones o la ingestión de complejos vitamínicos. Los rituales terapéuticos se diferencian de otras formas de intervención psicoterapéutica sobre todo por el carácter de acción, por la cualidad repetitiva del contenido y forma, y por la presentación especial de comportamientos y objetos, así como la dimensión colectiva, es decir, su relación con un significado cultural general.

7.3 Estados alterados de consciencia (E.A.C.): el más importante vehículo para un cambio terapéutico

Diferentes formas de estados alterados de consciencia (E.A.C.), que engloban todo el espectro desde trance ligero hasta experiencias de éxtasis y además la actividad del sueño son omnipresentes en la práctica de la M.T.M. A diferencia de lo que conocemos en la psicoterapia occidental se induce a los pacientes a estados alterados de consciencia en el proceso terapéutico. Esto coloca la M.T.M. en línea con la mayoría de los sistemas terapéuticos en culturas no occidentales. Así encontró Bourguignon en un amplio estudio sobre el uso de E.A.C. realizado en 488 grupos étnicos, donde estos estados no sólo juegan un papel significativo en la terapia, sino también en otros ámbitos de la vida social, en el 90% de las culturas estudiadas. En la mayoría, la aplicación de E.A.C. se realiza en forma institucionalizada e integrada en el campo de la magia, religión y terapia. (Bourguignon, 1973 como se cita en Dittirch y Scharfetter, 1987).

Entre las múltiples estrategias para entrar en un E.A.C. que se usan en la M.T.M., la más conocida es el uso ritualizado de sustancias naturales psicoactivas que son accesibles según la localidad y era anteriormente un secreto guardado en la comunidad. El uso curativo de sustancias naturales psicoactivas está representado en todo el continente americano en una impresionante biodiversidad[49] . En el caso de la región de Oaxaca se encuentran cierto tipo de hongos que contienen sustancias psicoactivas, que son utilizados en la M.T.M. con fines curativos.

Las prácticas rituales para el uso de estas sustancias encarnan lo más sagrado de la medicina indígena, es decir, el contacto directo del curanderismo con el mundo espiritual. Los rituales con inducción a un E.A.C. representan el camino tradicional del encuentro del ser humano con lo divino y son por ello prototipo de la unión inseparable entre los tratamientos de curación y lo divino en la práctica de la M.T.M. Eso se expresa claramente en los nombres usados por las y los curanderos para nombrar estas sustancias naturales, así los hongos psicoactivos son llamados en español *"niños santos"* o en idioma náhuatl *"teonanácatl"* (*carne de los dioses*). El uso de estos *"maestros"* está demostrado aun en la época prehispánica.

Las respuestas o el *darse cuenta* obtenidos en un E.A.C., que en la cosmovisión indígena es un diálogo con lo divino, comprenden observaciones muy concretas para la terapia y la superación de problemas individuales de las y los pacientes y pueden conducir a conocimientos profundos y terapéuticamente útiles. Este darse cuenta está normalmente acompañado por vivencias emocionales intensas, a menudo estrechamente orientadas con la situación de vida de la persona afectada y al mismo tiempo tiene un carácter trascendental, en tanto que conectan los problemas personales con la dimensión existencial. A estos rituales se atribuye en la M.T.M., el mayor efecto diagnóstico y terapéutico, y se puede decir que los E.A.C. son *el camino real para la curación*, como lo son los sueños desde la perspectiva Freudiana.

---

[49] El número de tipos de sustancias naturales psicoactivas que hay en el continente euroasiático es mucho menor.

Las y los curanderos utilizan como sustancia psicoactiva los hongos de la familia Agaricaceae que son comunes en el estado de Oaxaca (las especies más usadas son la *Stropharia cubensis* y la *Psilocybe mexicana*) como la parte más sobresaliente de los cultos de curación psicoespirituales en muchas zonas del sur de México, cultos que se han conservado desde los tiempos prehispánicos hasta la actualidad. Es así como la práctica del uso ritualizado de los hongos psicoactivos representa hasta hoy un núcleo de la cultura mazateca, de la cual el curandero Albino hacía parte. El *ritual de los hongos* que practicaba la curandera Guadalupe en su segundo consultorio (en una aldea aproximadamente a cuatro horas en autobús de la ciudad de Oaxaca), ya contenía una modificación del uso tradicional. La curandera –con base en su experiencia– había elaborado un ritual para el uso terapéutico del hongo, y dada nuestra observación, es posible decir que en él se encuentran elementos tradicionales del ritual con influencias modernas, lo que se expresa sobre todo en una mayor importancia de la ingestión de sustancias psicoactivas por parte de la o el paciente y menos ingestión por parte de quien lleva adelante el ritual.

La tradición indígena de la aplicación de sustancias naturales psicoactivas con fines religiosos y terapéuticos estuvo fuertemente perseguida desde el principio de la época colonial, sobre todo por las instituciones religiosas, ya que era percibido como idolatría. Debido a eso durante muchos siglos fue practicada en la clandestinidad. Esto cambió en los años 50 del siglo pasado, cuando la existencia del *culto al hongo* en el sur de México fue científicamente descrita por primera vez (Hofman, 1987), lo que fue posible debido a que la curandera mazateca María Sabina cooperó con la investigación. Estos primeros análisis científicos de los efectos terapéuticos del "culto al hongo" se realizaron bajo planteamientos etnográficos y farmacológicos, con lo que se logró identificar las sustancias químicas con el efecto psicoactivo del hongo (que fueron llamadas psilocibina y psilocina), además de comprobar que tienen una estructura química similar al LSD y un efecto psicológico también similar (Hofman *et al.*, 1959)

La curandera Guadalupe y el curandero Albino son especialistas en el tratamiento de enfermedades mentales y practican rituales con aplicación de hongos psicoactivos, empleando los hongos más utilizados en la región de Oaxaca. Los rituales tienen diferentes nombres: *"ceremonia de hongos"*, *"preguntar a los hongos"* o también *"desvelar"*[50]. Mientras que en el pueblo mazateca la tradición de los rituales con hongos representa un núcleo firme integrado de la cultura local [51], en un contexto urbano moderno son pocas las personas que han desarrollado un acceso propio al uso terapéutico de estos hongos y que continúen esta tradición.

Tradicionalmente en la M.T.M. eran las y los curanderos los que entran a un E.A.C. para cumplir la función mediación entre lo espiritual y el mundo profano. Ese es el modo de proceder del curandero Albino, en cambio la curandera Guadalupe en un contexto más moderno, practica una forma modificada del uso ritualizado de sustancias psicoactivas. En el ritual, ella induce a la o el paciente a un E.A.C. para facilitarle una experiencia de autoconocimiento terapéuticamente valiosa.

Es importante mencionar que el uso terapéutico de sustancias psicoactivas está prohibido desde hace ya muchas décadas en la práctica y la investigación de la psicoterapia occidental, prohibición ocurrida después de que en los años 50 y con el descubrimiento del LSD se dio una fase de investigación y del uso clínico en la psiquiatría y psicoterapia en muchos países europeos. Debido a la ilegalidad del uso terapéutico de sustancias psicoactivas, puede ser confuso para las personas de la cultura occidental enterarse a cerca de la gran importancia de éstas en la M.T.M.

Desde un punto de vista científico el uso y aplicación de sustancias psicoactivas representa sólo una forma de las muchas diferentes para inducir a E.A.C. La investigación de la consciencia –cuyos resultados se describen brevemente en el siguiente recuadro– demuestra que los E.A.C. son una cualidad básica de la consciencia humana y que muestran ciertas características típica.

PSICOFISIOLOGÍA DE LOS ESTADOS ALTERADOS DE CONCIENCIA (E.A.C.)

Estados de trance, éxtasis, posesión y estados visionarios son diferentes expresiones de un E.A.C. Los E.A.C. pueden ser inducidos a través de métodos diversos, aunque fundamentalmente hay diferencias entre estímulos farmacológicos y psicológicos. Al grupo de los farmacológicos

---

[50] Este último nombre se relaciona probablemente con que este ritual sólo se realiza en la noche.

[51] Puede ser que juegue un rol importante el hecho de que en las montañas mazatecas haya un clima que favorece el crecimiento de este hongo.

pertenecen sustancias psicoactivas naturales de diferentes tipos. Los estímulos psicológicos se pueden dividir en técnicas de estimulación reducida, por ejemplo, privación sensorial, procesos de meditación, disminución de la alerta; técnicas de estimulación incrementada realizadas con estimulación rítmica intensiva de diferentes órganos sensoriales como cantar en un solo tono, hablar, rezar; y técnicas con una lluvia de estímulos variables, como en una actividad corporal especial hasta el agotamiento, por ej. en rituales de danza (Dittrich, 1987 y Jilek, 1987).

Algunas investigaciones han demostrado que durante un E.A.C. la consciencia humana se caracteriza por ciertas cualidades independientemente de la forma de inducción del E.A.C. Los cambios psicofisiológicos característicos del E.A.C. fueron llamados por Dittrich y Scharfetter (1987) como "núcleo fenomenológico invariante". La experiencia de tiempo y espacio experimenta un cambio; las emociones son más intensas; el esquema corporal se transforma, se produce sinestesia y especialmente alucinaciones ópticas, así como atribuciones de significado cambiadas. (Ludwig, como se cita en Dittrich y Scharfetter, 1987)

Dittrich (1985) clasificó el cambio de consciencia en tales estados en tres dimensiones básicas independientes, las que llamó "autodelimitación oceánica", "desintegración temerosa del yo" y "reestructuración visionaria". La experiencia de *autodelimitación oceánica* está relacionada con la experiencia alterada de espacio-tiempo, la experiencia de la disolución positiva del ego y el ablandamiento de las fronteras entre el yo y el entorno, en otras palabras, un sentimiento de unión mística. La *desintegración temerosa del yo* está ligada a una desintegración vivenciada como angustiante del yo, un trastorno del pensamiento, delirio y pérdida del control y de la autonomía. La *reestructuración visionaria* está conectada con cambios de percepción, como ilusiones, alucinaciones, sinestesias y la reestructuración de significados.

La capacidad del sistema nervioso central para entrar en un E.A.C. parece ser universal, pero a la vez depende de la cultura y las condiciones situacionales. Quienes se dedican a su investigación están de acuerdo que en la cultura occidental esta capacidad está subdesarrollada (Jilek, 1987). Es importante destacar que la práctica de los E.A.C. en sistemas médicos tradicionales se diferencia mucho de las formas de práctica en el contexto de la cultura occidental. En un contexto terapéutico tradicional son las o los curanderos mismos que entran en un E.A.C. o curandero(a) y paciente al mismo tiempo y rara veces, sólo la o el paciente.

El recuadro anterior pone en evidencia el potencial psicoterapéutico de los E.A.C. En los siguientes dos capítulos se presentan los métodos de tratamientos de la M.T.M. más importantes y relevantes terapéuticamente hablando y será descrita claramente la variada presencia de los E.A.C. en los rituales de tratamiento y su uso diagnóstico y terapéutico.

Los curanderos y curanderas disponen de un repertorio diferenciado de intervenciones que incluyen métodos diagnósticos y terapéuticos, así mismo emplean un par de métodos básicos que son fáciles de aplicar y sirven para un amplio espectro de enfermedades. Estos métodos de rutina sirven esencialmente para un primer diagnóstico, así como también para metas terapéuticas fundamentales, por ejemplo, la liberación de la o el paciente de "afectos negativos". Los E.A.C. juegan un papel relativamente menos importante en estos rituales. En la realización específica de los rituales existen diferencias dependiendo de las habilidades y preferencias específicas de la o el curandero. En el campo del diagnóstico, como medidas de rutina cuentan entre otros con los métodos del oráculo. En el campo terapéutico, sobre todo los rituales de limpia, de reintegración del espíritu (ritual de susto), así como los de protección y de ofrenda, que se aplican, en tratamientos preventivos y en caso de problemas de salud mental leve y moderada, aunque también pueden formar parte de tratamientos de enfermedades mentales graves.

Para la terapia de trastornos mentales severos y también de dificultades específicas son empleados como tratamientos rituales complejos, los que a veces duran varias horas y son realizados sólo en ciertos días y a ciertas horas (por ejemplo, el ritual con hongos, después de que oscurece). En estos rituales –en los cuales a menudo participan más personas para apoyar a la o el curandero y a la o el paciente– los E.A.C. juegan un rol importante. En estos rituales se usan sustancias psicoactivas, pero también otros métodos para generar estados de trance intensos.

Los procedimientos diagnósticos y terapéuticos en la M.T.M. no se separan estrictamente entre sí, dado que técnicas diagnósticas no es raro sean parte de rituales complejos de curación. Por ejemplo, mientras la curandera realiza el ritual de limpieza –el cual sirve principalmente para la liberación de emociones y afectos patológicos relevantes recibe información significativa para el diagnóstico a través de la cercanía empática dirigida a través de los "procedimientos de limpieza" rituales que se llevan a cabo predominantemente cerca del cuerpo del paciente. Al mismo tiempo, una parte del material empleado en la limpieza (como un huevo crudo o velas) es usado al final en el verdadero ritual de limpieza para el diagnóstico a través de la lectura del oráculo. De una manera parecida sirven los procedimientos de tratamiento con el uso de E.A.C. (por ejemplo, ritual con hongos, ritual de trance) por una parte para el diagnóstico profundo, por otra para las metas terapéuticas como la reducción de resistencia, el incremento de la sugestibilidad de la o el paciente para intervenciones terapéuticas o *darse cuenta*.

8. Los medios psicodiagnósticos de la M.T.M.

En la M.T.M. los métodos diagnósticos constituyen una parte fundamental de los tratamientos curativos. Cada tratamiento es precedido por la aclaración diagnóstica de la o el curandero acerca de la enfermedad. Este primer diagnóstico es frecuentemente comprobado y profundizado por medio de una sucesión de pasos diagnósticos. El primer contacto entre quien ejerce el curanderismo y la o el paciente empieza típicamente con un corto intercambio limitado al saludo y a la presentación de la solicitud de la o el paciente, así a diferencia de la psicoterapia occidental, en donde hay una amplia exploración verbal al inicio del tratamiento, quien ejerce el curanderismo muy raramente hace preguntas a la o el paciente en esa fase del tratamiento. Más bien para complementar la información recibida acerca de las molestias de quien consulta, hay una observación atenta de su comportamiento y apariencia. Si la o el paciente se queja de dolores físicos, en este momento se le puede realizar un breve chequeo, para inmediatamente comenzar con las primeras medidas terapéuticas, que incluyen métodos diagnósticos psicoespirituales. Una segunda exploración verbal del problema se puede llevar a cabo siempre y cuando la o el curandero ya haya hecho su diagnóstico principal, mismo que incluye recomendaciones de tratamiento.

Con el objetivo de sistematizar las prácticas de tratamiento psicoterapéuticas de la M.T.M., fueron identificados en total siete métodos diagnósticos y agrupados según el tipo de información diagnóstica recogida. Estos se muestran en la tabla 3, con el orden de presentación que muestra la secuencia temporal típica de aplicación dentro en los tratamientos de la M.T.M.

Métodos diagnósticos	Técnicas y procedimientos de diagnóstico
(a) Evaluación de la apariencia externa y el comportamiento de la o el paciente, así como los parámetros fisiológicos	-evaluación de la condición de la piel y de la expresión facial -evaluación de las características del comportamiento

(b) Información diagnóstica por medio de evaluación corporal	-palpación y golpeteo de varias áreas del cuerpo -sensación de pulso en diferentes partes del cuerpo
(c) Diagnóstico a través de la empatía y la percepción empática	-La percepción empática se produce mediante contacto directo con la o el paciente (contacto visual, sensación de pulso, palpación); -en un estado psíquico y físico relajado tanto del curandero(a) y de la o el paciente, a través de la conexión empática -técnica de colocación de las manos como una forma extendida de contacto corporal
(d) Información diagnóstica por medio del diálogo	-primer registro de información al establecer contacto; -exploración breve y profunda que acompaña a otras actividades de diagnóstico (como palpación, radiología oral, incluso en el E.A.C.) -raramente: secuencias de conversación explícitas y extendidas
(e) Diagnóstico basado en información en el estado alterado de consciencia (*diagnóstico espiritual*)	-Percepciones y visiones de la o el curandero en el estado de consciencia con vigilancia reducida -Visiones de la o el curandero en estado inducido de trance y posesión (*consulta especial*) -Visiones de la o el curandero en el estado alterado de consciencia inducido por la *lectura de los hongos*
(f) Información diagnóstica mediante sueños	-Sueños de quienes ejercen el curanderismo y sus pacientes
(g) Diagnóstico a través de la interpretación del oráculo	-Oráculo del huevo -Oráculo de la cera -Oráculo del maíz

Tabla 3 *Visión de conjunto de los métodos diagnósticos*

Los métodos diagnósticos de la "a" la "d" mostrados en la tabla, así como el de la interpretación del oráculo (g) pertenecen a los tratamientos de rutina de las curanderas y curanderos y son frecuentemente combinados entre sí.

Los métodos diagnósticos bajo el punto "e" representan en cambio, rituales de tratamientos complejos y son aplicados muy raras veces. Las Figu-

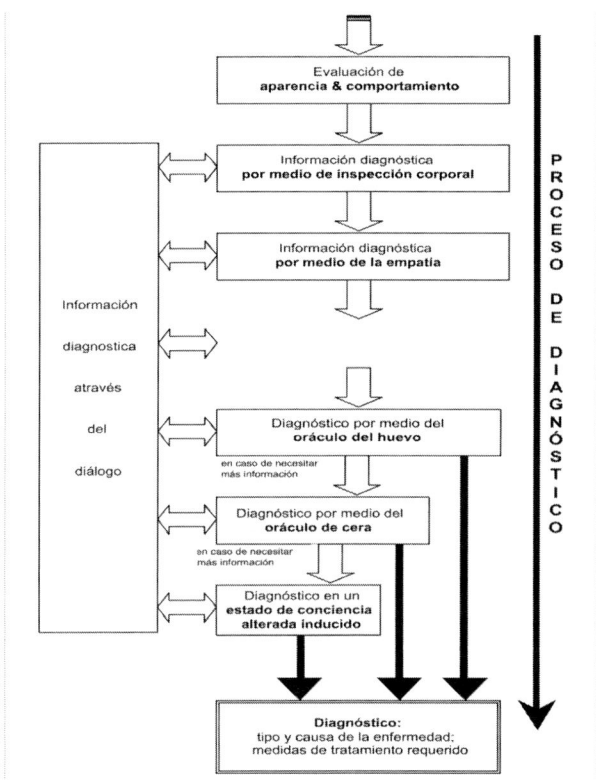

Figura 5. *El procedimiento de diagnóstico de la curandera Guadalupe*

ras 5 y 6 muestran un esquema del orden de medidas diagnósticas como son practicadas por la curandera Guadalupe y el curandero Albino. El proceso diagnóstico ilustrado se puede realizar en una o más sesiones.

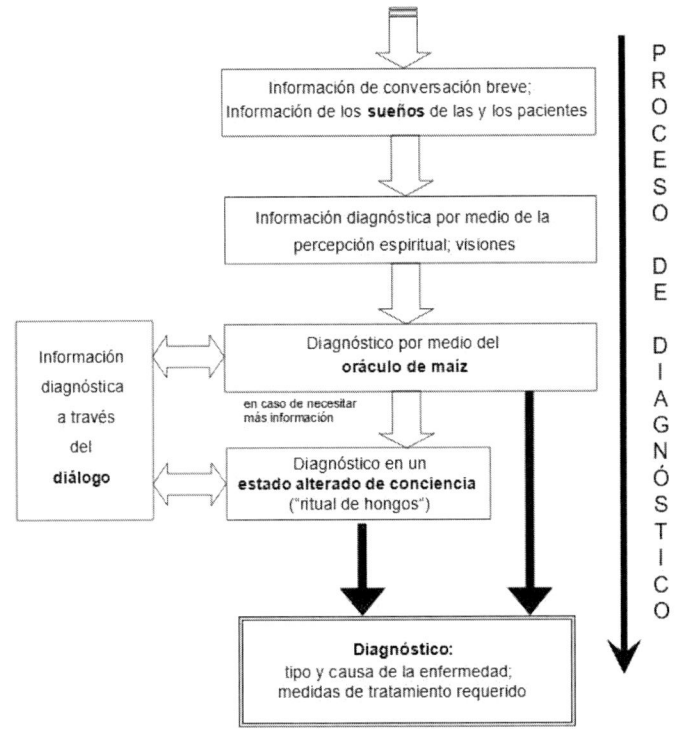

Figura 6. *El procedimiento de diagnóstico del curandero Albino*

8.1 La observación y percepción empática

"Yo misma tengo que estar tranquila. Luego le tomo la mano al paciente o lo toco y siento cuál es su problema y siento si es un problema del alma. ¿De dónde lo sé? Lo sé porque él está triste y hay un problema más profundo, porque comienzo a sentir lo que el paciente siente. Para eso tengo que hacer que el paciente se relaje; primero debe de respirar profunda y tranquilamente y vaciar su cabeza de pensamientos, para de esta forma yo tener acceso."

(Curandera Hermila)

A través de la apariencia y la actitud de la o el paciente quien ejerce el curanderismo recibe información diagnóstica acerca de la existencia y naturaleza de una enfermedad mental. Por ejemplo, las curanderas realizan las siguientes observaciones, ejemplificadas en este caso por la curandera Hermila:

a. El estado de la piel. *"Una persona que está enferma del alma o de su espíritu luce decaída, triste, su piel no es sana. Pero una persona que sólo esta corporalmente enferma se ve diferente, sólo exterioriza su dolor corporal".*

b. La expresión facial. Describiendo un síntoma de la enfermedad de susto: *"Se ven pálidos y tienen una mirada triste. Y un síntoma en los niños, es que tienen los párpados caídos, sólo un poco";*

c. Reacciones durante la consulta: *"Observo los ojos, la expresión facial, y luego toco al paciente repentinamente y con esto compruebo si tiene miedo, como si quisiera expresar algo como: ¿Qué pasará? ".*

Esta técnica diagnóstica parecía no jugar un papel en la práctica del curandero Albino, ya que en esta primera fase del diagnóstico el curandero realiza sólo un rápido contacto visual con sus pacientes e incluso con aquellos que informaban tener molestias corporales, no realizaba exámenes exhaustivos visuales o táctiles. Sólo en las fases posteriores del tratamiento, en el caso de dolencias físicas, prestaba atención a éstas al involucrar a su paciente en medidas de tratamiento ritual tales como los *rituales de limpia*[52].

Además de la observación, también forman parte de esta técnica diagnóstica exámenes corporales, como la exploración y la detección del pulso en diferentes partes del cuerpo:

"A veces vienen pacientes ya con fuertes necesidades a hablar con migo. Y se sientan y empiezan a contarme y a llorar. Y al mismo tiempo les toco la cabeza, sus brazos, los puntos donde puedo recibir información, como por ejemplo el pulso. El pulso es muy importante en los pies, en los brazos, en la cabeza, en la zona del plexo solar, en la garganta" (curandera Guadalupe).

A la pregunta de mediante cuáles criterios diagnósticos ella puede diferenciar las molestias psíquicas de las corporales la curandera Hermila respon-

---

[52] Al observar este procedimiento se tenía la impresión de que el desinterés intencional del curandero frente a los síntomas "materializados" resaltaba sus habilidades diagnósticas espirituales. Al mismo tiempo, de este modo él se diferenciaba de los "médicos comunes", los cuales se enfocan únicamente en lo corporal y no conocen la importancia de la dimensión espiritual de los tratamientos.

dió: *"Yo puedo comprobarlo mediante el pulso. El pulso es muy débil, o no lo podemos sentir ahí donde debería de sentirse. Uno lo tiene que buscar".* A través de tocar y palpar determinadas zonas corporales, las y los curanderos obtienen también información respecto a aspectos de la salud corporal de quien consulta: *"Después los acuesto, compruebo los órganos internos, el estómago, el corazón, los pulmones, simplemente a través de la palpación. Esa es una forma con la cual yo hago un diagnóstico: a través del tacto"* (curandera Guadalupe).

Foto 9. *Empatía y percepción espiritual tocando el pulso durante un ritual de limpia, curandera Guadalupe, 2012.*

Las afirmaciones de las y los curanderos demuestran claramente que ya en esta fase de diagnóstico corporal están empezando a recibir y procesar información sobre la condición afectiva, emocional y espiritual de sus pacientes[53].

La presentación del siguiente caso de la curandera Hermila da una idea de cómo funciona esa percepción empática y espiritual:

"Mi hija tiene susto. —Ahora solo siento el pulso, el pulso me dice que es un susto— ¿Y qué hago ahora? Lo siento y me doy cuenta de cómo cambia mi mirada cuando observo a la paciente. A veces yo no la veo, a veces le veo directo a los ojos, pero siempre cierro también los ojos y entonces la veo de diferente manera. Difícilmente puedo decir qué es, qué es lo que veo cuando estoy frente a una persona que tiene un fuerte susto. Aun cuando esta persona no me dijera nada acerca de eso, lo percibiría".

El procedimiento requiere de un alto grado de concentración, por lo que no es de extrañar que las y los curanderos hayan expresado a veces la limi-

---

[53] El curandero Albino no hace declaraciones explícitas sobre este conjunto de técnicas de diagnóstico.

tación de sus recursos energéticos o el agotamiento debido a la intensidad de este trabajo.

Las curanderas pueden intensificar su capacidad de recepción para la obtención de información espiritual y empática mediante el poner las manos en el cuerpo de sus pacientes:

"La imposición de las manos ayuda mucho, ya que, para mí, las manos tienen una fuerza especial. [...] Así que las coloco y llevo mis manos muy suavemente por encima del cuerpo, mientras que platico con ellos. [...] Yo pongo mis manos para percibir qué es lo que sienten. [...] Cuando yo averiguo que hay sentimientos que ellos no pueden soltar, es importante que se puedan liberar de ellos, dejar salir todo lo que los daña". (curandera Hermila).

Las medidas diagnósticas descritas sirven en un primer momento para la diferenciación entre trastornos corporales o psíquicos, y además para esclarecer el tipo de trastorno psíquico. A través de las técnicas descritas refieren quienes ejercen el curanderismo que pueden percibir los sentimientos reprimidos de sus pacientes. Aunque también los estados sutiles de desregulación son diagnosticados de esta manera cuando existe en la o el paciente *una enfermedad por sentimientos agresivos por parte de otros.*

8.2 El significado de los sueños para el diagnóstico

Los sueños son para mí una forma muy especial del mensaje. Es como ver algo antes de que ocurra.

(Curandera Guadalupe)

La gran importancia de los sueños como vía de acceso a información espiritual se deriva de la concepción del ser humano en la M.T.M. Cada persona con ayuda de *su espíritu* –el cual se puede desprender del cuerpo bajo ciertas condiciones, como por ejemplo mientras se duerme– tiene acceso a un nivel de existencia transpersonal, autónomo y espiritual. Debido a ello, los sueños transmiten quien duerme información de eventos autónomos, en los cuales *su mente* o consciencia participó durante la noche. La convicción de que los sueños pueden ser precursores de una enfermedad u otra clase de desgracia está fuertemente anclado en el conocimiento de los grupos indígenas mexicanos. Durante el estudio de campo fueron precisamente estos sueños premonitorios negativos la mayor causa de consulta al curandero en la región mazateca. El siguiente caso muestra un ejemplo de ello.

CASO 2: TRATAMIENTO PREVENTIVO DEBIDO A UN SUEÑO PREMONITORIO

Una mujer de mediana edad consulta al curandero Albino en compañía de un niño de siete años, ya que su hermana ha tenido un "mal sueño". La clienta vive con su hermana y esta última está incapacitada de hablar personalmente con el curandero debido a una enfermedad.

Antes que nada, el curandero escucha el relato del sueño, el que trataba de las vacas de las dos hermanas, quienes están intranquilas y temen que a sus animales los hayan embrujado, dando como resultado que puedan enfermarse o sufrir un accidente en el futuro cercano.

La preocupación debida a este sueño se intensificó, ya que hacía pocos días la misma consultante había soñado con familiares muertos, sumado al hecho de que hacía pocos días sus vacas se habían salido de su corral y comido una planta de yuca del terreno de un vecino.

El curandero interpreta este sueño como señal anticipatoria. En el oráculo del maíz observa la lucha de poder en el entorno hogareño de las dos hermanas. Basado en los conocimientos que el curandero recibe en el diagnóstico del oráculo, pide que la hermana ausente —aparentemente ya severamente enferma desde hace mucho tiempo— se presente personalmente al tratamiento.

Posteriormente, lleva a cabo como ritual de protección *el ritual de ofrenda de las 13 velas* acompañado de varias invocaciones de las fuerzas divinas, a fin de evitar más infortunios en la casa de las hermanas. En estas invocaciones hay algunas advertencias de que ellas deben de ser más cuidadosas con su propio ganado.

Este ejemplo facilita una impresión de que el trabajo terapéutico con sueños en la M.T.M. es mucho más variado de lo que conocemos de la psicoterapia occidental[54]. Las y los curanderos usan los sueños como señales anticipatorias de una enfermedad y deducen incluso de sus propios sueños y los de sus pacientes más información acerca del tipo de problema subyacente o del tipo de plan de tratamiento.

Así durante el trabajo de campo fue posible observar que la curandera Guadalupe, en repetidas ocasiones, usó sus propios sueños para una mejor indicación y planificación del tratamiento:

"Por ejemplo, ya te informará el hermano espiritual si los hongos pueden ser usados o no, si esto es prudente o no. [¿Cómo sabes esto?] Eso puede suceder mediante un sueño, una revelación o si lo preguntas".[55]

La misma curandera mencionó que en otro caso y para el tratamiento de una paciente eligió un lugar específico fuera de su consultorio, ya que este, se le reveló en un sueño como especialmente curativo[56]. La cita de entrada de este capítulo aclara que los sueños son interpretados en la M.T.M. en gran medida como información anticipatoria, por así decirlo como aviso y/o advertencia de sucesos, desafíos o peligros futuros para la persona que los sueña. La comprensión anticipatoria de los sueños se deriva de los supuestos de la efectividad superior del nivel de regulación mental-espiritual. Los sucesos que ocurren se presentan al nivel espiritual temporalmente antes que a los niveles psíquicos o somáticos. En palabras del *curandero Albino*: *"Hay gente que tiene sueños o pesadillas, estos anuncian a la persona que probablemente se enfrentará a problemas".* También juega un papel importante la creencia de que en las fuerzas espirituales existen *espíritus buenos*, como las y los antepasados, y santos cristianos que quieren advertir a la persona a través de sueños *que se enfermará*. Como explica el *Curandero Albino*: *"Los pacientes sueñan con parientes muertos.*

---

[54] No todos los métodos en la psicoterapia occidental recurren al sueño como medio terapéutico. Sin embargo, en la psicoterapia analítica y las humanistas el trabajo con sueños ocupa un lugar importante.

[55] Se refiere a los hongos psicoactivos y su uso ritualizado terapéutico (ver subcapítulo 8.3)

[56] En el subcapítulo 9.7 que trata acerca de los métodos terapéuticos, será descrito un ritual de trabajo con sueños propios y de los pacientes *(operación espiritual)*, el cual representa el núcleo de tratamiento.

Aunque la función anticipatoria de los sueños es reconocida en las formas de terapia orientadas psicoanalíticamente, especialmente en la terapia analítica junguiana (Adam, 2000), en la psicoterapia occidental los sueños se utilizan más que nada como fuente de información sobre conflictos actuales de la o el paciente, y siempre están asociados con experiencias biográficas. En este sentido, además de la información actual, de los sueños generalmente se deriva información retrospectiva –en lugar de prospectiva– sobre la o el paciente.

Desde una perspectiva cultural comparativa, se puede decir que el uso de sueños es más frecuente y diferenciado en la M.T.M. que en la psicoterapia occidental en general. Para la interpretación de los sueños las y los curanderos se refieren a una simbología, donde algunos de los símbolos son compartidos colectivamente y por tradición, otros son interpretaciones que tal vez sacan de su percepción inconsciente de la situación de la o el paciente, así como de su experiencia terapéutica.

Así en una de las interpretaciones del curandero Albino:

> *"Un sueño que yo he observado mucho, es cuando alguien sueña con mucha agua, como en el mar, que alguien está de repente ahí y se ahoga y es arrancado del agua. Si la vivencia es que uno no tiene fuerzas para salir del agua significa que no se progresará, que se acerca una enfermedad".*

Él también interpreta el siguiente contenido del sueño como un anuncio de que se acerca un desastre para el paciente: *"Cuando en el sueño se es testigo de una volcadura de automóviles".*

Desde la perspectiva psicoanalítica que trabaja mucho con los sueños de pacientes, impresiona que el conocimiento de los significados de los sueños no solo sea un conocimiento especializado de las y los curanderos, sino que también lo posean sus clientes, en su mayoría gente del pueblo y con un nivel de educación bajo. En otras palabras, es parte del conocimiento colectivo de que un *mal sueño* indica que el bienestar mental y físico está en peligro y que es aconsejable consultar como medida de prevención a una o un curandero.

El uso diagnóstico de los sueños en la M.T.M. descrito en este capítulo en general no está limitado sólo para la fase inicial de un tratamiento, sino que es usado también para la valoración diagnóstica del desarrollo o éxito de un tratamiento. Así fue posible observar cuando el curandero Albino pide a las personas que lo consultan que prestaran atención a los sueños de las siguientes noches y así escuchar su relato.

8.3 El diagnóstico con ayuda de los estados alterados de consciencia

"Mi maestra hablaba mucho de sueños y videncias. Eso significa que nosotros aprendimos a desarrollar nuestra capacidad de clarividencia. Son imágenes. Aunque tu no duermas, puedes ver imágenes."

(Curandera Guadalupe)

Las y los curanderos asignan una importancia central a la adquisición de información diagnóstica por la llamada *percepción espiritual*. Este tipo de diagnóstico se diferencia de una comprensión exclusivamente empática, aunque la transición entre ambas clases de percepción es fluida. Sus requisitos son, una empatía bien desarrollada y una alta sensibilidad para información subliminal, mediada por debajo del umbral de la percepción consciente, y por lo tanto, información irreconocible de manera racional.

Las y los curanderos consideran estas facultades como competencias profesionales importantes, las cuales aparentemente son existentes como predisposiciones individuales, pero que la mayoría de las veces se desarrollan a través de la práctica. Como lo refiere la curandera Guadalupe acerca de poner las manos en el cuerpo de sus pacientes: *"Cuando yo aprendí a curar y también a diagnosticar [...] se desarrolló mi sensibilidad. Al tocar al paciente, uno puede sentir lo que el paciente siente."*

Desde su perspectiva, las percepciones y experiencias espirituales-mentales en los E.A.C., parecido a los mensajes de los sueños no proceden del inconsciente de la persona, sino que son parte de la dimensión espiritual-mental transpersonal, en la que la o el paciente también participa. La información diagnóstica recibida de esta dimensión es denominada en el curanderismo como *diagnóstico espiritual* y su valor diagnóstico informativo es del más alto.

Desde una perspectiva psicológica este grupo de métodos de diagnóstico está dirigido primordialmente a obtener información relevante de la enfermedad, la que no puede ser comprendida directamente desde una lógica racional. Ahí se demuestra una cierta similitud entre la M.T.M. y el interés de los métodos psicoanalíticos en el inconsciente y sus formas de manifestación para el tratamiento de enfermedades mentales. Estos contenidos psíquicos no-racionales en la teoría psicoanalítica son descritos con el concepto del "proceso primario" y se diferencian del "proceso secundario", que es el modo de elaboración lógica- racional.

Los términos *proceso primario* y *proceso secundario* fueron acuñados por Freud como parte del desarrollo de su teoría psicoanalítica temprana y en estrecha conexión con su teoría de los sueños. Si bien Freud usaba *fenómeno primario y fenómeno secundario*, posteriormente en el psicoanálisis se utilizó también *proceso primario y proceso secundario*.

Estos dos conceptos psicoanalíticos –que a lo largo del desarrollo del psicoanálisis hasta la actualidad nunca han obtenido mayor atención– desde nuestra perspectiva pueden recobrar o más bien manifestar su importancia teórica en el campo de una psicoterapia emergente, interesada en el valor terapéutico de los estados alterados de consciencia.

El *proceso primario* incluye las características y las reglas de vinculación según las cuales se ejecutan procesos mentales inconscientes. Como las características más importantes del proceso primario, Freud destacó la yuxtaposición de contradicciones –mediante la eliminación de una lógica exclusiva de "esto o aquello" en favor de "esto tanto como aquello"–, la atemporalidad, el predominio del pensamiento ilusorio, la plasticidad simbólica y el dominio (emocional y sensorial) de conexiones asociativas emocionales y sensoriales, a las que llamó "condensación" y "desplazamiento". Freud postuló que *el proceso primario* moldea tanto los sueños como la vivencia infantil temprana (de donde deriva el nombre del proceso).

Con el desarrollo infantil, en el que la realidad externa influye en los procesos psíquicos, el pensamiento lógico racional aumenta y conforma cada vez más el sentir. Este proceso cualitativamente diferente se superpone gradualmente al *proceso primario* de procesamiento de información mental dándose ahora el *proceso secundario*, que está marcado por el dominio de la lógica excluyente, por la causalidad, la existencia de los límites de tiempo y espacio, y por la influencia de los mecanismos de defensa.

En las personas adultas, el modo de *proceso primario* solo llega a la superficie de la experiencia cuando *el ego* se debilita, por ejemplo, en los sueños o al ensoñar, en estados de trance u otras formas de debilitamiento inducido de las funciones del yo, así como en la experiencia psicótica. En la teoría y terapia analítica el debilitamiento del *proceso secundario* y el crecimiento ligado a ello del *proceso primario* de la experiencia es también conocido como *proceso de regresión* (Laplanche y Pontalis, 1973), ya que se trata de un movimiento psíquico interno que se manifiesta como un regreso temporal a un nivel de funcionamiento psíquico anterior en el desarrollo.

En general, en el método psicoanalítico, los *procesos de regresión mental* se promueven de una manera controlada, por ejemplo, mediante sesiones de tratamiento sin que haya contacto visual entre paciente y analista, así como la "asociación libre". Desde la perspectiva de la psicología de la consciencia, los *estados regresivos son estados alterados de consciencia*.

Así se puede resumir que, en los métodos psicoterapéuticos occidentales establecidos, el psicoanálisis es aquél que incluye en forma controlada estados ligeramente alterados de consciencia, mientras que la terapia conductual se orienta en especial hacia el fortalecimiento del proceso secundario.

8.3.1 Diagnóstico a través de percepciones y visiones en estados ligeramente alterados de consciencia

"En la oración que hacemos, nos damos cuenta de que hay un contacto entre el curandero y el paciente y se nota."

(Curandera Hermila)

La adquisición de información diagnóstica por medio de la percepción y visiones de la o el curandero en un estado de vigilancia ligeramente reducido se aproxima al método de comprensión empática. Sin embargo, hay aquí un cambio de acento en el hecho de que, además de la relajación psicofísica de la o el paciente, se necesita una alta concentración y focalización de la consciencia de la persona que ejerce el curanderismo, en el sentido de *ver internamente*, para obtener imágenes y visiones que ayuden al diagnóstico:

"Cuando noto que la enfermedad proviene del espíritu y que éste tiene otra enfermedad a la vez, entonces me concentro en eso. Lo que encuentro son molestias en el estómago, algo con los intestinos, esas son las molestias corporales. Pero entonces necesito concentrarme, cierro los ojos y veo todo su ser, su ser interior" (curandera Hermila).

Las y los curanderos logran entrar en un ligero estado de trance por medio de oraciones en murmullos monótonos durante el tratamiento, así como también por medio del uso de incienso. Con frecuencia, la transición de la o el curandero a un estado de trance leve es apenas perceptible para pacientes y observadores. Además de la ligera modificación del propio estado de consciencia, también usará a propósito el hecho de que la atmósfera especial y sagrada en el tratamiento provoca en las y los pacientes un estado ligeramente alterado de consciencia, el que se caracteriza por una defensa reducida y un alto nivel de sinceridad, favoreciendo así una comprensión diagnóstica más profunda. En tal atmósfera terapéutica se produce indudablemente entre curandero(a) y paciente una respuesta intensiva y, por lo tanto, un intercambio de información en el área del contenido mental, que es inaccesible para la parte lógico-racional de la consciencia. Como resultado, la o el curandero tiene, como parte del proceso de diagnóstico, la tarea de convertir la información recibida del *proceso primario* en un diagnóstico formulado que también contiene elementos lógicos racionales. El hecho de que este es un proceso intrapsíquico activo se confirma, por ejemplo, con la declaración de la curandera Hermila, en cuanto a que este tipo de diagnóstico significa un gran esfuerzo para los propios poderes psíquicos.

8.3.2 Diagnóstico en rituales con trance (consulta especial)

"Y cuando, a través del contacto y comprensión, obtengo un diagnóstico que mi energía consciente no puede entender, me transfiero a un estado de más concentración y en este estado llevo a cabo un diagnóstico más profundo, en el cual se trata de seleccionar lo que el paciente necesita."

(Curandera Guadalupe)

En un caso de incertidumbre con respecto a la clasificación diagnóstica de la enfermedad, la curandera Guadalupe realizó un ritual de diagnóstico en el que entró en un estado de trance autoinducido sin tomar sustancias psicoactivas. A este ritual diagnóstico (y terapéutico) con trance se le llama *consulta especial* y ella lo describe así: *"En la consulta especial se puede averiguar si el paciente está enfermo por mal de ojo o por brujería o no. En esta sesión puedo diferenciar las diferentes enfermedades."* El ritual de *consul-*

ta especial tiene lugar de tal manera que la curandera entra en un estado de trance y en este estado, fuerzas espirituales que no pertenecen a su persona, los llamados *ayudantes espirituales*, toman posesión temporalmente de su consciencia, más exactamente la curandera entra en un estado de posesión. Los poderes mentales que se manifiestan de esta manera permiten profundizar en los conocimientos y puntos de vista para el diagnóstico, en palabras de la *curandera Guadalupe*: *"Cuando estoy en estado de trance le digo a M [el esposo] que él me puede preguntar ciertas cosas y entonces el guía espiritual contesta. El ayudante espiritual trabaja con nosotros"*. La curandera emplea esta forma de diagnóstico sólo si los métodos diagnósticos estándar no son suficientes. La necesidad de diagnósticos más profundos también surge cuando el tratamiento continuo no produce los resultados deseados.

> *"Recurro al tacto y la empatía, hablo poco con los pacientes y, cuando no encuentro más síntomas que me digan que se trata de una esquizofrenia, hago un tratamiento con el huevo y, si eso no funciona, llevo a cabo una 'consulta especial' para saber lo que pasa. La sesión de concentración es más segura, ahí veo la enfermedad (el mal) o los daños. ¡Eso es lo que sucede! Esto me dará más claridad sobre qué hacer y cómo hacerlo."* (curandera Guadalupe).

CASO 3: DIAGNÓSTICO EN ESTADO DE TRANCE.

Ignacio es un muchacho de 19 años, delgado, sensible que aparenta ser introvertido. Desde los 15 años padece de un síndrome de dependencia con numerosas adicciones a sustancias, mismo que le causa trastornos del sueño, pesadillas y estados de ansiedad con características delirantes e influye negativamente en su desempeño escolar (presentación del caso en el capítulo 10). Durante el tratamiento, el que se extendió más de un año y medio con interrupciones, fue posible observar dos veces la aplicación de una *sesión espiritual y de consulta especial*. La curandera llevó a cabo este ritual en la fase inicial del tratamiento, en un momento en que la motivación de Ignacio para este era muy baja, probablemente porque él fue llevado al consultorio por su madre. En estado de trance, la curandera explica a Ignacio que el consumo de drogas ha debilitado su fuerza espiritual, comentando a la vez que las causas de su adicción están fundadas en su biografía y en su vivencia. Además, le da indicaciones para los siguientes pasos necesarios del tratamiento. Esta primera *sesión espiritual* causa evidentemente una fuerte impresión en Ignacio. *"Yo le he creído, o mejor... no sé si es un trance o qué, pero ella me puso su mano en mi corazón y después comenzó a decirme muchas cosas. Cosas que yo realmente sentía. Ella no me sugirió nada, para nada, sino que eran cosas que de verdad pasaron. Y te quedas incrédulo, ¡no es cierto!"* Así, por una parte, se siente *visto* en una forma integral y por otra, esta experiencia de relación significativa pone fin a sus aparentes dudas con respecto a las habilidades terapéuticas de la curandera. Altamente motivado, participa en más sesiones del tratamiento. Después de aproximadamente cuatro meses termina exitosamente la escuela secundaria. En este momento recae, ya que festeja su éxito con un maestro, consume alcohol y sufre de una pérdida de control. Además, estando muy alcoholizado, se ve involucrado en un accidente automovilístico en donde él es el copiloto. Poco tiempo después del accidente, decepcionado de sí mismo y con mucha vergüenza, con el sentimiento de haber decepcionado a personas significativas para él, busca de nuevo a la curandera. En ese momento, ella lleva a cabo otra *sesión espiritual.* En estado de trance, el espíritu que habla a través de ella juzga el estado mental actual de Ignacio, reflejándole críticamente la recaída, aunque evaluando positivamente su desarrollo general durante los últimos meses. Ordena un tratamiento posterior. Ignacio fortalece su autoestima mediante este ritual: *"Una frase que ella dijo, que se me grabó: Que a pesar de todo esto que pasó, hay una fuerza palpable en mí, que ya no era tan mal mi estado... no recuerdo exactamente. [...] Y entonces me dije a mí mismo: Ella tiene razón, como es, yo estoy en orden, tengo el valor. [...] Eso me ayudó a estar más seguro con mis propios sentimientos."*

En el caso que acabamos de describir, se aprecia claramente la interconexión del diagnóstico y los efectos terapéuticos, mencionados como una característica de los métodos de la M.T.M. Por lo tanto, en el primer ritual de trance, el paciente experimenta ser visto con su angustia de una manera personalmente significativa, a través del mensaje de diagnóstico de la curandera sobre los antecedentes psicológicos y biográficos de su problema de adicción. Además, la precisión de las declaraciones de la curandera representa para él una prueba del poder terapéutico de ella. Ambos factores fortalecen de forma decisiva su motivación con respecto al tratamiento y cumplimiento posterior, mientras que durante meses antes había estado ambivalente sobre la necesidad de tratamiento. Además, la atmósfera sagrada del ritual de trance da a las palabras de la curandera –o a las declaraciones hechas por el *espíritu*– una mayor fuerza, como Ignacio reflexiona retrospectivamente, lo que promueve el proceso de internalización. La atmósfera resultante emocionalmente densa también se refleja en el hecho de que, en varios momentos de la *sesión especial* observada, la comunicación entre la curandera en trance y el paciente desencadenó respuestas emocionales catárticas.

En otro caso, en una sesión de ese tipo una paciente muy agitada, con pánico y angustiada se dio cuenta de que, en una especie de compulsión repetitiva, se comportaba con dureza e insensibilidad hacia su hija adolescente, exactamente como ella fue tratada por su madre en la juventud. Después de un largo llanto, la paciente se mostró notablemente más sensible y abierta en las intervenciones siguientes (presentación del caso en el capítulo 10).

8.3.3 Diagnóstico a través del uso ritualizado de sustancias psicoactivas (preguntar a los hongos)

"Los hongos representan la sangre de Dios yes por esto que pueden explicar por qué la persona afectada estáenferma. Y el ritual y también las oraciones que se realizan dan lafuerza para que el curandero pueda concentrarse y percibir de qué está enferma la persona."

(Curandero Albino)

En el típico *ritual de hongos* en la región de Oaxaca o rituales de curación similares –que utilizan distintas sustancias psicoactivas disponibles localmente en otras regiones de México– quienes se dedican a la M.T.M. buscan orientación y ayuda con el tratamiento para la o el enfermo a través de la comunicación directa con la dimensión espiritual. La aplicación de dicho ritual con fines diagnósticos o terapéuticos suele limitarse a trastornos graves y cursos complicados de tratamiento; así mismo es parte de la ética terapéutica en la M.T.M. que un encuentro tan inmediato con lo Divino debe realizarse con experiencia y gran respeto. En el estudio de campo sólo el curandero Albino y la curandera Guadalupe, practicaban este tipo de rituales, puesto que él y ella se saben especialistas en el nivel espiritual y psíquico de las enfermedades. Pertenece a la experiencia de la M.T.M. que la realización incorrecta de un ritual con sustancias psicoactivas puede ocasionar daños duraderos en la salud, como la psicosis inducida por fármacos. En el lenguaje coloquial, se habla en estos casos de que el espíritu del afectado *se quedó en el viaje*. Por esta razón, la aplicación es estrictamente ritualizada, con definiciones precisas de las condiciones de implementación y reglas de conducta explícitas en la fase preparatoria de dicho ritual (por ejemplo, dietas y abstinencia sexual).

Además, forma parte de la preparación de este tipo de ritual que la o el curandero compruebe que *el espíritu del hongo* aprueba el uso terapéutico planeado, como lo muestra la siguiente declaración de la curandera Guadalupe:

> "Si es el momento en que los hongos crecen y lo pedimos y está permitido, entonces lo hacemos. Pero cuando no, pues no. Porque eso ya es algo místico, se debe de pedir permiso antes, si puedes usarlos o no. ¡Eso no es accesible tan fácilmente!".

En el curanderismo se realizan los rituales con hongos psicoactivos solo después del anochecer, es decir, fuera de los tiempos de tratamiento habituales. El *ritual de los hongos* sirve para fines de diagnóstico y también terapéuticos. Con respecto a las inquietudes diagnósticas, el estado alterado de consciencia inducido por sustancias psicoactivas en curanderos(as) y pacientes se utiliza –al igual que el estado de trance inducido– para obtener información detallada sobre las causas mentales-espirituales de la enfermedad. El curandero Albino, quien frecuentemente lleva a cabo el *ritual de hongo* emplea sobre todo una pequeña dosis del hongo, la que es tomada por el curandero y también por su paciente, dependiendo de su condición tanto física como mental. Esto representa básicamente la experiencia de un E.A.C. en común, en el que el curandero y su paciente se comunican e interactúan con una intensidad especial.

CASO 4 : DIAGNÓSTICO EN UN RITUAL DE LOS HONGOS.

La paciente Dolores de 35 años sufre desde hace meses de un complejo cuadro de molestias, en forma de una creciente depresión con pérdida de motivación, retraimiento en cama, cansancio de vivir, trastornos del sueño, miedos y un síndrome de dolor en forma de dolores agudos y ardorosos en todo el cuerpo. Hace diez años se enfermó por primera vez y desde entonces, recae en una erisipela, enfermedad viral de la piel que se manifiesta al comienzo del tratamiento como una hinchazón en la piel de un muslo de la paciente, que tiene un enrojecimiento y la sensación de entumecimiento.

Está casada con el maestro del pueblo –mismo que tiene un problema con el alcohol– y es madre de cuatro infantes. Ella envía a su esposo para pedirle ayuda al curandero. Este acude al día siguiente a la casa de la paciente, que está en cama, y realiza un primer ritual de ofrenda con velas para limpieza y solicitud de ayuda. Es decir, con la ayuda de una *visión espiritual* da un primer diagnóstico, la paciente sufre de una enfermedad por *susto*. El curandero sostiene que el espíritu perdido de la paciente fue retenido en el reino de los muertos, lo que significa que ella está cerca de la muerte en el nivel espiritual. Como consecuencia, él ordena que al día siguiente se lleve a cabo un *ritual de hongos* para una aclaración diagnóstica más profunda y un tratamiento de la enfermedad. El ritual de limpieza realizado sirve para la preparación, complementado por una dieta específica.

Al día siguiente por la tarde se presenta la paciente acompañada de su madre en la casa del curandero y se realiza un *ritual de hongos* de aproximadamente tres horas. En este, el curandero, su esposa –la que es a menudo asistente en tratamientos– la paciente y su madre toman cada uno una dosis media del hongo psicoactivo.

Mientras que la paciente y su madre se sientan la mayor parte del tiempo frente al altar del curandero, este está muy activo durante todo el ritual. En la parte primera se sienta, canta y reza directamente frente a su altar de mesa. En la segunda parte, se levanta, realiza una limpieza ritual de la paciente y, con el efecto gradualmente creciente de los hongos, continúa cantando y orando mientras se para frente al altar, aumentando la expresión a través de gestos y voces. Su esposa que funge como asistente en sus actividades permanece al fondo. En esta fase cúlmine, el curandero obtiene conocimientos más profundos referente a la clase y causa de la enfermedad, mismo conocimiento que él comparte con la paciente y su madre: Se trata de una enfermedad por susto causada por brujería. La brujería ha sido encargada por una familia del pueblo, con la cual la familia de la paciente tiene problemas. Es importante agregar, que un ritual de hongos que se llevó a cabo incorrectamente hace tres años tuvo un efecto debilitador en la salud espiritual y mental de la paciente.

Después de la aclaración diagnóstica, el curandero actuando en nombre de la paciente, lucha con sus enemigos en el curso posterior del ritual de los hongos y pide a los ayudantes espirituales que fortalezcan y apoyen a la paciente. Estas peticiones las fortalece con ofrendas. Para finalizar prepara un amuleto para la paciente el cual debería de alargar el efecto protector del ritual y se despide con la recomendación de estar atento a sus sueños los siguientes cuatro días, los cuales le podrían dar información del éxito de la terapia. Si lo necesita, puede venir otra vez después de esos cuatro días.

La entrevista y examinación catamnéstica muestra que la paciente inmediatamente después del tratamiento experimentó una mejoría de los dolores. Después de un mes, desencadenado por una lesión mecánica en el pie, provoca una recurrencia dolorosa de la erisipela. Luego es tratada de nuevo con el ritual de hongos y está libre de síntomas en el período catamenial adicional de un total de seis meses.

A diferencia *del ritual de hongos* realizado por el curandero Albino, en donde los objetivos diagnósticos juegan un papel importante, la curandera Guadalupe lleva a cabo este mismo con un fin primeramente terapéutico. Se hablará de estas formas de aplicación en el capítulo dedicado a los métodos terapéuticos.

8.4 Diagnóstico a través de la lectura del oráculo

"Si aún tengo dudas en el diagnóstico o cuando tengo la impresión deque se trata de una fuerte enfermedad por susto o algo parecido,es entonces que hago una limpia con cera, la derrito y después leo el oráculo de cera."(Curandera Guadalupe)

"Tiene que ser aventado tres veces (la mazorca de maíz)para estar seguro de que enfermedad tiene el paciente."

(Curandero Albino)

Puede parecer sorprendente que *leer o interpretar oráculos* sca el método de diagnóstico estándar usado por las tres personas dedicadas al curanderismo en nuestra investigación. Desde un punto de vista científico occidental es común que se asocie oráculos a los cuentos de hadas y los mitos, y también con algunas dudosas prácticas esotéricas de hoy en día.

Desde nuestra perspectiva, la lectura del oráculo en la M.T.M. se clasifica fundamentalmente como un proceso de interpretación basado en estructuras materiales, el cual sigue los objetivos de la formulación diagnóstica. Para la puesta en práctica de *la lectura del oráculo*, se utilizan diferentes materiales como:

- la yema y la clara de un huevo crudo, en un vaso lleno a la mitad con agua (*leer el huevo*),
- cera de vela licuada, que se coloca en un recipiente lleno de agua (*leer la cera*),
- un determinado número de mazorcas de maíz que se dejan caer sobre una toalla (*leer el maíz*).

Los materiales mencionados son materiales oraculares adecuados, ya que pueden formar una multitud de estructuras y patrones a partir de los cuales se desprende información diagnóstica relevante de la enfermedad y para la terapia. Los materiales que se utilizan para los métodos del oráculo dependen de las tradiciones curativas locales. La curandera Guadalupe lleva a cabo *rutinariamente la lectura del oráculo* con ayuda de un huevo crudo y también frecuentemente con el líquido de velas de cera.

Foto 10. *La curandera Guadalupe leyendo el oráculo de huevo*

El curandero Albino emplea como rutina diagnóstica *el oráculo del maíz*. Él arroja cuarenta granos de maíz, tres veces seguidas, sobre un paño blanco. La mayoría de las veces él empieza sus tratamientos con la realización de este oráculo con fines diagnósticos, sin que antes haya explorado detalladamente las necesidades de sus pacientes.

Después de cada tirada de los granos de maíz, el curandero comparte con su paciente qué información lee de la colocación de los

Foto 11. *El curandero Albino realiza un diagnóstico leyendo el oráculo del maíz.*

granos. La información así obtenida a menudo se refiere a la naturaleza, génesis y alcance de la enfermedad, por ejemplo, que una crisis es causada por una caída reciente, por disputas o envidia; y recomendaciones de tratamiento.

La mayoría de las veces la o el paciente confirma los mensajes del curandero. Así, la información extraída del material del oráculo por el curandero es precisada su paciente y enriquecida con información detallada. De tal manera después de haber tirado los granos de maíz tres veces, el curandero obtiene una imagen relativamente diferenciada de la situación problemática de su paciente.

CASO 5: TRATAMIENTO CON ORÁCULO DE MAÍZ.

Una mujer de edad media visitó el consultorio a raíz del sueño de su hermana que trataba de la huida de sus vacas (ya mencionado en el capítulo ocho). Con la ayuda del oráculo de maíz el curandero Albino exploró en detalle cuál era el mensaje del sueño, ante todo trató de revelar cuáles eran las causas de la desgracia que se estaba anunciando a través de este. De la manera habitual, el curandero invoca primero la ayuda de los poderes divinos y luego lee en la tirada de los granos de maíz lo siguiente: la hermana que soñó está realmente muy enferma y tiene definitivamente que hacerse un tratamiento. Ella padece de una enfermedad, en la que su espíritu ya está en el reino de los muertos. Este diagnóstico implica que se trata de una enfermedad provocada por brujería, y se manifiesta sobre todo en dolores del corazón. El curandero señala a la mujer consultante que el montón de granos de maíz representa a la paciente misma acostada en su cama. Él insiste —un poco molesto— que la hermana enferma tiene que visitarlo sin falta la próxima vez para que pueda ser ayudada, con lo que la hermana consultante está de acuerdo y por ello, promete hablar con la enferma para convencerla de visitar al curandero. Este último, sigue leyendo de la constelación de los granos de maíz las siguientes recomendaciones para el tratamiento: se tienen que sacrificar dos huevos, uno de gallina y uno de pavo. Este obsequio debe de ser enrollado junto con granos de cacao y enterrado en el cementerio. Sacrificio busca calmar a los espíritus de los muertos, quienes tienen capturado el espíritu de la hermana enferma. Luego, el curandero continúa con el tratamiento de hacer amuletos de tabaco y un ritual a la luz de las velas con oraciones detalladas para proteger a las dos hermanas y su ganado.

La lectura del oráculo se aplica también, tanto como diagnóstico y medida terapéutica, en un ritual curativo en que ambas funciones están estrechamente entrelazadas, por lo tanto, el huevo crudo utilizado en la lectura sirve al mismo tiempo como un importante objeto curativo. Su capacidad para absorber *energías patógenas* lo hace adecuado para procedimientos de purificación, como la encarnación de nuevas energías creativas y también para comunicar las energías positivas del nuevo comienzo a la paciente, energías que promueven su recuperación. En la comprensión tradicional del oráculo, las energías patógenas absorbidas por el huevo producen las formaciones estructurales características que el curandero interpreta durante las lecturas del oráculo:

"Cuando alguien tiene dolores de cabeza desde ya hace días... lo que la gente desea en este caso es una limpia. Realizamos la limpia y ahí podemos ver cuál es la causa. (...) Ahí sale a la luz cuál es la causa de los dolores de cabeza. Y en el tiempo en que se lleva a cabo la limpia, la persona se siente mejor porque quitamos esa pesadez, ese mal aire[57] *que ha recibido. No sé qué, porqué los que tienen una limpia a menudo se restauran con un huevo. Pero, para ver de dónde viene la enfermedad, si procede del estómago o de la bilis, o si son problemas con el prójimo, para eso tiene que realizarse esto"* (curandera Hermila).

Caso 6 : Tratamiento con oráculo del huevo.

Durante el tratamiento de una mujer joven que tenía una crisis con reacciones depresivas y miedos debido a un embarazo no deseado, la curandera Guadalupe empleó, como de costumbre, el oráculo de huevo para el primer

---

[57] Se refiere al concepto tradicional de mal aire - enfermedad causada por una atmósfera interpersonal negativa y emocionalmente agobiante.

diagnóstico. Sobre todo, sirve para la investigación en profundidad de los problemas intrapsíquicos e interpersonales asociados con el padecimiento. Por lo tanto, la curandera diagnostica la condición física de la joven y su embarazo como estables, pero su estado mental como estresado y desorientado. La primera lee la estructura del huevo en un vaso de agua, el estado emocional de la segunda sobrecargado de emociones tristes, pero también con una cantidad de ira reprimida, escondida "detrás de la tristeza". También encuentra un conflicto en el fondo del problema manifiesto. Desde ya hace tiempo, incluso desde antes del embarazo, existen conflictos con la madre de la paciente, que no demuestra aceptación ni calor emocional hacia la hija. La madre abruma a la hija con reproches y la presiona para que se case con el padre del hijo. En ese momento, la paciente confirma de manera cohibida la información leída en el oráculo del huevo y agrega más detalles. Al final del diagnóstico la curandera sostiene que hay otro conflicto interno, ya que la joven no ha aceptado emocionalmente al padre del hijo; así la joven habla de que existe otro joven con el cual se entiende mejor. La curandera advierte en este punto que la paciente corre el riesgo de hacerse ilusiones sobre la seriedad del interés del otro joven. Las intervenciones terapéuticas ya comienzan aquí, dado que la curandera incita a la paciente a reflexionar críticamente sobre sus propios sentimientos, a permitir la ira reprimida y de ese modo a reducir la confusión existente entre pensamiento y sentimiento. Por otro lado, la anima a tomar sus propias decisiones, a darse cuenta de lo que ella quiere. Durante el tratamiento, que dura varias semanas, la curandera vuelve a utilizar repetidamente el oráculo del huevo, en cuyo caso representa el curso de la terapia. En el caso de tratamiento reportado aquí, la información respectiva del oráculo del huevo corrobora el curso positivo del tratamiento.

Al interpretar las estructuras que emergen en el oráculo, las y los curanderos parecen, usar un simbolismo compartido en la cultura, como lo afirma la siguiente declaración de la curandera Guadalupe:

"Por ejemplo, en la yema de huevo se muestra lo corpóreo, los síntomas físicos. Y la clara del huevo me da información sobre el estado energético, de lo patológico, lo que causa las molestias y también acerca del estado emocional que está quebrantado".

Esto también se aplica a la interpretación quizás más extraña del curandero Albino cuando dice:

"En varias ocasiones, he observado que los brujos recurren a los postes de luz con sus maldiciones, a todas las cosas que tienen que ver con la electricidad para enfermar a alguien. En tales casos, los granos de maíz se erigen como palos".

Con respecto a la práctica del *diagnóstico del oráculo* en la M.T.M., compartimos la perspectiva de Andritzky (1988) en su investigación *del oráculo de coca* peruano, cuando sostiene que, a pesar de los aspectos inductivos del oráculo, las y los curanderos tienen un considerable margen de interpretación debido a la existencia de reglas de interpretación, por lo que es más apropiado hablar de un carácter interpretativo del oráculo. De este modo, gracias a las conversaciones con las y los curanderos y a la observación de su procedimiento, da la impresión de que la interpretación real de las estructuras ambiguas del material del oráculo se lleva a cabo sobre la base de un proceso mental integrador y fundamentalmente no-racional. Mediante un proceso intrapsíquico integrador y muy creativo, las o los curanderos generan un nuevo significado o información respecto al malestar de sus pacientes a través de una especie de "sinopsis" de la variedad de informaciones recolectadas por medio de empatía, visiones, observaciones y conversaciones, que incluyen un diagnóstico y recomendación de tratamiento. Cuando la curandera Guadalupe dice: *"Para leer el huevo, eso es un poco complicado porque tú tienes que desarrollar esta capacidad de videncia para poder hacerlo",* señala el alto poder de procesamiento mental que la lectura del oráculo exige de la persona que ejerce el curanderismo. La curandera Hermila describe más dramáticamente este trabajo de interpretación del material del oráculo:

"Se puede ver todo en el huevo, todo, todo. Yo he trabajado anteriormente así, por 20 años aproximadamente. Pero ahora estoy agotada, raras veces trabajo con huevo, sí, porque eso consume mucha energía. Tengo la impresión de que en eso se necesita mucha energía. Cuando la gente viene y dicen que desean es, pues lo hago, cuando no hay nadie más que lo pueda hacer; pero cuando mi hijo lo realiza entonces mejor no lo hago yo".

¿Cómo se puede concebir este procesamiento intrapsíquico desde una perspectiva científica occidental? Brillantes hipótesis fueron reunidas por Andritzky (1988) en su ya mencionado trabajo sobre *el oráculo de la coca* peruana. Primero, se refiere al estado de consciencia levemente alterado tanto en la o el curandero como en su paciente, que se desencadena, entre otras cosas, por la fijación visual del material del oráculo y otras técnicas, estableciendo paralelismos con el estado de *atención libre flotante* del psicoanálisis. En segundo lugar, agrega la idea de Schmidbauer de que el material del oráculo sirve como una superficie de proyección para el contenido perceptual inconsciente de la interacción curandero-paciente (Schmidbauer, 1970, como se cita en Andritzky, 1988). En tercer lugar, la formulación del diagnóstico es un proceso creativo basado en las habilidades psíquicas de la o el curandero para simbolizar y compactar —en el sentido psicoanalítico– la información registrada. Ya en su obra sobre el sueño y el ocultismo Freud (1969b) señaló el proceso mental creativo requerido para la creación de oráculos o profecías. Los comparó con el proceso intrapsíquico que él había llamado *trabajo de ensoñación* refiriéndose con esto a los procesos psíquicos que convierten el material primario del sueño, como los restos diurnos y los estímulos internos, en el sueño manifiesto. Desde el punto de vista del psicoanálisis, los procesos como la condensación de los diferentes estímulos, que persigue la representatividad, y también los procesos defensivos, como el desplazamiento, juegan un papel en el surgimiento del sueño manifiesto (Laplanche y Pontalis, 1973). En referencia al concepto de *trabajo de sueño*, Freud habló de *trabajo del oráculo* como el proceso mental que lleva a los resultados/interpretaciones. Tomando estas ideas, Andritzky (1999) llega a la siguiente afirmación sobre el efecto psicológico del diagnóstico oracular:

El cliente se enfrenta, por así decirlo, con un sueño, que entra en una misteriosa resonancia con su inconsciente, y por lo mismo re-

sulta que uno mucho después de la sesión del oráculo lidia con eso y trata de descifrarlo, (...) Tal vez sea esta autoexploración inducida por el oráculo y su técnica especial la que explique su proliferación, intensidad y uso regular Andritzky (1999, pág. 58).

Estas consideraciones de Andritzky dejan en claro que la lectura del oráculo se basa en un procesamiento de información altamente complejo. Según nuestros propios hallazgos, las convincentes explicaciones de Andritzky se pueden complementar con que en el método de los oráculos se utiliza adicionalmente el principio de la estimulación bifocal. Se discutirá en detalle este importante modo de acción de la M.T.M. y varias formas de aplicación en el subcapítulo 12.4. En principio, ya debería establecerse aquí que la estimulación bifocal de la atención, que es una estimulación de los dos hemisferios cerebrales produce un estado levemente alterado de la consciencia de vigilia. En el caso de la lectura del oráculo, donde la atención de la o el curandero se enfoca, por un lado, en el material del oráculo y, por otro lado, en la información recibida del contacto con su paciente, esto puede facilitar el procesamiento de la gran cantidad de información que recibe. Además del procesamiento de información compleja descrito, a menudo recibida de manera subliminal, la información obtenida durante la exploración verbal de quien consulta también entra en el diagnóstico con la técnica de oráculo. Contrariamente a un curso de tratamiento relativamente directo de la M.T.M. en el que él o la paciente desempeña un papel más pasivo, durante la lectura diagnóstica del oráculo se desarrollan discusiones más detalladas entre las y los curanderos y sus pacientes. En el curso de estas conversaciones, la o el curandero compara lo que vio con las ideas y comentarios de su paciente y luego los valida, los profundiza o, si es necesario, los corrige. En palabras del curandero Albino:

"Primeramente hago el diagnóstico con la mazorca del maíz, y después les hago las preguntas que de ahí se desprenden. Eso significa por consiguiente lo que yo veo, le pregunto al afectado que si en realidad ocurrió eso que yo veo. Luego puedo diagnosticar qué es lo que pasó y basado en ello realizo mis tratamientos".

En resumen, se puede decir que el método del oráculo se basa en un proceso mental complejo de recopilación de información que se recibe consciente e inconscientemente en el contacto terapeuta-paciente, y que este procesamiento intrapsíquico creativo e integrador conduce a un diagnóstico con aspectos del proceso primario y secundario. El diagnóstico a través del oráculo proporciona a la o el paciente información diagnóstica en una forma que le hace cambiar de la actitud pasiva al comienzo del ritual del oráculo, a una actitud activa. Gracias a ello es que se explora a sí mismo(a) y reflexiona cada vez más conscientemente su experiencia emocional activa y su relación con el entorno social.

8.5 Comparación del repertorio psicodiagnóstico de la M.T.M. y de la psicoterapia occidental

De manera resumida, se puede afirmar que los métodos de diagnóstico ocupan un lugar igualmente importante tanto en la M.T.M. como en la psicoterapia occidental. Estos métodos de diagnóstico se utilizan, por un lado, para aclarar el tipo y la causa de una enfermedad al comienzo de un tratamiento y, por otro, para el seguimiento. Incluso con respecto a la diferenciación de los métodos y el rango de datos registrados, los métodos de diagnóstico de la M.T.M. no están detrás de los de la psicoterapia occidental.

Sin embargo, además de las similitudes también hay diferencias significativas. La diferencia clave es que el foco del interés diagnóstico del curanderismo está en el inconsciente, no reflejado racionalmente por la o el paciente. Además, la información consciente y cercana a la consciencia que la o el paciente puede verbalizar fácilmente, como se registra principalmente en la anamnesis[58] y los cuestionarios de síntomas diferenciados en la psicoterapia occidental, desempeña un papel muy secundario en M.T.M. Quienes se dedican al curanderismo usan los mensajes verbales de sus pacientes acerca de su enfermedad solo en forma de información verbal casual o periférica. Esta exploración diagnóstica tiene lugar principalmente en el diagnóstico del oráculo. A partir del interés de la M.T.M. en la información inconsciente que es relevante para el tratamiento, se puede deducir que los estados leves o más fuertemente alterados de la consciencia son el principal acceso a la información de diagnóstico. En esto se diferencia claramente el procedimiento diagnóstico en la M.T.M. del de la psicoterapia occidental. La receptividad bien desarrollada de las y los curanderos para la información no racional que la o el paciente aporta a la situación de tra-

---

[58] Información aportada por la o el paciente, a la vez de otros testimonios, para elaborar su historia médica.

tamiento representa una habilidad terapéutica y diagnóstica muy importante. Entre otras cosas, esta habilidad se manifiesta como *una capacidad de videncia* y puede incrementarse por los estados de trance autoinducidos y otros E.A.C. y a través de la atención a los mensajes inconscientes de los propios sueños y los sueños de las y los pacientes.

Por el contrario, la gran mayoría de los procedimientos de psicodiagnóstico en la psicoterapia occidental se basan esencialmente en el acceso racional a la situación de salud mental de la persona que busca ayuda. Por lo tanto, es parte del procedimiento de diagnóstico recolectar primero mediante la anamnesis detallada una variedad de información individual sobre la historia de enfermedad y la historia de vida. Además, el o la psicoterapeuta tiene una variedad de pruebas y/o cuestionarios disponibles para profundizar en el diagnóstico. Especialmente en el campo de la psicoterapia occidental, la cual está marcada por variantes de la terapia conductual, se le presta poca atención a la información psíquica no racional y primaria, ya que su acceso racional a las enfermedades mentales y su curación dominan la práctica terapéutica. Sólo los métodos terapéuticos de la psicoterapia occidental marcados o influidos por el psicoanálisis se interesan por lo racional y también por la información primaria no racional para el diagnóstico. Por ejemplo, las percepciones subliminales no racionales de la relación terapeuta-paciente se utilizan de forma diagnóstica mediante la consideración de la transferencia y la contratransferencia en terapias con enfoque analítico o sea de actitudes y emociones que emergen en el contacto entre terapeuta y paciente que supuestamente provienen más de conflictos internos inconscientes que de la interacción actual. El interés en los sueños también persigue fines de diagnóstico, ya sea la observación del sueño inicial o en el sentido de declaraciones de diagnóstico sobre el curso del tratamiento basado en los sueños. Las pruebas proyectivas, que rara vez se utilizan, tienen como objetivo registrar el contenido mental inconsciente de la o el paciente, pero a diferencia del diagnóstico oracular de la M.T.M., no incluyen el inconsciente del terapeuta. En mi opinión, el uso más completo del proceso primario en comparación con el modo de procesamiento lógico-racional en la M.T.M. representa la diferencia central con los métodos de la psicoterapia occidental.

9. Los rituales psicoterapéuticos de la M.T.M

La indicación de un método terapéutico resulta, en primera instancia del cuadro de la enfermedad diagnosticada. Así, por ejemplo, el diagnóstico de una enfermedad de *susto* requiere de un *ritual de reintegración*. La aplicación de determinado método de tratamiento se orienta por la cosmovisión de salud y enfermedad de la M.T.M., que como ya hemos dicho se basa en una jerarquía de diferentes niveles de regulación, en el que el nivel espiritual es el superior. Eso se manifiesta, en la aplicación omnipresente de rituales de sacrificio, los que garantizan el apoyo de las fuerzas espirituales necesarias para un tratamiento exitoso. Los rituales protectores, a su vez, tienen el propósito de evitar las influencias sociales como el *mal de ojo*, la envidia y los sentimientos agresivos y otras energías negativas. Por lo tanto, sirven para la consolidación de los resultados del tratamiento, y tienen así mismo un efecto preventivo.

Con el fin de una presentación sistemática, se han descrito varios tipos de ritual con base en los resultados del trabajo de campo. A continuación, se presenta la tabla 4, que proporciona una visión general de los principales métodos de tratamiento de la M.T.M. y sus áreas de indicación. Los siguientes capítulos están dedicados a la presentación por separado de cada uno de los rituales terapéuticos, comenzando los más comúnmente utilizados. Ciertos rituales altamente potentes y elaborados se usan a menudo solo cuando hay complicaciones en el proceso de terapia, especialmente los rituales que involucran el uso de sustancias psicoactivas como por ejemplo, el *ritual con hongos*, el ritual de *operación espiritual* y rituales especiales de sacrificio.

Método terapéutico	Area de indicación
Ritual de *limpia*	a) Método indicado en el caso de tristeza, estados de ánimo depresivos y otros estados emocionales estresantes, que pueden surgir principalmente en el contexto de los cuadros clínicos como agresión y/o envidia, mal de ojo, malas vibras o en el contexto de la enfermedad por sentimientos personales intensos. b) Método inespecífico, que acompaña al diagnóstico, especialmente al principio, pero también durante un tratamiento más prolongado (lectura del oráculo), y que conduce, especialmente en el caso de enfermedades leves, a un alivio significativo y mejora del bienestar. c) Método inespecífico, utilizado repetidas veces en tratamientos más duraderos y que debe apoyar la mejora del bienestar. d) Método inespecífico para la prevención y mantenimiento de la salud mental.
Ritual de reintegración *llamar al espíritu, curación de susto*	Método indicado para las diversas formas de *enfermedades del susto* (enfermedades relacionadas con traumatismos leves a graves); en su mayoría aplicado varias veces
Rituales de ofrenda e intercambio	a) Componente ubicuo de varios rituales de curación con el objetivo de invocar poderes espirituales y religiosos externos o los espíritus de la o el difunto como apoyo para el tratamiento. b) En el caso de varios síntomas en los que la fuerza vital de la o el paciente parece estar muy reducida o bloqueada (falta severa de impulso, problemas cardíacos, estados de mutismo y estupor) o que se evalúan como potencialmente mortales. c) Para la prevención con el objetivo de invocar los poderes espirituales y religiosos externos o espíritus de las y los difuntos para la protección de salud y el bienestar general.

Rituales de protección y fortalecimiento (uso de "objetos de poder", por ejemplo, amuletos)	a) Inespecífico, para estabilizar los efectos del tratamiento, al final de este. b) Inespecífico, para apoyar a personas con salud mental inestable o con falta de defensas mentales internas. c) Para la prevención, especialmente de enfermedades causadas por sentimientos negativos de los demás *(mal de ojo, envidia y/o agresión, vibraciones negativas).*
Ritual de hongos	a) En el contexto de enfermedades mentales graves, en particular para obtener conocimientos profundos y eficaces para la terapia b) Aplicación inespecífica para cualquier tipo de enfermedad, ya que se generan conocimientos sobre las causas de la enfermedad. c) Uso fuera de la terapia para el desarrollo espiritual, predicciones sobre el propio futuro, autoconciencia psicológica
Rituales que utilizan estados de posesión (consulta espiritual, operación espiritual)	a) Principalmente en el contexto del tratamiento a largo plazo de trastornos mentales graves b) En situaciones de estancamiento del proceso terapéutico; tiene como objetivo romper una defensa interior demasiado fuerte promoviendo una experiencia emocional más profunda
Plática terapéutica	a) Para el tratamiento de dolencias psicológicas reactivas, en las que el esclarecimiento y manejo de conflictos interpersonales estresantes están en primer plano (conflictos de pareja y familiares, conflictos profesionales). b) Para la reestructuración cognitiva; especialmente cuando se tratan enfermedades causadas por sentimientos personales intensos. c) Aplicación inespecífica como método subordinado para la exploración diagnóstica en profundidad o en el contexto de rituales de tratamiento.
Ritual de sudoración (*temazcal*)	a) Aplicación inespecífica para apoyar e intensificar el tratamiento de una variedad de problemas psicológicos. b) También indicado en un amplio campo de enfermedades físicas y en el contexto obstétrico.

Tratamientos fisiológicos coadyuvantes (fitoterapia, masajes, dietas, etc.)	a) Específicamente para el apoyo fisiológico de los objetivos del tratamiento (por ejemplo calmar, relajar, aumento de la vitalidad, experimentar afecto) b) Inespecífico, para fortalecer el cumplimiento de las medidas de tratamiento de orientación psicológica.

Tabla 4: Los métodos psicoterapéuticos de la M.T.M. con sus respectivas áreas de aplicación

9.1 Ritual de limpia

"En el tratamiento de la tristeza, se dice que toda la tristeza debe de salir, que las rosas tienen que absorber todo esto. Y hacemos el intercambio de que el poder curativo de esta planta debe invadir al paciente y la tristeza debe dejarlo. (...) Es casi un baño en flores."

(Curandera Hermila)

La limpia es un ritual para limpiar de energías y sentimientos patológicos. Es uno de los métodos de tratamiento más populares y utilizado por las y los curanderos en nuestra investigación.

"La gente de Oaxaca, por ejemplo, la gente de San Bartolo, de San Lucas, que vienen conmigo creen mucho en las enfermedades del alma. Ellos vienen con fiebre(...), diarrea, dolores de estómago y lo primero que ellos desean- ellos ya traen su huevo, sus hierbas-: ¡hazme una limpia! ¡Eso es lo primero!" (curandera Hermila).

El *ritual de limpia* se caracteriza por el uso de materiales diversos, con los cuales se estimulan estados emocionalmente positivos y se *absorben* las energías patógenas. Además del huevo crudo que es comúnmente utilizado, se usan principalmente hierbas recién recolectadas, aromáticas y fragantes, flores de colores, agua florida y cera de velas. En la tradición mazateca, el tabaco silvestre se considera una *planta de energía* y es utilizado −entre otras cosas− por el curandero Albino en el ritual de purificación en forma de pequeños paquetes con partes de plantas secas.

Los tratamientos con *rituales de limpia* que son acompañados por oraciones tienen el propósito terapéutico de absorber, por un lado, las energías patógenas y los sentimientos negativos de la o el paciente, y por otro, asegurar que la energía beneficiosa del material usado pase al mismo tiempo a quien está siendo tratado(a). El curandero Albino describe el uso del tabaco en el ritual de limpia de la siguiente manera:

"También hago limpias con San Pedro. Para esto, envuelvo un poco de tabaco en pequeñas hojas de papel, siete pedazos(...) Y así froto a los enfermos, incluso con oraciones será limpiado y luego el tabaco es arrojado al oeste. Esta es una forma de limpiar lo negativo que tiene la persona que viene a mí como una persona enferma".

El curandero Albino deja claro que los materiales utilizados para la purificación son considerados como fuerzas espirituales saludables. Es por esto que la curandera Guadalupe denomina a las hierbas usadas en los rituales de limpia –el romero, la albahaca, la ruda, el pirul– como *plantas místicas*. La hoja de tabaco, que es usada en la tradición mazateca es llamada *San Pedro* por el curandero Albino, lo que alude a que su poder curativo está relacionado con este santo de la religión cristiana.

En *el ritual de limpia* se utilizan materiales ya sea por su significado simbólico –como por ejemplo, el huevo como el núcleo de la creación y la vida– o por sus intensas cualidades sensoriales, como los aromas y fragancias de las hierbas y esencias o el color de flores. Parece ser un criterio importante para las y los curanderos que estos materiales son vividos por la persona afectada como agradables, como es evidente en el siguiente testimonio de la curandera Hermila sobre la aplicación del ritual de limpia en estados de tristeza:

"Pueden ser diferentes hierbas. Yo digo por ejemplo que traigan flores ¡que a ellos les gustan! A el afectado le gusta, por ejemplo, rojo, blanco, lila. Y él trae un ramo de flores y con eso y con la ayuda de una oración yo lo curo".

Como se supone que los materiales utilizados en el ritual de purificación absorben las energías patológicas, a menudo se utilizan también como material de oráculo. Este procedimiento combinado es practicado en particular por la curandera Guadalupe, tanto con huevo como con cera de vela como material de limpieza y oráculo:

"El ritual de limpieza con una vela de cera, con eso llamas al temor, a la ira, llamas a todo lo que ellos sientan que tiene que salir de su cuerpo. Tú barres eso, lo recolectas y lo quitas con la cera de las velas hasta que se disuelva con el fuego. Después lo tomas y lo vacías [en

un recipiente lleno con agua] y llamas así al espíritu de la persona"
(curandera Guadalupe).

Además del material utilizado, la actitud interna de la o el curandero contribuye decisivamente al éxito del *tratamiento de limpia*, que puede aumentarse en su efecto sanador mediante la oración o la concentración:

> *"Por ejemplo, cuando una persona muy agotada acude con nosotros, muy triste, no es posible que yo me encuentre en un estado como el de esa persona. Debo tener suficiente energía para eliminar todo eso con mis manos o con la ayuda de plantas. No es absolutamente necesario utilizar un huevo"* (curandera Hermila).

La curandera Hermila sostiene que *"las plantas tienen múltiples poderes curativos y eso nos ayuda a realizar un buen trabajo"*, dando un papel más de apoyo a los materiales utilizados, mientras que la influencia terapéutica en el estado mental de la o el paciente se logra esencialmente a través del *trabajo mental*.

Una indicación específica para un *ritual de limpia* existe en trastornos como *la tristeza*, uno de los nombres tradicionales de los estados depresivos y en el tratamiento de las tres enfermedades que se desencadenan por el impacto agresivo del entorno social: *agresión, mal de ojo y mal aire*. Además, se observó que el *ritual de limpia* es también puesto en práctica como medida terapéutica no específica al principio y durante el transcurso de diferentes tratamientos con el objetivo de *eliminar las energías provocadoras de enfermedad*.

Foto 12. ratamiento con un huevo crudo, ritual de limpia, curandera Guadalupe, 2012

En estos casos, generalmente sirve como punto de partida para el diagnóstico a través de la lectura del oráculo. En las enfermedades leves y en el área de la prevención y el tratamiento de los síntomas premonitorios, dicho ritual de limpia ya logra una primera y –a menudo– satisfactoria mejora de los síntomas:

> *"Ellos [los pacientes] vienen y piden un ritual de limpia con velas o tabaco, porque tuvieron un mal sueño, porque se sienten cansados y agotados, es por eso que vienen; y no porque estén muy enfermos"* (curandero Albino).

Por ser menos laborioso, el *ritual de limpia* es usado frecuentemente al principio de un tratamiento:

> *"El primer paso es llevar a cabo un ritual de limpia con la persona. Sin embargo, si el afectado sigue sin sentirse bien después de tres días, entonces se llevará a cabo otro ritual de limpia. Y si la persona no se establece por este ritual, será diagnosticada con ayuda de los hongos"*[59] (curandero Albino)

9.2 Ritual de reintegración (curar el susto)

> *"Esta mujer, por ejemplo, su espíritu, su aliento de vida, como también se le dice,está ahí en el auto y ahí se quedó en el camino. Y su alma sufre (...) porque ella no está completa. El complemento de su espíritu es su alma. (...)- ¿Qué podemos hacerpara que ella esté completa de nuevo y pueda mejorarse?La vamos a curar, la vamos a llamar por su nombre y ella se va a curar."*

> (Diagnóstico de la curandera Hermila en un tratamiento de susto después de un accidente automovilístico)

El *ritual de reintegración*, o sea *curar el susto*, es empleado para el tratamiento de diferentes formas y grados de severidad de un *susto*. El espectro sintomático –y las molestias asociadas– con el susto es relativamente amplio. Para las y los curanderos, la causa de la enfermedad es una interrupción de la relación entre la mente o conciencia y otros procesos psicológicos y/o físicos. Los procesos desintegrativos de esta índole son desencadenados por fuertes conmociones del sistema de regulación psíquica, las cuales tienen la mayoría de las veces su origen en eventos externos y muy raras veces en impulsos internos intensos. En los casos de enfermedad por susto que observamos se pueden ver claramente similitudes con el concep-

---

[59] Se refiere al ritual con hongos psicoactivos con fines de diagnóstico.

to de trastorno por trauma. La siguiente viñeta describe un caso típico de cura *del susto.*

Caso 7: Ritual de reintegración en un caso de apatía y trastorno psicógeno de la marcha.

Noemi es una mujer de 27 años con discapacidad crónica debido a un trastorno convulsivo epiléptico. Ella vive con su familia en un pueblo en las montañas ubicado a una hora de la ciudad de Oaxaca. Fue llevada con la curandera Guadalupe por su mamá y papá, ya que desde hace algunos días ella está apática, tiene fiebre, rechaza comer, permaneciendo acostada en la cama, no se puede parar ni caminar por sí misma y no habla. También se manifiestan convulsiones epilépticas frecuentes. La paciente pálida, tensa y retraída, que se ve algo descuidada en su aspecto, es llevada por sus familiares a la consulta y luego a la sala de tratamiento, donde permanece abatida, muda y apática en la silla. La madre explica a la curandera las molestias de la joven y algunas circunstancias que le parecen importantes. La paciente había sido testigo de cómo su abuela repentinamente colapsó y quedó inconsciente. La madre sospecha que Noemí sufrió un *susto* debido a eso. Después de este breve intercambio de información, la curandera pide a la madre que tome asiento en el área de espera y luego se vuelve hacia la joven.

Debido a su trastorno de la marcha, la paciente recibe tratamiento mientras está sentada. La curandera abre el ritual con invocaciones a los poderes divinos y pide ayuda para realizar el tratamiento. Al mismo tiempo, comienza a realizar varias acciones de limpia en el cuerpo de la paciente: le frota el cuerpo con un ramo de hierbas aromáticas, le masajea partes del cuerpo y usa sonidos y gestos para conseguir la succión de la energía patogénica. Ella utiliza de la manera acostumbrada como materiales de limpia velas de cera y un huevo de gallina crudo. Durante el transcurso del ritual la curandera realiza un sahumerio cerca del cuerpo de la paciente, ya que esto también sirve para limpiar y estimular a los poderes espirituales, para ello utiliza a veces copal –una resina de árbol fragante– y en otras, salvia seca. Esta fase ritual dura aproximadamente diez minutos. La paciente se relaja visiblemente y disfruta de las acciones realizadas por la curandera.

En la segunda fase se efectúan las medidas rituales para el retorno y *reintegración del espíritu perdido* de la paciente. Para este punto, la curandera ya ha derretido en una pequeña cazuela la cera de la vela que fue utilizada en el procedimiento de *limpia*. En la secuencia de acciones característica del ritual, ahora vierte la cera líquida en una calabaza llena de agua, que se encuentra a los pies de la paciente. Luego, se arrodilla frente a la paciente cerca de la cáscara de calabaza. Al quemar más incienso, se produce una agradable fragancia en la pequeña habitación lo que estimula la atención. La curandera ya ha comenzado a invocar el espíritu de la paciente cuando sorprendentemente pide a la observadora que apague la luz. Este es un pequeño cambio en el curso normal del ritual, que en otras observaciones se había realizado a la luz del día.

La siguiente parte del ritual solo es posible imaginarla mediante los ruidos provenientes de la oscuridad. Murmurando plegarias, la curandera golpea repetidamente la calabaza y comienza a llamar al espíritu de la paciente. Para esto, le pregunta su nombre y apellido y le pide que diga su nombre fuerte y vigorosamente con la siguiente oración: "¡Aquí estoy!" o "¡Ya vengo!"- Aumentando la intensidad de la llamada, la curandera repite el nombre de la paciente y le pide a su espíritu que regrese al cuerpo de la paciente, se incorpore y se tranquilice. En este punto del ritual ella pide a la paciente su participación activa. Al principio la paciente responde temerosamente, pero después sorprendentemente lo hace con una voz firme. Por la oscuridad y el ritmo creciente del golpeteo en la calabaza, se crea un aumento dramático de la atmósfera el que resulta inquietante y activante. Luego, la curandera se levanta, enciende la luz y elogia a la paciente por su cooperación. En otro momento del ritual, tiene lugar lo que la curandera llama rociar con esencia fragante (agua de flores), que se usa comúnmente en la M.T.M. La curandera primero toma un trago de la esencia en la boca y la sopla con presión a través de los labios ligeramente abiertos, humedeciendo ciertas partes del cuerpo de la paciente, comúnmente pecho, plexo solar, cuello y región sacra. Después masajea el cuello y el plexo solar de la paciente con algunos puñados de la misma esencia fragante.

En la fase final del ritual, es la lectura del *oráculo del huevo y el de la cera*. Mientras que la curandera observa de forma concentrada la estructura del huevo en un vaso de vidrio lleno de agua, comienza a hablar con la paciente de lo que ve en el oráculo. Al principio detecta que la paciente tiene las defensas muy bajas. En *el oráculo de cera* confirma el diagnóstico de enfermedad por *susto*. La curandera diagnostica que se trata de dos *sustos fuertes*. Uno, causado por el incidente con la abuela, el otro relacionado con afectos violentos y agresivos.

La curandera pregunta a la paciente si está muy enojada, a lo que esta responde que no, sin embargo, agrega espontáneamente que con frecuencia su hermano es ofensivo con ella, sobre todo cuando está tomado. También el padre se comporta muchas veces agresivamente, sobre todo con la madre de la paciente. La curandera toma muy en serio esta confesión, pregunta más en detalle y confirma su efecto dañino. Ella explica que el ambiente familiar agresivo y el estrés psicológico resultante aumentan las convulsiones epilépticas. La apatía de la paciente ha desaparecido ahora, ella se ve muy abierta a la comunicación y las preguntas de la curandera y cada vez es más comunicativa, a pesar de sus dificultades para articular. Comienza a hablar sobre el afecto por su madre y que se preocupa profundamente por ella a causa de la conducta violenta de su hermano y su padre. En este punto, la curandera enfatiza la gravedad de la enfermedad, aunque subrayando las buenas posibilidades de curación por medio de más rituales de tratamiento y la toma de tés. Además, destaca la importancia de una intensa motivación por parte de la paciente para sanarse. En el curso de esta secuencia de diálogo, la curandera comienza a masajear las piernas de la paciente, le unta un ungüento y las envuelve con una venda. Paralelamente conversa con la paciente y la anima a volver a estar más activa, a comer y a pararse nuevamente y caminar de forma independiente a través de ejercicios físicos. La paciente disfruta visiblemente recibir toda esa atención y asistencia. Comienza a resplandecer e incluso voltea a ver amigablemente a la observadora. Después de completar el ritual, la curandera pide a la madre y el padre que entren a la sala de tratamiento y toma de nuevo el vaso con el oráculo del huevo para hablarles sobre la enfermedad de la hija. Mientras que la madre está muy abierta a la interacción con la curandera, el padre se mantiene distante y parece inseguro frente a la situación. La curandera primero menciona los dos sustos, las defensas debilitadas, que ella atribuyó en parte a la medicación a largo plazo debido a la epilepsia. Ella recomienda ciertos tés para sanar una anemia existente. Luego es muy insistente, aunque sin ser concreta, con los efectos patogénicos del conflicto familiar. Ella enfatiza que la discapacidad de la paciente hace que sea más permeable y dependiente de los estados de ánimo en el hogar y alienta a que todas las personas de la familia mejoren el clima familiar, destacando el papel de la madre como principal cuidadora de la paciente. En este punto, la paciente parece de nuevo más temerosa y reservada, probablemente insegura con respecto al efecto de lo comunicado por la curandera a su padre y madre. La curandera invita urgentemente a la familia a la repetición del tratamiento en los siguientes días y les entrega las hierbas y tés recetados.

Con el apoyo de sus familiares, la paciente sale de la habitación con una sonrisa tímida en su rostro. Cuando la observadora vuelve a ver a la paciente con motivo de su tercer tratamiento tres días después, la saluda con una sonrisa. La fiebre ha disminuido, ella come de nuevo y puede pararse por sí sola. En el encuentro parece más vital y que ha encontrado nuevamente el ánimo. La curandera Guadalupe estima, a medida que avanza la terapia, que los cambios visibles en la condición de la paciente indican que su espíritu ha sido redescubierto y reintegrado con éxito.

El *ritual del susto* muestra una estructura uniforme en sus elementos básicos. En este las y los curanderos usan la generalmente varias secuencias de acción, las cuales apuntan a encontrar la mente perdida o desapegada de su paciente y restaurar el estado original de una integración lo suficientemente buena de alma, mente y cuerpo. Las medidas ritualizadas de la cura *del susto* son:

a. *El espíritu perdido* de la persona afectada será *llamado* (*llamar al espíritu*). Para ello, quien realiza el ritual generalmente llama a su paciente tres veces por su nombre y apellido y él o ella tiene que responder con la voz lo más fuerte posible *"¡Ya vengo!" o "¡Aquí estoy!"* cada vez que se dice su nombre. La acción de *llamar al espíritu* está acompañada, por ejemplo, por el creciente latido rítmico de un recipiente.

b. Se hace una *invocación de fuerzas espirituales* para que ayuden al tratamiento:

c. *"En un tratamiento para un susto se tiene que invocar a la divinidad, se tiene que invocar al espíritu del agua, del fuego y de las plantas, lo que uno utiliza, también el del hielo. [...] Para que todo esto se una, para poder llevar a cabo el tratamiento" [...] Cuando alguien se ha asustado en un determinado lugar, tienes que ir ahí e invocar a madre bendita naturaleza y pedirle que te dé el espíritu de vuelta, pedirle que no se tiene que quedar ahí. Y después le pides también a Dios y al uni-*

verso, eso también puedes invocar, tú realizas la invocación del Espíritu Divino para que el poder del espíritu y el poder del alma se puedan combinar" (curandera Guadalupe)

d. La comunicación con la dimensión espiritual por parte de las y los curanderos es de intensidad especial en el *ritual de reintegración*: *"Se lleva a cabo un ritual... siempre [cada tratamiento] es un ritual, pero muy en especial en el tratamiento contra el susto" (curandera Hermila)*.

e. Las y los curanderos provocan en sus pacientes una ligera respuesta de miedo o terror (susto) *por medio de una* estimulación corporal inesperada. El medio es el llamado *rociar o soplar*, principalmente en el área del pecho, el plexo solar, el cuello y el sacro. Quien realiza esta técnica se mete a la boca un líquido aromatizante generalmente con alcohol (*agua de azahar*) y después lo deja salir soplando con una fuerte presión en una de las partes ya mencionadas de la o el paciente. A través de una estimulación táctil suave, un ligero enfriamiento por evaporación y una fragancia aromática se aumenta el estado de alerta de la o el paciente. Pocas veces se dan masajes vigorosos a ciertas partes del cuerpo con un paquete de hierbas aromáticas con el fin de inducir esta sorprendente reacción y aumentar la vigilancia. La curandera Guadalupe lo describe así: *Si ellos están enfermos de susto, para personas que de alguna manera están desubicadas, que están como ausentes; [...] en el momento en el que tú los rocías, el peso escapa de su cuerpo, se sale y puede entrar nueva energía".*

f. Este momento de terror ligero causa *una desorganización temporal del estado de conciencia actual y,* por lo tanto, una mayor susceptibilidad a los estímulos externos. Mediante la técnica de *rociar* utilizada por en el curanderismo, la o el paciente entra en contacto de forma sutil y subliminal con estímulos placenteros: *"Por ejemplo, tú estás muy triste [...] Si te rocían con azahar o algo fresco vas a reaccionar [...] Esto puede aliviar la carga e incluso algo así como el calor entra en ti" (curandera Guadalupe).* Para este propósito, a menudo se usan los aromas ligeramente estimulantes de varios cítricos, como azahar, toronja, limón, lima.

g. Los estímulos sensoriales agradables se ponen en contacto físico directo con quien recibe el tratamiento, especialmente el sahumerio para atraer al espíritu a ser reintegrado. Al mismo tiempo, el incienso actúa como una ofrenda a *los seres espirituales*, que deben moverse para *liberar* la mente de modo que la reintegración con el cuerpo y el alma de la persona afectada se haga posible:

"Se le llama [a la o el paciente] por los nombres, se llama y si el espíritu está lejos, se ofrece humo en el ritual como ofrenda, se humea el cuerpo. Y se prende una vela y se pasa por todo el cuerpo, hay muchas cosas [...] que son ofrendas. El sitio donde tuvo lugar el susto es ofrendado, pero como nosotros estamos lejos, lo ofrendamos en nuestra oración [...]. En el momento en el que decimos nuestra oración, en el que llamo al espíritu, este espíritu está lejos, está perdido como nosotros decimos y en oración le ofrecemos el humo como regalo" (curandera Hermila).

Para este propósito también son utilizadas velas que son prendidas cerca de la persona que recibe el tratamiento. La luz también sirve como ofrenda y se utiliza para atraer al espíritu perdido de un paciente sufriendo de susto, ya que la luz les gusta a los espíritus. En la lógica de este ritual, se manifiesta la idea tradicional de que *el espíritu* es en principio "curioso" y se siente atraído sobre todo por agradables estímulos sensoriales y recipientes con líquidos. A este cuarto aspecto del tratamiento en el ritual del susto le sigue una inspección más cercana de la lógica simbólica de los rituales de sacrificio, que se discutirán en el siguiente capítulo.

El *ritual de susto o de reintegración* generalmente es indicado una vez, sobre todo en el tratamiento de enfermedades ocasionados por *susto de un nivel leve a moderado*. En los casos de *susto de intensidad moderada o mayor*, se realizan varias veces, a intervalos de unos pocos días o semanas. La curandera Hermila describe en promedio máximo tres aplicaciones y una duración en total del tratamiento de aproximadamente tres semanas. En casos difíciles, la curandera Guadalupe lo aplica más frecuentemente y durante dos a tres meses. Además, es posible la aplicación de otro tipo de tratamientos en algunos diagnósticos de enfermedad por susto. Por ejemplo, el curandero mazateco Albino frecuentemente lleva a cabo *rituales de ofrenda* en casos complicados debido a un susto, la mayoría de los cuales según el diagnóstico fueron causados por *brujería*. También fueron aplicados rituales con un uso terapéutico intensivo de los E.A.C., así como también el *ritual de hongo* o la *operación espiritual*.

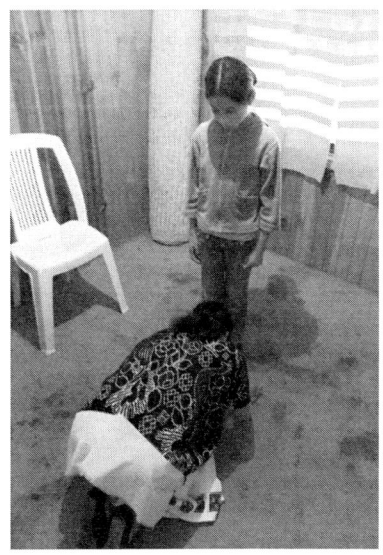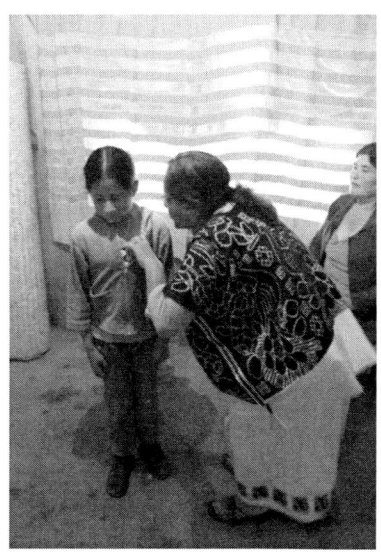

Foto 13 y 14. *El llamado del espíritu perdido (izquierda) y el "rociar" en ciertas partes del cuerpo (derecha) en un ritual de susto, curandera Guadalupe, 2012.*

9.3 Rituales de ofrenda (hacer ofrendas)

"Las velas tienen más funciones. [...] Por ejemplo, se le ora a Dios: te prendo estas velas, pero yo te pido que me pongas atención y me protejas."

(Curandero Albino acerca del *ritual mazateco de las trece velas*)

De acuerdo con lo observado en el trabajo de campo, el *hacer ofrendas* sirve raras veces como ritual de tratamiento autónomo, en la práctica de las y los curanderos lo encontramos frecuentemente como parte de rituales terapéuticos complejos.

El ritual de ofrenda es un acto de trueque en el que la o el curandero realiza el ritual como representante de la o el paciente, ofrece a las entidades en la dimensión espiritual –espíritus indígenas, santos cristianos o antepasados(as)– ofrendas a cambio de su ayuda. Se trata así del uso ritualizado del principio de reciprocidad, mismo que tiene un gran valor en la cultura tradicional mexicana.

Lo que se desea conseguir con la ofrenda puede ser específico, aunque siempre es parte del deseo primordial de recuperación: obtener una visión profunda, recibir ayuda para restablecer el equilibrio mental y físico perturbado, recibir protección profiláctica o para evitar un peligro anticipado para la salud de la o el paciente. La ofrenda también puede significar un gesto de reconciliación en el caso de violaciones de las fronteras espirituales. La lógica simbólica y de la acción de los rituales de sacrificio y de intercambio están esencialmente formadas por dos convicciones. La primera es la suposición de que los seres espirituales, como los espíritus de la naturaleza o los espíritus de las personas muertas, tienen exigencias y necesidades similares a las de los seres humanos. La segunda convicción se refiere a la importancia central ya mencionada del principio de reciprocidad para el restablecimiento de la salud mental y física.

El uso de incienso representa el ritual de ofrendas más sencillo de la M.T.M., donde se queman con carbón ciertas plantas, como el copal y la salvia, con el fin de producir mucho humo. Este influye en la atmósfera del tratamiento, pues pareciera que la vivencia de la o el paciente y quien realiza la ofrenda es influenciada rápidamente gracias a la conexión directa entre los nervios olfativos y el sistema nervioso[60] produciendo un leve E.A.C., lo que a su vez influye sutil y sincronizadamente en la interacción terapéutica de estas dos personas. En la concepción de la M.T.M., este humo sirve para la edificación —en el sentido de provocar piedad— de dioses y espíritus. También el humo del tabaco es, desde la perspectiva de la M.T.M., un medio de comunicación predestinado entre el mundo terrenal y el espiritual.

El ritual de sacrificio más conocido, pero menos complejo en la variante mazateca de la M.T.M. es el ritual de la *ofrenda de las trece velas*, velas cuya luz se presenta para animar a los espíritus. Para ello, se prenden trece velas delgadas una tras otra y se colocan en una tabla estrecha, mientras que se verbalizan las peticiones a los espíritus. En la creencia mazateca estos espíritus incluyen el espíritu de las personas muertas, del dios bíblico, los santos católicos, así como también los espíritus de montañas, rocas y fuentes conocidas en la zona.

---

[60] El sentido del olfato es el único de nuestros sentidos que está directamente relacionado con el sistema nervioso central de la corteza cerebral.

Debido a la ya discutida lógica del ritual, el de velas es utilizado en el tratamiento de enfermedades y para tratamientos preventivos. El curandero Albino explica, por ejemplo, su uso con fines preventivos: *"Hay mucha gente que viene con sus velas y todas esas cosas. Y ellos vienen porque tuvieron un mal sueño o simplemente porque se quieren sentir mejor"*. Otras aplicaciones preventivas son el éxito de un proyecto económico o la preparación mental para el nacimiento de un niño o niña y una celebración en la comunidad del pueblo.

Fuera de un contexto clínico, *el ritual de velas* también juega un papel significativo en la cultura mazateca, ya que pertenece a las costumbres tradicionales en el culto a parientes y antepasados difuntos(as). Muchos habitantes del pueblo San José Tenango y de los ranchos de los alrededores solían acudir con el curandero Albino días previos al *Día de los muertos* para que este llevara a cabo un *ritual de velas* para sus difuntos(as).

El curandero Albino ponía en práctica más variantes del ritual de ofrenda, así cuenta de un auto tratamiento de síntomas difusos de debilidad mental y física causados *por brujería*:

"Por medio del ritual de hongo vi que mi espíritu ya estaba entre los muertos. Por eso pagué con cacao[61] *[...]Es como si se le paga a la tierra, porque estas cosas [los granos de cacao] son tirados. Uno dice: ¡Aquí te pago y aquí me sigues a mi casa!"* (curandero Albino).

También nos fue posible observar otra forma de un *ritual de ofrenda* –el tratamiento de un joven con falta de motivación y gastritis crónica– que se centraba en el sacrificio terapéutico de una gallina. El curandero Albino mencionó que rara vez y únicamente para dolencias muy severas usaba este ritual, por ejemplo, como estados mentales de mutismo y de estupor.

CASO 8: UN TRATAMIENTO CONTRA SÍNTOMAS DEPRESIVOS, DE MIEDO Y GÁSTRICOS CON EL RITUAL DE SACRIFICIO DE GALLINA.

Gabriel es un hombre de 31 años soltero que vive en el mismo pueblo que el curandero Albino, en una casa junto con su tío y tía. Con ellos dirige varias tiendas de artículos del diario vivir. Además, como la mayoría de los habitantes del pueblo, tiene una pequeña granja y cultiva

---

[61] Aquí se refiere a granos de cacao que se cultivan en la Mazateca y representan una materia prima de mucho valor. Tradicionalmente fueron usados como medio de pago, entre otras cosas.

principalmente café. Hijo único y nacido en un pueblo vecino, fue su padre quién lo crió, ya que su madre falleció poco después de su nacimiento. A los 15 años estuvo trabajando por un tiempo en la Ciudad de México y vive desde hace algunos años en su lugar de nacimiento

En el primer encuentro, Gabriel se comporta muy reservado, habla muy bajo, a veces tartamudea y parece un poco lento y flemático. El motivo del tratamiento es que, durante unos tres meses, tiene sueños agobiantes de familiares fallecidos y síntomas depresivos, como falta de impulso, fatiga y apatía, como *"si hechiceros lo chuparan"*. El medicamento recetado contra la gastritis no le ha ayudado, y Gabriel afirma decepcionado que el médico no se ocupó de las demás molestias. Los parientes que aparecen en el sueño son un tío que murió hace quince años y un primo que murió hace tres, ambos asesinados. En el sueño le cuentan sobre el curso de los asesinatos que fueron causados por disputas de propiedad en la aldea, y lo advierten y protegen. Poco antes de la primera manifestación de sus dolencias, murió otro tío anciano y muy respetado del mismo lugar.

El tratamiento comienza con un oráculo de maíz y un breve ritual de limpieza y de ofrenda con las velas. El curandero diagnostica las molestias como *enfermedad de muertos*, una enfermedad que fue causada con la ayuda de brujería y que hizo que el espíritu de Gabriel fuera retenido en el reino de los muertos. En el caso de Gabriel, la brujería está conectada estrechamente con el concepto de *enfermedad por envidia y agresión de otras personas*, ya que, según el diagnóstico, fue encargado por personas envidiosas. Los sueños del paciente son interpretados como vivencias del espíritu que está atrapado en el reino de los muertos. Este diagnóstico hace que un ritual de sacrificio más elaborado parezca más apropiado, el cual debe llevarse a cabo en el hogar del paciente siete días después. También ofrece una explicación plausible de la efectividad de los medicamentos iniciales para las dolencias gástricas.

Una semana después el curandero se dirige a la casa de Gabriel que –construida de madera y con un suelo arcilloso simple– sirve también para la venta del típico surtido de alimentos básicos, bebidas y artículos para el hogar. Es mediodía y hay personas comprando. Gabriel se une a nosotros en el almacén adyacente, tenuemente iluminado y silencioso, cuyo único mobiliario es una elegante mesa de madera y con cajas de refrescos apiladas en sus paredes. Mientras tanto tío y tía toman el control de la tienda. El curandero primero explica Gabriel el curso del ritual de aproximadamente una hora y media, después de lo cual sale de la habitación y regresa con una gallina viva. Después el curandero comienza el ritual con un constante murmullo de oraciones e invocaciones, mata a la gallina con un pequeño cuchillo afilado y saca el corazón fuera del pecho e invita al perplejo paciente a comer el corazón aún fresco y palpitante. Inmediatamente después, comienza a fijar en el paciente a la altura del plexo solar y con vendajes de tela, el cuerpo aún caliente de la gallina muerta. Él ordena dejarla allí por unos dos segundos, explicando luego esta parte del ritual. *"Le pongo esto sobre el cuerpo y le doy este corazón para que él pueda sentir que el corazón de la gallina es el corazón del paciente. Después y por medio de la oración, la persona se siente mejor. [...] Con eso, la enfermedad pasó al cuerpo de la gallina."*

Inmediatamente después, el curandero realiza un ritual de velas en el que pide a familiares del paciente y a seres espirituales que ayuden en su curación. Después de completar esta segunda parte del ritual, él prescribe una dieta y un té contra los problemas estomacales. El paciente deberá ir a buscar el té en los días siguientes y después de dos horas, tiene que enterrar a la gallina a cierta distancia de su casa.

Cuando visitamos a Daniel al día siguiente, su voz se había aclarado y su expresión general era más dinámica. Señaló estar contento con el tratamiento, afirmó haber tenido un buen sueño la noche anterior y que ya se sentía mejor. Además, sentía un alivio por conocer el diagnóstico de la enfermedad porque sus dolencias se habían vuelto explicables para él. Las dolencias gástricas hasta ahora han persistido sin cambios. En una entrevista de seguimiento seis meses después, los síntomas depresivos habían remitido de manera estable, aunque las dolencias gástricas persistían en menor medida.

Al incluir un sacrificio de un animal, esta forma de *ritual de sacrificio* podría parecer arcaica desde la perspectiva occidental. Desde un punto de vista formal y con una inspección más cercana, el núcleo del ritual no parece tratarse tanto de un sacrificio sino más bien de un intercambio espiritual. Para ello, las y los curanderos ponen en contacto con la o el paciente objetos con mucha energía psicoespiritual para trasmitirle su fuerza y al mismo tiempo para absorber energías y sentimientos patógenos, como ya se describió en el *ritual de limpia*. En este sentido parece ser adecuado hablar en este caso de un *ritual de intercambio*.

9.4 Ritual de protección y talismanes

"¿Cómo voy yo a curar y con ello no salir dañado por los otros?Lo que usamos en este caso es un amuleto para darme cuenta si esta gentees agresiva conmigo, gente que por ejemplo [dice]: - ¡Que bien trabajas!¡Mira todo lo que tienes y cuánta gente acude a ti! Puede ser que me enfermepor esta gente, ya que tengo contacto con ellos muy frecuentemente".

(Curandera Hermila)

La lógica de acción en los *rituales de protección* se basa en la suposición de una participación mágica del ser humano en el poder espiritual de ciertos *objetos de fuerza* o *talismanes*, que la o el curandero promueve específicamente a través de ciertas medidas calificadas. En la práctica de la M.T.M.

observada esta petición de tratamiento es realizada por medio del uso terapéutico de *talismanes y amuletos*. Los *rituales de protección* son empleados sobre todo para mejorar la sustentabilidad de los efectos inmediatos del tratamiento, para estabilizar los logros alcanzados y prevenir recaídas, así como para prevenir enfermedades, cuando los sueños que anuncian enfermedad o daño para la persona y otros síntomas de alerta temprana.

Como lo aclara la cita al inicio del capítulo, las y los curanderos utilizan el efecto de los rituales de protección también para su propia psicohigiene. La curandera Hermila describe así al estado de mayor vulnerabilidad, que requiere un ritual protector: *"Si alguien sabe trabajar, no pasará nada porque rechaza todo con su corazón. Pero si tú desconfías, si te preocupas de que te puedes enfermar, entonces es mejor llevarse algo, cualquier cosa, un símbolo"*. Tales influencias patógenas, contra las cuales se utilizan los rituales de protección, a menudo provienen del entorno social y son causadas por brujería o influencias nocivas de las entidades espirituales.

La M.T.M. conoce una multitud de los llamados objetos místicos u objetos de poder, que son considerados como portadores de energías espirituales sanadoras y por esa propiedad se usan en los rituales de protección. Para el curandero Albino, la portadora de energía más importante es la planta salvaje de tabaco, que en el ritual también es invocado como *San Pedro*. Como parte del ritual de protección, él confecciona pequeños talismanes, coloquialmente conocidos como *piciate*, envolviendo una pequeña cantidad de hoja de tabaco seca en papel aluminio mientras que reza. Según sus propias declaraciones, la curandera Hermila usa la planta de la ruda, piedras semipreciosas y metales nobles como talismanes con efecto protector contra influencias mentales y espirituales patógenas.

Las medidas de protección simbólicas y terapéuticas son parte integral de muchos rituales en la M.T.M. Solamente en la práctica de tratamiento del curandero mazateco Albino pudimos observar el ritual protector como uno de tratamiento separado. La mayoría de las veces se trata de la fabricación ritualizada de un amuleto de tabaco, por ejemplo, para apoyar la abstinencia en pacientes con problemas de alcohol:

"Yo les doy tabaco como protección, como protección contra todo y les digo que debería de dejar de beber; también le pido a Dios que el afectado puede dejar de beber, que ya no le llamará la atención beber tragos, cervezas y todas las demás bebidas alcohólicas."

Además, entrega a sus pacientes al final de su tratamiento uno de estos *amuletos de tabaco* para estabilizar los efectos terapéuticos logrados en el tratamiento gracias a *la protección del talismán*.

Existen algunas formas tradicionales del uso de amuletos que son utilizadas por la población como parte de su medicina casera para la protección contra enfermedades. El más popular de estos *rituales de protección* es el uso de ciertos *amuletos*[62] como protección preventiva contra "el mal de ojo", que no solo es popular en México si no en otras partes del centro y de Sudamérica.

9.5 Uso ritualizado de estados alterados de conciencia por medio de sustancias psicoactivas (ceremonia de hongos; velada)[63]

"Yo tuve un paciente que estaba obsesionado con la idea de que ciertos hombres lo querían matar. Y entre más me esforzaba por explicarle que eso no era cierto, [...] seguía creyendo que lo seguían. Es por eso que hice este trabajo con él. Y cuando el consumió los hongos, pudo reconocer que estaba equivocado, él pudo reconocer que estos hombres no eran tan fuertes como para eliminarlos a él. Que sólo lo querían intimidar [...] Su tratamiento se desarrolló muy bien, ya que él pudo reconocer que no le pasaría nada, que sólo quería ocultarse pero no en primer lugar de los hombres, si no de él mismo. Que él tenía miedo de enfrentar la vida."

(Curandera Guadalupe)

Al describir las aplicaciones terapéuticas del *ritual de hongos* en la M.T.M., es necesario señalar que *el ritual de hongos* es de gran importancia para la curandera Guadalupe y para el curandero Albino, especialistas en tratamientos simbólicos, cuya práctica de la aplicación difiere significativamente. Mientras que él emplea el *ritual de hongos* con fines diagnósticos y terapéuticos, ella le da en primer lugar un uso terapéutico. Además, el curandero sigue la forma tradicional de uso de sustancias psicoactivas en la que la o el curandero entra en un E.A.C. y se considera favorable, pero no

---

[62] Llamados ojo de venado unas semillas redondas, adornadas con cintas rojas, que se usan en cinturones o collares.

[63] Velada es el nombre común en la región mazateca para el ritual de hongos, que se deriva del hecho de que este ritual se lleva a cabo en la oscuridad de la noche.

forzosamente necesario, que el paciente también consuma hongos. Por el contrario, la curandera Guadalupe entiende su papel como acompañante de la o el paciente, quien realiza un proceso interno psíquico y terapéutico en el transcurso del ritual a través de la ingestión de hongos psicoactivos, lo que normalmente dura varias horas.

Por ejemplo, en la fase de apertura a través de invocaciones y plegarias, así como también con la utilización de incienso la curandera crea una atmósfera sagrada que favorece el proceso interno de la o el paciente. Más tarde en el proceso del ritual ella le apoya en el caso de que la sustancia psicoactiva desencadenara reacciones vegetativas más fuertes, por ejemplo, mareos, molestias o frío. El ritual normalmente tiene lugar en una habitación en gran parte oscura, con la utilización repetida de incienso, canciones, oraciones y velas, con lo que la curandera crea momentos con estímulos sensoriales los cuales ayudan a que la atención de la o el paciente regrese repetidas veces de la exploración de espacios internos al lugar físico del ritual. Si es necesario, ella le pregunta cómo se siente o le da apoyo y aliento en momentos de gran experiencia afectiva. Estas medidas favorecen un proceso productivo y balanceado de experiencia y reflexión con el objetivo mayor de activar el potencial autocurativo en la o el paciente:

> *"La mejor forma de ayudar al paciente es el de rezar en este momento, prender un poco de copal para que con ello pueda recibir y sacar él mismo lo negativo que hay en él, sus sentimientos [...] o cubrirlo con una tapa".* [Ella explica su enfoque] *"Cuando otra persona consume los hongos en lugar del paciente, por ejemplo, yo como curandera, tal vez los hongos no me van a hacer ver y sentir lo mismo que lo que tú sientes. Por el contrario, me van a hacer ocuparme de mis cosas. Y una cosa más es que, cuando yo me inicié, cuando yo misma los tomé, [los hongos] me dijeron que eso que yo puedo percibir en los otros [...] que eso es suficiente para detectar y tener imágenes de lo que les pasó."* (Curandera Guadalupe)

La siguiente viñeta es acerca del tratamiento de Ignacio, el joven con una adicción del que ya se habló, donde él relata la sucesión de experiencias internas, como pueden tener lugar en un ritual de hongos y poner en marcha procesos profundos de cambio.

CASO 9: RITUAL DE HONGOS EN EL
TRATAMIENTO DE UNA ADICCIÓN.

Los hongos, es complicado de explicar, ya que no lo podemos clasificar. [...] Fue para mí en ese momento muy fácil de irme hacia mí, de reconocer la raíz de mis problemas. [...] Ya no me puedo acordar, pero en ese momento tuve ráfagas de recuerdos de cosas que me habían dañado [...] Yo creo que frustración de no haber hecho algo y la falta de amor y atención emocional, en aquél entonces. Mejor dicho: me sentí como que me remonté a los momentos en los que estuve muy triste. Percibí cada planta como un personaje con una aureola. Con eso me sentí muy bien, reí mucho, mucho. A veces me quería detener, pero Manuel [el esposo de la curandera] me dijo que yo me podía reír deliberadamente, porque era toda la risa que no había reído. Eso fue muy bueno, ya que no estoy acostumbrado a reír mucho. Yo creo que ahí me deshice de todo eso. Entonces sentí la palabra ¡tú tienes que! ¡tú tienes que! Como si tuviera un cuerpo. Y eso me destrozó, ese ¡tú tienes que! Y luego vino un momento en el que yo no lo aguanté, sólo me tapé y comencé a llorar y no sabía por qué. ¿Tal vez quise ser lo que la gente quería que fuera? [...] Después de que lloré y todo eso, me sentí muy bien, muy libre. Sentí una necesidad enorme de darles amor a otros, de abrazarme, de aceptarme. Ese fue un momento maravillo.

La curandera Guadalupe describe que en el transcurso del ritual de hongos Ignacio estaba al principio pensativo y retraído. Después de una fase de un llanto intenso conectado con recuerdos infantiles que surgieron, él se puso más feliz. Comenzó a reflexionar sobre las cosas que pudo haber hecho mejor. Después fue por el violín de su prima y comenzó a tocarlo maravillosamente. Como una clara señal de que se había producido un cambio interno por el ritual, ella menciona que al día siguiente Ignacio no quería quedarse en el sitio de tratamiento como los otros participantes, sino que quería regresar a su hogar para no perderse las lecciones escolares. De inmediato quiso comenzar enérgicamente a asistir a la escuela y terminar bien.

Desde un punto de vista psicoterapéutico, las descripciones de Ignacio sobre *el ritual de hongos* hablan de una enorme eficacia del tratamiento. Las reflexiones sobre los mecanismos de acción involucrados se presentan en detalle en el subcapítulo 12.5 y en el 15.3.

Como ya se mencionó, el curandero Albino practica *el ritual de hongos* en una forma tradicional en la que, por encima de todo, el propio curandero entra en un E.A.C. y es deseable, pero no obligatorio, que la o el paciente participe en el viaje a los otros mundos de la conciencia. En el E.A.C.,

Foto 15. *El curandero Albino en un ligero E.A.C., rezando delante de su altar durante un ritual de hongo, 1999.*

el curandero entra en un diálogo imaginario con los seres del mundo espiritual frente a su altar como "abogado" de la o el paciente, defendiendo su recuperación y realizando diversas acciones curativas en la o el paciente y en otros participantes rituales. En este estado ligero de E.A.C. el curandero encuentra un diagnóstico más claro y adquiere conocimientos más profundos sobre la patogénesis. Además, es el hecho mismo de que ambas personas entren juntas en un ligero E.A.C. lo que es crucial para el efecto terapéutico del ritual de hongos como lo practica el curandero Albino. En este espacio compartido de vivencias en un estado leve o más fuerte de E.A.C., por ejemplo, las actividades espirituales simbólicas o espirituales del curandero producen un efecto más intenso a través de la mayor sugestibilidad de la o el paciente.

El tipo de interacciones y diálogos simbólicos-imaginarios entre el curandero, su paciente y las entidades espirituales se muestra en el siguiente ejemplo del curandero Albino:

> *"Una paciente que en el segundo ritual de hongos ha consumido hongos conmigo pudo ver que efectivamente ella ya estaba entre los muertos, que ya estaba en su tumba. Ella vio por sí misma que ya estaba muy enferma. [...] La paciente preguntó ¿De quién es esta muerte? ¿De quién es esta tumba? Yo respondí a eso: Esa eres tú, así te sientes en este momento. Por eso estás muy triste, sin ganas de seguir viviendo. [...] Luego tratamos de abrir la tumba, lo cual significa que volvió a ascender al cielo."*

La o el paciente, que al comienzo del tratamiento se encuentra abatido(a) y desamparado(a), con el apoyo de la reversible debilitación de los límites del ego en el E.A.C., logra identificarse o fusionarse temporalmente con el potencial terapéutico de la o el curandero, por ejemplo, como confianza en una curación exitosa y actitud activa para su logro. Esta experiencia, combinada con la ayuda de los poderes religiosos y espirituales que son llamados en el ritual y los mensajes recibidos por la o el curandero referente a las medidas terapéuticamente útiles, activa los poderes de autocuración de la o el paciente hasta ese entonces inactivos.

Quienes ejercen el curanderismo coinciden en que *el ritual de hongos* es conveniente para el tratamiento de cada enfermedad, sin embargo, destacan el *ritual de los hongos* como el método idóneo en todas las enfermedades mentales o corporales graves, por ejemplo, en casos de delirios, estados de estupor y de mutismo, síntomas atribuibles al grupo de las psicosis. El curandero Albino da un ejemplo:

> *"El paciente no se podía mover, tenía que ser cargado para ir al baño [...] él estaba consciente, pero no hablaba, no decía nada... y sus familiares relataron que tenían que llevarlo cargado al baño y eso. En este estado se encontraba el paciente. Por eso se decidió llevar a cabo más tratamientos de sanación. Y antes del cuarto tratamiento el paciente comenzó a hablar."*

La curandera Guadalupe enfatizó los beneficios terapéuticos del *ritual de los hongos* en el tratamiento de adicciones, ya que la experiencia en el E.A.C. es apropiada para bajar las defensas masivas de la persona adicta al inicio del tratamiento y fomentar su reconocimiento que está enfermo(a) y, sobre todo, para iniciar en el entendimiento y reflexiones sobre los conflictos basales defendidos por la adicción.

"Yo utilizo los hongos siempre en este tipo de enfermedad, para que me ayuden, para que los afectados sean más conscientes. [...] Porque a veces uno se esfuerza mucho en ayudarlos, pero si ellos no pueden realmente experimentar, sentir o ver más, entonces no pasa mucho [...] Es más fácil cuando se trabaja con los hongos para ayudarlos" (curandera Guadalupe).

Con respecto a la exclusividad de esta opción de tratamiento, el curandero y la curandera tienen diferentes puntos de vista. El curandero Albino usa este método de tratamiento con más frecuencia, básicamente cuando lo considera necesario o cuando los pacientes que recurren a él lo solicitan. En su práctica, en algunos casos muy difíciles el aplica el *ritual de los hongos* repetidamente y en intervalos de tiempo relativamente cortos, como lo demuestra el caso de tratamiento con síntomas psicóticos graves citado anteriormente, el que él subraya como su caso hasta ahora más difícil y (más) exigente:

"Tuve un paciente muy difícil de Río de Santiago. Fue muy difícil ya que tuve que ir con él para tratarlo con hongos. Y con cada ritual que fue hecho, se mencionaron diferentes enfermedades [...], los hongos mencionaron diferentes enfermedades. Lo traté conforme a ello. Cuando yo mostré que, después del primer día de tratamiento, el afectado no mejoró, fue tratado por segunda vez. Y los hongos dijeron lo contrario de lo que habían dicho el primer día y es por eso que fue llevado a cabo otro tratamiento completamente diferente. Y la tercera vez fue parecido. Es hasta la cuarta vez que el paciente se sintió mejor. [...] ¡Cuatro veces, cada ocho días!" (curandero Albino).

Por el contrario, la curandera Guadalupe enfatiza que realiza este ritual muy raras veces, ya que se necesita antes *el permiso de fuerzas espirituales* para ello, y se puede realizar de diferentes formas: *"Esto lo indica el hermano espiritual, tú guía espiritual, si es prudente realizarlo o no. [...] Eso puede realizarse por medio de un sueño, una revelación o si tú le preguntas, o sea, cuando trabajo en trance"*. Además, la curandera considera pertinente la aptitud y motivación de cada cliente para su participación en el ritual de hongos. *"Ellos [los hongos] no me permiten ni a mí misma consumirlos cada*

año, sólo en el momento en el que yo no pudiera tener el don de ver, ahí sí.”
Como consecuencia, la curandera Guadalupe realiza el ritual de hongos
solo unas pocas veces al año, en otro consultorio ubicado en una región
montañosa a varias horas de su lugar de consulta, en un área donde crecen
los hongos usados para el ritual.

Es importante, para obtener una imagen completa de las aplicaciones del
ritual del hongo, mencionar que el uso ritualizado de sustancias psicoactivas también juega un papel importante en las actividades no clínicas de las
y los curanderos. Existe una práctica tradicional que utiliza las posibilidades especiales de estos rituales para aclarar problemas de la vida personal
y preguntas existenciales para promover el desarrollo personal, espiritual
y la autoconciencia. Así por ejemplo, en la familia del curandero Albino
cada comienzo de un nuevo año se lleva a cabo un *ritual de hongos*. Otras
personas de la región se dirigen también a él con esta misma petición. Él
relata que: *“Viene gente que no está muy enferma y que deciden comer los
hongos para saber qué es lo que les depara en el futuro”.* Además, las personas
de un contexto menos tradicional tienen un gran interés en realizar tales
rituales, como lo cuenta la curandera Guadalupe: *“Viene gente que ya ha
atravesado por un camino espiritual, que vienen con el deseo de una trascendencia, de crecimiento espiritual”.*

Desde la perspectiva de la psicoterapia occidental y como conclusión provisional, debe señalarse que el análisis de la práctica de rituales con el uso
de sustancias psicoactivas revela sus considerables beneficios psicoterapéuticos, que consisten esencialmente en adquirir conocimientos y experiencias emocionales curativas en un E.A.C. Formulado con conceptos de la
psicoterapia occidental, las sustancias psicoactivas conducen a la supresión
temporal de los mecanismos de defensa neurótica y, por lo tanto, favorecen enfrentar y experimentar emocionalmente lo que ha sido reprimido.
Ese proceso lleva a experiencias emocionales catárticas y a un entendimiento más profundo lo que tiene la capacidad de interrumpir y reestruc-
turar a su vez actitudes y conductas neuróticas fuertemente fijadas. Sin
embargo, además las sustancias psicoactivas generan un efecto específico
el que en la segunda fase del ritual, conduce a menudo a experiencias espirituales positivas e incluso místicas. Desde una visión psicoterapéutica,
cabe destacar además que este proceso psíquico interno profundo se efectúa en un corto periodo de tiempo, es decir en pocas horas.

9.6 El uso terapéutico de sueños y estados de trance en el ritual de "operación espiritual"

"En la consulta en estado de trance... ahí también preguntó [el paciente] por qué él tenía esas visiones y sueños que le causaban tanto miedo. A él se le explicó que eso fue así porque su estado espiritual estaba muy débil, que él tenía que recargar nueva energía para levantarse de nuevo. Que las acciones materiales que el realizó para escapar de la realidad y encontrar un momento de liberación y de paz realmente no fueron muy útiles, sino que lo sometieron más, como si, de este modo se hundiera más."

(Curandera Guadalupe)

Este ritual complejo de *operación espiritual*, el que la curandera Guadalupe lleva a cabo raramente, representa una forma más de aplicación terapéutica de un E.A.C. Combina el uso terapéutico de sueños con la práctica de rituales de trance y posesión. Los rituales de este tipo sólo se pudieron observar en la práctica de las dos curanderas urbanas. Parecen ser tomados de las prácticas del espiritismo, un movimiento nacido originalmente del cristianismo católico de España, con amplia difusión en México y América Latina, con el cual ambas curanderas tuvieron contacto en su vida profesional. Influencias espiritistas en la práctica de la M.T.M. no son tan raras.

El ritual de *operación espiritual* de la curandera Guadalupe es presentado aquí con detalle, ya que da un ejemplo de la aplicación diversa de los E.A.C. en la M.T.M. y muestra que además de su inducción por medio de sustancias psicoactivas, también son usados otras técnicas de inducción. Como en este ritual es la curandera quien entra en un E.A.C., este tratamiento sigue el linaje chamánico de la M.T.M. En el ritual, el E.A.C. de la curandera oscila entre un estado de trance y posesión ligero y medio. La auto inducción de la alteración de conciencia sin el uso de sustancias psicoactivas se realiza a menudo de manera casi imperceptible a los ojos de quien observa. La curandera efectúa la entrada al E.A.C. de manera auto sugestiva y apoyada por técnicas específicas de respiración, cantos y oraciones rítmicas y monótonas, así como también a través de estimulación olfativa por medio de sustancias aromáticas e inciensos. Todos los rituales de trance y posesión observados incluyeron una persona asistente. En la práctica de la curandera Guadalupe, su esposo es quien asumió este papel. En un estado de trance en el que la conciencia de la curandera es poseída por espíritus útiles, en su mayoría *el hermano espiritual*, la interacción con el asistente juega un papel mediador importante. Por lo tanto, el asistente recibe información importante y recomendaciones de tratamiento de parte del *hermano espiritual, aunque también este* se dirige directamente al paciente.

Estos rituales terapéuticos con estados de trance y posesión son aplicados sólo en algunos casos seleccionados. El ritual de la llamada *operación espiritual, que se pudo observar* sólo una vez durante la investigación de campo, se realizó durante tres días, durante los cuales la paciente se quedaba en la casa de la curandera.

CASO 10: UN TRATAMIENTO DE UN SÍNDROME CRÓNICO DE ESQUIZOFRENIA.

La curandera menciona por primera vez el ritual de *operación espiritual* cuando habla de tratamiento de enfermedades mentales (por ejemplo, esquizofrenia). Ella nos permite observar este ritual que es el núcleo de un tratamiento con duración de unas semanas con una joven paciente llamada Rosa, la cual sufre de síntomas de esquizofrenia. La curandera informa que la paciente: *"Es un caso muy raro al parecer quedó traumada solo porque ella tuvo relaciones con un hombre. Pero no, su enfermedad va más allá de un trauma [...] Ella quedó muy perturbada, perturbada en su juicio, se despeina el cabello, se enoja, pelea con la madre, con todos [...] Antes [aproximadamente un año] ni hablaba con nadie, ella no quería platicar. Era agresiva y muy colérica. Ahora no, ha estado más calmada. [...] Eso hace un año o dos que está enferma".*

Rosa cuenta que sus molestias empezaron inicialmente en forma de dolores en la espalda y piernas cuando su pareja la dejó. Renunció a su trabajo y tuvo reacciones violentas contra su madre y hermanos, con los cuales vive en una casa. Además, se queja de constante cansancio.

La curandera agrega que Rosa una vez había sido violada después del primer colapso mental, y que luego desarrolló una ilusión y desde entonces percibió repetidamente signos ofensivos de los hombres. Hace medio año la madre apenas pudo evitar que Rosa se prostituyera. Anteriormente, la madre de Rosa tenía también la tendencia a ataques impulsivos y agresivos en contexto con alcoholismo, actos violentos e infidelidad al esposo. Gracias a un curandero, ella fue liberada de eso y vive desde hace algunos años separada de su esposo.

El encuentro con la paciente –la cual aparenta que tiene 20 años (¡después se nos informa que tiene casi 30!)– se produce por primera vez en compañía de su madre en el consultorio de la curandera Guadalupe. Su apariencia es descuidada y no muestra deseos de hablar. Rosa es conocida por la curandera por un intento de tratamiento que tuvo lugar hace dos años.

La curandera explica el plan para la terapia: Como preparación del *ritual de la operación espiritual* que tendrá la duración de días, tienen que llevarse a cabo varios *rituales de limpia*. Con *el ritual de operación espiritual* como parte central del plan de tratamiento, la curandera quiere lograr *la reunificación de alma, espíritu y mente*.

El ritual de apertura de *la operación espiritual* se realiza por la noche, cuando ya se han acabado las consultas. En la sala de tratamiento, una operación quirúrgica simbólica se escenifica usando una sencilla cama cubierta con un paño blanco. Se le pide a la paciente que se quite toda la ropa a excepción de la ropa interior, y que se recueste sobre el sofá en el que posteriormente ella se cubre con las cobijas. Además de la paciente están presentes su madre, la curandera y su esposo y la observadora. La curandera tiene puesta su vestimenta indígena con muchos adornos. La plática entre los presentes termina cuando la curandera enciende el incienso y con el fragante humo de copal limpia la habitación, a la paciente y a todas las personas presentes. Esto es seguido de oraciones y cánticos invocando a *los espíritus buenos* que son llamados para sanar a la joven Rosa. La curandera parece estar entrando gradualmente en un ligero trance.

Bajo el murmullo de oraciones, ella masajea cabeza, hombros y estómago de la paciente con un *bálsamo* – dado por su el *asistente* esposo de la curandera– interrumpiendo el masaje una y otra vez con gestos de sacudimiento de *la energía negativa*, como lo practica en *el ritual de limpieza*. Con un tono ligeramente cambiado, ella da instrucciones para el curso posterior del tratamiento: La paciente debe pasar ésta y otras dos noches más en el cuarto de tratamiento, también durante el día si es posible con reposo en cama, beber mucho, comer poco y prestar atención a sus sueños. Para ello se le proporcionará un colchón delgado. Un vaso de agua, tijeras y unos pañuelos de papel son puestos al lado de la cabecera del colchón simbolizando así una operación quirúrgica, ya que es por las noches que se efectúa *la operación espiritual*. Después de esto la curandera se despide *del espíritu ayudante*, vuelve a su comportamiento normal y a su tono de voz habitual, terminando el ritual con una oración.

Finalmente, la curandera habla con la madre de la paciente y con la observadora. Ella explica que su propio espíritu está ahora muy conectado con el de la paciente; y que el proceso de curación se iba a reflejar y efectuar en los sueños de la paciente y la curandera en las siguientes tres noches. Este vendría a ser un trabajo de sueños muy agotador, en el cual la paciente y la curandera podrían levantarse quebrantadas. Aun así, después de cada noche se hablará de los sueños. La paciente no muestra alguna reacción durante la primera sesión, sólo tiene algunos movimientos intranquilos y su expresión facial es rígida.

Cuando la observadora busca a Rosa la próxima tarde, la paciente tiene la cabeza vendada. Se ha atado ella misma hierbas en las sienes para curarse el mareo; además narra con asombrosa franqueza un sueño impresionante y pacífico de la noche anterior: En el sueño vio muchas canastas que estaban llenos de juguetes, y todo era completamente blanco. Sorprendida se preguntó si todo eso era para ella y después se dio cuenta que había mucha gente presente pero no reconocía a nadie. Eso lo asoció con que en su niñez ella nunca tuvo juguetes pero que ahora juega más frecuente, ya que está todo el día en la casa. La curandera califica el sueño pacífico como un signo positivo para el inicio de la curación. En presencia de Rosa ella narra que ha tenido sueños muy pesados y que no fue sino hasta las cuatro de la mañana que pudo quedarse dormida tranquilamente. En su sueño vio una mano masculina estirada hacia unas piezas de ropa femenina, las cuales estaban manchadas con esperma. Parada al lado había una mujer con ropa limpia, probablemente Rosa. La curandera peleó con el hombre por mucho tiempo para evitar que este se llevara la ropa. Luego vio como su suegra masajeaba a esta mujer, seguramente Rosa, en todo el cuerpo y el cuello. (Rosa se había quejado de oídos tapados y dolor en la cara y el cuello). Ha sido una imagen calmante y después pudo dormir. Rosa reacciona con mayor atención a los aspectos conflictivos del sueño de la curandera: La mano del hombre la asocia con el peligro de que sus cosas deben ser robadas para embrujarla.

En la tercera noche, la curandera soñó que un "ser de luz" le regalaba tres papayas, una se la quedó ella, otra era para Rosa y la tercera se la regresó como ofrenda. La curandera interpretó el sueño como señal del cierre exitoso del tratamiento. Al tercer día Rosa está en un mejor estado, está despierta, abierta al contacto y más activa. Sin embargo, su comportamiento sigue siendo llamativo, por ejemplo, ella comenta de su miedo de tener manchas en la cara. También relata un sueño muy ambivalente: Había un tubo del cual sentía, por un lado, la necesidad de usarlo "para regar su corazón", por otro lado, tenía miedo de ser golpeada con él. Comenta estar muy contenta de haber sido tratada aquí en la casa de la curandera.

En la noche de cierre y en presencia de la madre, se realiza de nuevo *un ritual en trance* con incienso, oraciones y masaje. En trance, de rodillas junto a la paciente que se encuentra acostada, la curandera declara a la paciente como curada. Las fuerzas dañinas fueron expulsadas exitosamente. La curandera enfatiza que Dios da todo lo que uno pide, si se hace de la manera correcta y el suplicante está dispuesto a dar y compartir. En estado de trance, son expresados otras recomendaciones de tratamientos: un cambio de ambiente para el tiempo venidero, se prescriben tés y vendajes para el abdomen y un postratamiento con *rituales de limpia* que comenzarán en las semanas próximas. Posteriormente, la curandera sale del estado de trance, y sostiene una plática con Rosa y su madre recalcando que ahora es importante que Rosa desista de su retraimiento y su inactividad. Recomienda que Rosa participe en un curso en una institución estatal para el cuidado de familias y propone reflexionar sobre las posibilidades de cambiar su ámbito social y su vivienda. Al día siguiente Rosa sale del consultorio.

Después de dos semanas Rosa se encuentra en el consultorio de la curandera con motivo de su postratamiento con rituales de limpia. Evidentemente a Rosa le va mejor que al comienzo del tratamiento, sin embargo, ella todavía vive retirada en su casa, y su estado de ánimo también cambia notablemente rápido. Las emociones que predominan son miedo e ira contra su madre, la cual la había descuidado desde niña. La curandera le ofrece vivir por algunas semanas con ella y su familia. En el sentido de una terapia ocupacional, se le pedirá ayuda en las labores del hogar. De acuerdo con las declaraciones de la curandera, Rosa alcanzó un mejor estado después de este postratamiento. En el seguimiento con la curandera, nos enteramos de que Rosa no se presentó a una cita acordada de postratamiento.

Este complejo tratamiento de *operación espiritual llevado a cabo para una joven con dolencias causadas probablemente por abuso sexual y o violencia física* activa sin lugar a duda diferentes mecanismos de acción. Además de los mecanismos de acción ya discutidos de otras formas de tratamiento, nos gustaría enfatizar que *el ritual de operación espiritual* en su totalidad constituye un impresionante diálogo terapéutico basado en la acción en la que la curandera asume el papel de la poderosa luchadora contra los poderes dañinos en la psique de la paciente. Por lo tanto, la situación operacional puesta en escena y el acoplamiento ritualmente confirmado de los sueños de la curandera y la paciente tienen un alto poder simbólico, que además se incrementa simbólica y performativamente mediante la inclusión de la autoridad espiritual de *los seres espirituales*. Otros aspectos de relevancia terapéutica en el ritual son la deprivación de estímulo y un ajuste el cual promueve procesos de regresión psíquica y por lo tanto, lleva a la o el paciente a enfocar el proceso primario mental, sea en forma de sus sueños nocturnos o de sus fantasías diurnas. El fomento de la regresión de la paciente ocurre en el contexto de una relación segura y positiva con la curandera, mediada por su presencia física y una intensa relación emocional-afectiva y espiritual entre la paciente y la curandera.

No se pueden hacer prescripciones precisas para este ritual. Se puede deducir del caso presentado de que *la operación espiritual* se considera un método de tratamiento muy elaborado utilizado por la curandera en casos de enfermedad mental grave, como en el caso de la paciente Rosa, que se encontraba severamente perturbada. Al observar el ritual impacta su complejidad y el alto esfuerzo terapéutico y personal por parte de la curandera. Aunque se debe agregar que es dudoso —en el caso de la paciente Rosa— el éxito terapéutico suficientemente estable, dada la gravedad y la cronicidad del trastorno.

9.7 El ritual mexicano de sudación (el temazcal)

"Me gustó mucho. El ritual de temazcal fue un enorme campo de batalla conmigo mismo.Mi fuerza interior tuvo que demostrarse ahí, porque el calor es enorme, muy fuerte. [...]El problema que tengo en este momento en mi vida de tener la fuerza, la voluntad y la energía para cambiar las cosas, ahí lo viví."

(Paciente Ignacio)

El ritual de sudación conocido en la M.T.M. como *temazcal* forma parte también de los métodos de tratamientos utilizados en el caso de enfermedades mentales. Tanto las curanderas Hermila y Guadalupe señalan que el *ritual de temazcal* se emplea como método de tratamiento de una amplia gama de molestias psíquicas, desde leves hasta nivel medio. Por ejemplo, para síntomas como nerviosismo e insomnio o pérdida de motivación y para *la tristeza*. Además fue posible observar su aplicación en casos de enfermedades mentales graves –como en el caso del joven Ignacio que sufría de varias adicciones– así como también en el campo de autoconocimiento personal. El uso tradicional del *ritual del temazcal* aparte de sus indicaciones psicoterapéuticas tiene una amplia gama de aplicaciones orgánicas en la M.T.M. (por ejemplo, problemas en el riñón, mareos, resfriados, reumas y en la obstetricia). Sin embargo, el curandero mazateco Albino no lo trabajaba.

Foto 16. *Vista exterior de un temazcal grande de barro y piedra, San José Pacífico, 2012.*

La práctica del *ritual de temazcal* se remonta con certeza a la medicina prehispánica, así en algunos sitios arqueológicos cerca de la ciudad de Oaxaca se han encontrado restos de edificaciones que sugieren su uso como cabaña de temazcal. Las cabañas de temazcal hoy en día pueden ser diseñadas de diferente manera dependiendo de las tradiciones locales. En algunas regiones, es común que estén edificadas con piedra sólida y arcilla y pueden acomodar desde una persona hasta grupos grandes. Otra forma se orienta en la tradición de indígena estadounidense. En este caso, la cabaña de temazcal es construida a partir de ramas delgadas y frondosas que luego se sella con toldos y mantas.

En la concepción tradicional, la forma del *temazcal* representa el útero como lugar de regresión simbólica y psíquica al servicio de un renacimiento y transformación deseados. Las temperaturas altas –conocidas en el mundo occidental gracias al sauna– son producidas a través de piedras grandes colocadas sobre fuego, que posteriormente se pondrán en el medio de la cabaña del temazcal, donde se encuentran ya las personas participantes que se sientan formando un círculo alrededor del centro del *temazcal*.

Foto 17. *El curandero Manuel con una familia participante en el temazcal durante la fase de preparación, 2012.*

Dentro del temazcal prevalece una oscuridad casi absoluta. La o el curandero es el guía del ritual, coordina el proceso por medio de instrucciones, ofrece orientación a través de canciones y oraciones para la dinámica interna de cada una de las personas participantes, así como entre ellas, la que es provocada por el calor y la oscuridad. Más adelante alienta con comentarios los procesos catárticos o reflexivos personales de las y los participantes. Un *temazcal* dura varias horas y debido al alto esfuerzo de preparación, se lleva a cabo fuera de la práctica de tratamiento normal. La implementación se acordará por adelantado con quienes participarán de él.

Las reflexiones siguientes del paciente Ignacio, quien participó dos veces en un temazcal grupal en el tratamiento de su dependencia múltiple, llevado a cabo por la curandera Guadalupe, dan una idea de las experiencias psicoterapéuticamente significativas que pueden ser iniciadas por *un temazcal*.

CASO 11: PRIMER TRATAMIENTO CON EL RITUAL DE TEMAZCAL DE IGNACIO.

El tratamiento con medidas de la M.T.M. ha sido llevado a cabo por la curandera Guadalupe desde hace alrededor de dos semanas. Para Ignacio, el joven adicto, es un complejo tratamiento grupal con *temazcal y ceremonia de hongos* con el cual culmina su primera etapa. Este tratamiento tiene lugar en el segundo consultorio de la curandera, situado en un pequeño pueblo en la sierra y que sirve para, entre otras cosas, la realización de *temazcales y ceremonias de hongos* en su mayoría para grupos pequeños.

Ignacio desde hace algunas semanas guarda abstinencia. Sin embargo, sus dificultades psíquicas masivas y sus problemas de rendimiento persisten. En la fase inicial del tratamiento pasó por una *sesión espiritual* y varios *rituales de limpia*. Después de unas actividades grupales para ajustar al tratamiento y sintonizar a sus participantes, el primer día se realiza el *temazcal*, que actúa como una experiencia terapéutica independiente y a la vez como una limpia preparatoria para el *ritual de hongos*.

Ignacio describe su experiencia en el *temazcal* en una entrevista que se realizó pocos días después del tratamiento: "*No podía respirar debido al calor [...] En la tercera ronda es cuando el calor se siente al máximo [...], ahí me agoté completamente, grité, canté, todo [...] y cuando comenzó la cuarta ronda ya no tenía fuerzas. Tenía que sacar fuerzas, de donde ya realmente no tenía. En ese momento, lo experimenté como enviado por Dios. Acepté que mis fuerzas humanas ya no eran suficientes para hacer las cosas. En ese momento tuve la humildad de pedirle a alguien fuerzas, y no sé cómo, pero se me dieron. Lo derroté y salí sintiéndome como Superman, ¿verdad? Me sentí muy bien, fue una experiencia muy fuerte para mí.*"

Adicionalmente a las afirmaciones de Ignacio, la curandera Guadalupe reflexiona el proceso terapéutico de él: *"El temazcal... ahí el lloró, rezó, por su madre, por su padre, por sus hermanos... y cuando se trató de él gritó y suplicó perdón, se pidió perdón a sí mismo, ahí en el temazcal. Ahí se liberó de muchas cosas, sobre todo en el sentido de una clarificación y limpia. Él mismo buscó ahí un camino para purificarse y limpiarse. Y en una conversación juntos después del temazcal, nos comentó que para él el ritual de temazcal había sido una experiencia intensa y dura pero que le ayudó mucho a limpiarse... y empezar a entenderse. Ahí experimentó que no podía soportar más, que él dio lo último de sí, ahí en el temazcal. Lo que fue interesante es que el pidió que sus demonios fueran quemados ahí en el temazcal."*

Con respecto a los efectos significativos psicoterapéuticos, se deduce a partir de los comentarios de Ignacio que el ritual de temazcal provocó en él un fortalecimiento significativo de su sentido de autoeficacia y conciencia de sus propias competencias y una reducción notable de su estado de ánimo depresivo y su comportamiento de evasión. Después de este tratamiento complejo, la curandera recomienda una pausa para la terapia que sirve, entre otras cosas, como prueba de la mejoría alcanzada. Además, ella le ofrece a Ignacio la posibilidad de comunicarse de nuevo si es que lo necesita. El seguimiento muestra que el cambio curativo abrupto de actitudes que se inició por medio del ritual descrito se mantuvo estable por algunos meses, pero no permaneció en su vida cotidiana.

Las vivencias de Ignacio durante el *temazcal* nos muestran sin lugar a duda que con este se pueden estimular y desenvolverse procesos de clarificación y transformación psicoterapéuticos muy valiosos y efectivos. La situación en *el temazcal* promueve de diversas maneras procesos curativos de regresión pasajera. El calor provoca experiencias físicas extremas que llevan a una disolución de las actitudes psíquicas habituales. Bajo la protección de la oscuridad, que alivia en particular los sentimientos de pudor, así como gracias a las intervenciones de la o el curandero y la cohesión grupal, quienes participan logran expresar afectos y partes de sí mismos(as) que habían estado ocultos y reprimidos y, por lo tanto, aliviarse. Tanto plegarias y cantos, así como la vivencia física extrema de temperaturas muy altas y la concentración provocada a experiencias sensoriales estimulan estados de trance de diferentes formas. En fases posteriores del *ritual de temazcal* la disolución o el debilitamiento temporal de las fronteras del Yo y de los mecanismos de defensa dan lugar a experiencias trascendentales y al acceso a las fuerzas autónomas de autocuración. El análisis de la eficacia psicoterapéutica del ritual de temazcal resulta en tres mecanismos principales de acción:

- *regresión psíquica* intensa
- estados alterados de conciencia de grado medio hasta profundo
- calidad holística de la experiencia psicoterapéutica mediante el acoplamiento de aspectos físicos, sensoriales y simbólicos

La visión de conjunto muestra que los procesos psíquicos en el *ritual de temazcal*, los cuales son significativos psicoterapéuticamente, representan diferentes formas de E.A.C. Con respecto a esto, quienes participan en el ritual experimentan que se mezclan y entretejen mutuamente los conocimientos afectivos y emocionales, así como espirituales y trascendentales, con experiencias corporales. Sobre todo, parecen ser los efectos de sinergia entre estos procesos, que hacen expandir la autoconciencia. los que son capaces de generar un profundo y transformador efecto terapéutico. Es el enlace corporal-sensorial de experiencias psicoterapéuticamente valiosas el que aporta al efecto permanente de cambio psicoterapéutico. Es por ello que no es de extrañar que Ignacio evalúe la experiencia en el ritual de temazcal como personalmente más significativa que el efecto vivido en la ceremonia de hongos realizada al siguiente día.

9.8 El efecto terapéutico de las palabras

"La gente cree que nosotros damos remedios para que puedan dormir, no, paraque se puedan centrar, para que puedan comenzar a reflexionar, para que se calmen. La medicina que nosotros damos son más bien las palabras."

(Curandera Hermila)

A diferencia de la psicoterapia occidental y su autocomprensión como *"medicina que habla"*, la importancia terapéutica del lenguaje y el hablar no pertenecen a la autocomprensión profesional del curanderismo mexicano. La curandera Hermila menciona la plática como método terapéutico, ya que sostiene tener a veces diálogos detallados de hasta una hora con algunos(as) pacientes. Cuando la curandera Guadalupe reflexiona acerca de sus métodos de tratamiento, hablar con sus pacientes juega un rol reconocible, pero ella no lo toma como una forma de intervención terapéutica, mientras que el curandero Albino ni siquiera menciona el diálogo en su práctica. Especialmente la fase inicial de sus tratamientos se caracteriza por la discreción verbal, mientras que en fases posteriores él se comunica un poco más ampliamente con sus pacientes, particularmente en la fase final de los *rituales de oráculo y de hongos*. Suponemos que la restricción del curandero en la comunicación verbal con sus pacientes aumenta su receptividad a las percepciones subliminales. Al mismo tiempo, las y los curanderos demuestran de esta manera sus capacidades de percepción psicoespiritual, con las cuales pueden reconocer –sin ayuda de información verbal en profundidad– las causas y contextos de los padecimientos. Estas fuerzas psicoespirituales son valoradas como la esencia del poder curativo de las y los curanderos de la M.T.M. El orgullo de poseer esta habilidad se expresa, entre otras cosas, en el hecho de que consideran a la psicoterapia occidental –que está fuertemente ligada al lenguaje– con un marcado escepticismo y un cierto sentido de superioridad. El hecho de que esta intente funcionar "solo a través de las palabras" implica, para las y los curanderos, una tendencia a permanecer atado(a) a lo racional y, por lo tanto, la posibilidad de alcanzar nada más un efecto reducido, menos profundo. Así es de destacar la importancia de las intervenciones no verbales como parte central de la identidad profesional de la o el curandero.

Si se analiza más de cerca la mayoría de los tratamientos de la M.T.M., se puede encontrar una diferencia importante en su uso de palabras en comparación con la psicoterapia occidental. El *hablar* de las y los curanderos se orienta, en menor medida, a sus pacientes, en su mayoría sus palabras se dirigen a las instancias espirituales omnipresentes en el acto terapéutico. A menudo son las oraciones tomadas de la práctica de la religión católica las que se adaptan a la situación del tratamiento y que son entretejidas con invocaciones a espíritus de la religión indígena localmente conocidos. En este tipo de tratamientos, quien realiza el tratamiento actúa sobre todo como "abogado(a)" del paciente y sus necesidades frente a poderosas fuerzas espirituales y divinas. Además, su forma de hablar, el contenido y las metáforas, el sonido de la voz y los ritmos del habla contribuyen significativamente a crear la atmósfera de lo particular y de lo sagrado que caracteriza a los tratamientos de la M.T.M. A partir de esta tradición e intención, cada curandero(a) trabaja en sus tratamientos con sus propias creaciones de texto, de notable calidad poética y poder estético y sugestivo. En sus textos se entretejen creativamente las metáforas de la religión indígena y cristiana, y el carácter de las oraciones cristianas se confunde con el lenguaje del mundo cotidiano. El siguiente es el fragmento verbal de un *ritual de ofrenda con velas* –que el curandero Albino llevó a cabo como un tratamiento preventivo[64] para la paciente que vino con un sueño de mal agüero– y muestra la alta calidad de las intervenciones y actividades lingüísticas de las y los curanderos-

> "Por eso es que son todas esas palabras, porque le estoy dando cuenta a Dios lo que estoy haciendo.
>
> Es por eso que digo todas esas palabras, porque siempre lo he hecho de esta manera.
>
> No es un juego lo que estoy haciendo, porque esto es realmente lo que la va a hacer sentir bien a estas personas.
>
> Pido energías para ti, pido energías para tu hermana, pido energía para ustedes, para que no les pase nada.

---

[64] Cabe mencionar que el curandero Albino trabaja en idioma Mazateco. El siguiente texto, que fue traducido al español por su nuera con base en nuestras grabaciones y probablemente no logra reflejar en su totalidad el poder poético y simbólico del original.

Pido a Dios, pido para sus plantíos de maíz, pido para que los ilumine en el camino,

pido por todo lo que tiene que pasar en su vida.

Con calma, despacio caminaremos, con calma haremos las cosas.

No hagan caso a las personas malas, a las personas envidiosas que solo andan mirando lo que estamos haciendo.

Con calma es que iremos haciendo estas cosas,

porque nosotros sabemos trabajar con nuestras propias manos,

no le estamos pidiendo a nadie de comer,

porque no estamos pidiendo a nadie económicamente.

A esta persona no le pasará nada.

Hay que voltear la enfermedad como si fuera una cosa que estuviéramos volteando y aventando.

Y esto es lo que voy a hacer para que a esta persona no le pase nada

(Curandero Albino)

Durante el discurso ritualizado del curandero, estimulado por el ritmo tranquilizador, casi monótono, y el carácter pictórico del lenguaje, se estableció involuntariamente en el paciente, en el mismo curandero y en quien observaba el ritual un ligero estado de trance. A nivel de los mecanismos de acción, parece evidente que el ritmo del lenguaje producido por la repetición y la vocalización, así como el elaborado uso de imágenes lingüísticas, intensifican las actividades cerebrales del hemisferio derecho. Así se provoca un ligero estado de consciencia alterada, parecido a un trance, que se manifiesta a nivel psíquico, como un estado alto de sugestibilidad y de una relación más articulada emocionalmente entre paciente-curandero. Se deduce que en la M.T.M., las y los curanderos usan la actividad del habla terapéutica –en su mayor parte– para promover modalidades no racionales de comunicación y procesamiento de la información. Las intervenciones verbales intentan crear más que nada un efecto sugestivo en la psique de su paciente. *El concepto de sugestión* implica por definición procesos *"a través de los cuales se introduce una idea o concepción al cerebro y éste la acepta"* (Bernheim, 1884; como se cita en Kossak, 2004)

Además del uso principalmente subliminal del idioma las y los curanderos hacen uso del diálogo directo con sus pacientes, como se muestra de ejemplo en la siguiente cita.

> *"Hacemos tratamiento con flores, hierbas frescas, con un huevo para, como nosotros lo llamamos, sacar todas las tristezas que hay en él. Así tratamos la tristeza, pero también [...]en tanto que comenzamos a traer hacia fuera, en tanto que comenzamos a hablar sobre por qué se siente así... porqué el siente esta tristeza, por qué él piensa que sus hijos van a sufrir. Que, por supuesto la vida no siempre nos trata más, que la vida trae consigo cambios"* (Curandera Guadalupe).

Adicionalmente, sobre todo en la fase final del tratamiento, se lleva a cabo una comunicación paciente y curandero(a) más orientada a lo lógico-racional. Aquí, el habla terapéutica se usa de una manera bastante similar a la que conocemos en la psicoterapia occidental, con objetivos de transferencia de conocimiento, psicoeducación y asesoría con el objetivo de aclarar situaciones problemáticas y entender aspectos inconscientes de la o el paciente. Es importante señalar que es en el curanderismo en contextos urbanos en el que se usan los diálogos terapéuticos en los tratamientos con la intención de aclarar, asesorar y confrontar.

La curandera Hermila declara tratar en cierta parte con diálogo a pacientes con problemas en sus relaciones amorosas e interpersonales en el trabajo, así como a pacientes que sufren de excesivos sentimientos como celos o ánimo depresivo. En tales casos, ella lleva a cabo más o menos tres citas consecutivas para dialogar. Ella describe el curso de una de estas citas así: *"La primera vez logré sensibilizarla. [...] Yo avanzo un poco, pero la primera vez ella se niega, se defiende... [...] Y cuando ella comienza a reconocer su propia culpa, le digo: ven otra vez y reflexiona, trata de diferenciar dónde es bueno detenerse si tú quieres confiar. – Y luego viene de nuevo: 'Me siento bien otra vez'."*

9.9 Medidas físicas en el tratamiento de enfermedades mentales

"Es al cuerpo al cual le afectan todos nuestros problemas porque el cuerpo es la casa de nuestra alma. Y el alma está conectada con su espíritu. Es la casa del alma y del espíritu."

(Curandera Guadalupe)

Una visión completa de la práctica psicoterapéutica de la M.T.M. incluye las medidas de apoyo de la herbolaria y fisioterapia utilizadas en casi todos los casos de tratamiento. Su utilización en el tratamiento de enfermedades mentales se deriva del entendimiento holístico de las enfermedades. De acuerdo con la estructura jerárquica en la comprensión multidimensional de la enfermedad, las intervenciones terapéuticas a nivel físico están subordinadas en su efectividad a las medidas a nivel del alma y del espíritu. Por otro lado, la manera de entender la eficacia de medidas somatoterapéuticas en la M.T.M. se diferencia claramente de la medicina occidental. Desde su perspectiva, las sustancias naturales utilizadas, como las plantas, no sólo hacen efecto a nivel del físico de la o el paciente, si no que poseen también un efecto espiritual y con ello también, en un sentido más amplio, un efecto psicoterapéutico o mental.

Esencialmente, se usan los siguientes tratamientos somatoterapéuticos:

a. Prescripción de remedios herbales, como tés, extractos y preparados de vitaminas,

b. Prescripción y la realización de masajes,

c. Recomendaciones de cierta dieta o de una alimentación saludable y otros aspectos de una vida saludable.

El uso de herbolaria está muy extendido en la M.T.M. Ramas y hierbas aromáticas son empleadas en los rituales de limpia y diferentes partes de plantas son usados como inciensos en cada ritual. Además, se menciona el empleo de esencias herbales para diferentes líquidos y tinturas que se utilizan en los tratamientos, como por ejemplo, esencia de rosas y de violetas en el caso de estados depresivos. Las y los curanderos recetan tés, los que en su mayoría ellos(as) mismos(as) preparan, con el fin de favorecer la cura de molestias psíquicas. Las aplicaciones mencionadas con frecuencia son tés que tienen un efecto equilibrante o calmante en el sistema nervioso:

valeriana, comino, así como las flores de la naranja, toronja, magnolia, violeta y tila.

La relevancia de estas medidas complementarias en el espectro de los tratamientos de cada persona dedicada al curanderismo depende de su especialización profesional y conocimiento en el campo de las terapias somáticas. El curandero Albino, por ejemplo, se limita exclusivamente a la realización de tratamientos psicoespirituales y delega los cotratamientos con hierbas a su esposa o a personas especialistas en herbolaria del pueblo. Sin embargo, las dos curanderas urbanas tienen extensas farmacias de hierbas y preparan ellas mismas la mayoría de los compuestos prescritos. Si se sospecha que el malestar está asociado con una falta de vitaminas, se recomendará a la o el paciente que tome complementos vitamínicos.

Los masajes son también utilizados en diferentes proporciones como medida de apoyo terapéutico, con el objetivo de originar un estado de relajación en la o el paciente y alcanzar un ablandamiento de los conflictos internos. *"Masajes... para ayudarles a tocarse y sentir el contacto"*, dice la curandera Guadalupe, *y en su consultorio hay un cuarto disponible para estos.* En el caso de las curanderas urbanas, a menudo daban recomendaciones para un estilo de vida más saludable al concluir el tratamiento.

Esta medida parece ser particularmente útil para sus clientes, la mayoría de los cuales viven en una situación desfavorecida, a lo que se suma la pérdida del conocimiento cultural tradicional:

> *"Se les recomienda baños y ejercicios corporales [...] o una dieta relacionada con ciertos alimentos que no deben de comer, que los dañan. [...] A veces lo manejo más estrictamente, cuando tengo la sensación de que el estómago no está bien o está sobrecargado porque comen mucho. También afectará al sistema nervioso, son más irritables o incontrolables. En tales casos tratamos de recomendarles una dieta, una forma equilibrada de alimentarse"* (curandera Guadalupe).

10. Tres estudios de caso psicoterapéuticos

Este capítulo da un vistazo a la compleja realidad clínica y cultural de los tratamientos de enfermedades mentales en la M.T.M. mediante la descripción detallada de tres casos. Se eligieron tres casos de un total de once, que se pudieron estudiar extensamente en el curso de la investigación de campo.

Este capítulo pretende, dar una vívida impresión de las prácticas terapéuticas del curanderismo. Por lo tanto, se da preferencia a la información cualitativa del curso del tratamiento sobre la discusión de los parámetros cuantitativos del resultado terapéutico. El método del estudio de caso psicoterapéutico fue específicamente desarrollado para esta investigación y pretende unir un enfoque culturalmente sensible con validez científica y significación clínica de los resultados en una muestra muy pequeña.

10.1 El caso de Ignacio - Tratamiento de una adicción

A Ignacio, cuyas reflexiones se han mencionado con frecuencia en este libro, nos lo encontramos en el consultorio de la curandera Guadalupe en la ciudad de Oaxaca. Ninguna otra persona nos contó nunca con tanta confianza su proceso terapéutico como lo hizo él; y su sinceridad, sensibilidad y excelente capacidad de reflexión facilitó vistazos muy valiosos a los procesos internos que se pueden poner en marcha por medio de la M.T.M.

Persona, motivo del tratamiento y anamnesis

Ignacio es un joven delgado y alto de 19 años que tiene dos hermanos menores, de 18 y 14. Todos viven con la madre que trabaja en un negocio de turismo. El padre abandonó a la familia cuando Ignacio tenía cuatro años y con esto se rompe cualquier relación con él. El hermano del medio ya ha comenzado a estudiar medicina, mientras que Ignacio aún va a la preparatoria, pues ha tenido que repetir dos veces. A este último la escuela lo aburre grandemente y en su tiempo libre toca violín en un cuarteto, es muy solitario, no tiene novia y sus lazos de amistad con otros jóvenes no parecen ser muy fuertes.

Él aparenta ser reservado e introvertido, sus declaraciones en la entrevista revelan una alta sensibilidad, autorreflexión y capacidad intelectual.

Ignacio pide ayuda a la curandera con el propósito de *"esta vez alejarse de las drogas definitivamente"*. Dice no consumir drogas desde hace un mes, y que dejó de consumirlas esta vez porque se sentía cada vez peor con su consumo, sólo a veces toma alcohol. Además, su autoestima estaba en el suelo, lo que a menudo le hacía perder el estado de ánimo. También menciona experimentar percepciones delirantes, especialmente en la intoxicación inducida por el adhesivo, Resistol[65], pero cada vez más también en los períodos sin consumir drogas: "Sentía que alguien me observaba, algo malo, sentía un demonio. Sentía que él me observaba, que quería influir". Frecuentemente siente escalofríos y dice estar muy asustado. Debido al consumo de drogas, se han producido también muchos problemas en la escuela y se queja de estar inhibido en el contacto social. Antes de la abstinencia que acaba de comenzar y paralelo al consumo de drogas ilegales, él ha estado tomando diariamente alcohol y *chupitos*, incluso antes del mediodía y durante las horas de clase, *"hasta que el dinero se acabe y hasta el día siguiente"*. Con el objetivo de embriagarse: *"...combiné todo seguido [marihuana, Resistol, alcohol] para alcanzar un efecto"*, perdiendo cada vez más el control. Por el momento, asegura sólo tomar de vez en cuando una cerveza cuando sale con amigos.

Ignacio consume esporádicamente drogas desde los 15 años. Los tiempos en los que dejó de consumir drogas se han ido acortando gradualmente. Dice haber fumado un promedio de cinco hasta ocho cigarros de marihuana por día, uno en la escuela, los otros por la noche en su casa. El Resistol lo ha inhalado por las tardes en su casa, alrededor de ocho botellas al día. En aquel entonces no veía el consumo de drogas como un problema, sino que creía que lo podía controlar, lo que cambió cuando en los últimos años él intentó vivir sin alcohol ni drogas. Cuando recayó después de seis meses de abstinencia, su autoestima fue profundamente conmocionada, se sintió incompetente, lo que a su vez llevó a un mayor consumo de drogas.

Él tuvo su primer contacto con la curandera cerca de un año antes de esta consulta. Debido a un accidente automovilístico en el cual se vieron envueltos él y su madre, ella consultó a la curandera debido a molestias no

---

[65] El adhesivo "Resistol" es ampliamente utilizado como droga en México por su accesibilidad y precio bajo.

especificadas, consecuencia de este. Él recuerda que en aquel momento la curandera le dijo que podía ayudarlo, y que después de este único tratamiento, experimentó un marcado mejoramiento general de su situación. Sin embargo, la mejoría solo duró unos pocos días, cuatro días después comenzó a consumir drogas nuevamente.

Ignacio se considera a sí mismo como muy sensible, ligeramente vulnerable e irascible. Empezó desde muy temprano a construir una muralla en las relaciones con las otras personas con el fin de protegerse. Ya desde niño tendía a evitar los grupos sociales. Trataba de resolverlo todo por medio de su intelecto y este mecanismo de defensa lo llevó a no prestar atención a sus sentimientos. Además, tiene muy baja capacidad de perseverancia. Considera haber empezado a consumir drogas para ocultar su inseguridad y sus miedos de ser socialmente rechazado y para obtener a través de las drogas estados más placenteros. Antes de empezar a consumirlas, sus problemas se manifestaron a través de la rebelión contra la familia y contra cualquier otra persona. Asocia su inseguridad con el hecho de que su padre dejó a su familia cuando él era niño: *"No sé qué tanto lo necesitaba. Cuando era niño me sentía muy bien y mi madre nos procuró lo mejor, ¿no es cierto? Pero creo que él siempre me hizo falta. Tal vez fui yo siempre el más sensible respecto a esto."*

Diagnóstico y curso de tratamiento

La curandera diagnostica un *susto* como causa de las molestias psíquicas de Ignacio, una separación patológica entre el espíritu, sus sentimientos y su cuerpo, a la par con *una enfermedad por sentimientos intensos*, en su caso sobre todo de *tristeza*.

La curandera aclara la diferencia entre el alma dañada y el espíritu alterado:

> *"Su alma estaba ya muy muy marchita, muy en decadencia por causa del desprecio que él experimentaba hacia sus sentimientos, por causa de que su madre... como si ella lo despreciara. Y eso es lo que siente su alma. Se siente muy insignificante, muy triste. Y su espíritu estaba... qué puedo decir, él quería ayudarlo, pero estaba lejos. Es por eso que no pudo hacer mucho, ya que hubo esta separación."*
> (Curandera Guadalupe)

A propósito de la causa del desprendimiento del espíritu de Ignacio, ella da la siguiente información:

"Desde mi punto de vista, yo creo que cuando haces algo indebido, como usar drogas, se trabaja también con energía. Y entonces las drogas consumen tú energía mística, tú energía positiva, y esto lleva a que tú espíritu se aleje de ti y no puede alimentar más a tú alma".

Además de las causas espirituales, la curandera menciona que, en su opinión, hay otras causas psicológicas significativas:

"Siento que la madre lo desprecia mucho. Ella siempre habla de tal manera como si el otro hijo fuera más brillante y él el menos brillante (…) Eso lo pude observar antes. (…) Él ha rechazado todo y lo hizo porque su madre lo rechazó, porque él se sintió rechazado."[66]

Visto desde una perspectiva de la psicoterapia occidental y orientado por *las directrices diagnósticas para enfermedades mentales del ICD-10* (Dilling et al. 2000), la enfermedad de Ignacio debe ser diagnosticada como *síndrome de dependencia con uso de múltiples sustancias* en una personalidad fuertemente marcada por la inseguridad.

El tratamiento de Ignacio se estructura de la siguiente manera: al principio del tratamiento es llevada a cabo una *consulta espiritual*. En esa consulta la curandera en estado de trance y posesionada por lo que ella llama *ayudante espiritual*, explica al paciente la causa de sus molestias. Esta es que medio de sus comportamientos "moralmente malos" (es decir, el consumo de drogas) él se encuentra en un estado muy bajo de energía espiritual. El *ayudante espiritual* da los primeros consejos para el tratamiento necesario: la realización de rituales de limpia y de susto y la ingesta de diferentes tés, los cuales sirven para la desintoxicación del organismo y para calmar. También recomienda la toma remedios herbales y preparados de vitaminas para fortalecer el sistema nervioso.

A esta primera sesión le siguen las tres curaciones recetadas, cada una de media hora de duración, las cuales son realizadas a lo largo de una semana y que sirven para la preparación de un *tratamiento intensivo* inmediatamente posterior. El *tratamiento intensivo* consiste en una combinación de *temazcal* con un *ritual de hongos*. Después del *tratamiento intensivo*, se

---

[66] Aquí se manifiesta que la curandera utiliza la información disponible sobre la situación familiar para su diagnóstico.

ordena al paciente tomar un descanso del tratamiento para poder trabajar las vivencias él mismo. Se le aconseja usar tratamientos adicionales, solo si es necesario.

Inmediatamente después de pasar el tratamiento prescrito, Ignacio se siente mucho mejor, experimenta confianza en sí mismo y se enfrenta con éxito a las tareas cotidianas. Ya no consume drogas y alcohol toma, según sus declaraciones, muy controladamente.

Después de cuatro meses Ignacio regresa a tratamiento debido a una recaída. Se encuentra muy abatido. El motivo fue un accidente automovilístico en el cual él era copiloto y del cual no salió herido. El conductor iba tomado y era un maestro de Ignacio. Las circunstancias que llevaron al accidente fueron los siguientes: Ignacio había pasado la prueba de preparatoria y quiso celebrar esto tomando *"un poco de cerveza"*. Después de tres botellas de cervezas, sufrió una pérdida de control y siguió tomando *chupitos*. Le pide a la curandera un "postratamiento" de los problemas espirituales que él tuvo debido al accidente automovilístico y, sobre todo, debidos a su recaída en la adicción. Él dice estar muy desesperado y tiene sentimientos de inferioridad, ya que ha decepcionado de nuevo a todas las personas a su alrededor. La curandera realiza nuevamente una *sesión espiritual* como medida de tratamiento inmediata donde ella, en un estado de trance valora la situación espiritual del paciente. Ella ve la "recaída" como situación crítica, sin embargo, anima al paciente a no decepcionarse y confirma que en general él ha logrado una mejoría significativa de su estado mental y espiritual. Después se le recetan otros tres rituales de curación, los cuales serán realizados en una semana. La curandera finaliza de su parte el tratamiento y despide al paciente confirmándole que hay una posibilidad de tratamiento en caso de que sea necesario.

Ignacio pudo describir en forma muy diferenciada su vivencia del proceso terapéutico. Así, después de la *consulta espiritual* al inicio del tratamiento, experimentó una completa descarga emocional que evidentemente lo impresionó mucho:

> *"Yo le creí a ella, o mejor dicho, no sé lo que ella hace ahí. No sé si es un trance o qué, pero puso su mano en mi corazón y después comenzó a decir un montón de cosas, cosas que realmente sentía yo. Ella no me sugirió nada en absoluto, sino que eran cosas que real-*

mente pasaron. (...) Y después se queda uno ahí incrédulo, ¿cierto? Y después de la limpia y todo eso te sientes muy bien."

Los cambios positivos después de los tres tratamientos consecutivos de curación son relatados por él con menos euforia. Sin embargo, apuntan a una continuación del proceso de recuperación mental:

"Creo que esperaba más, esperaba que me fuera como después de la primera vez, o sea simplemente estar bien y feliz. Sin embargo, no fue así en estos tres tratamientos. Sí, de cierto modo si me ayudaron (...) puedo dormir de nuevo".

En el *tratamiento intensivo* que se llevó a cabo en un fin de semana, Ignacio tiene vivencias personalmente muy significativas y transformadoras. Relata experiencias emocionales intensas nuevas perspectivas que tuvo durante *el ritual de temazcal*. La confrontación física con el intenso calor y *reacciones catárticas* en el grupo de participantes del ritual, facilitan una experiencia emocionalmente intensa y transformadora para él de poder llegar más allá de los límites de su poder, que a la vez tiene el carácter de una experiencia mística. Esta experiencia la describe Ignacio como:

"...conocer a un Dios que ayuda. Tuve que sacar fuerzas, de donde realmente no tenía. En este momento, lo vivencié como enviado por Dios. Reconocí que mis fuerzas humanas no eran suficientes ya para hacer cosas. Ahí tuve la humildad de pedirle a alguien la fuerza, y, no sé cómo, se me dio. Lo vencí y salí sintiéndome como Superman, ¿no es cierto? Me sentí muy bien, esa fue una experiencia muy fuerte para mí."

Inmediatamente después de su regreso a la vida cotidiana, experimentó que esta experiencia terapéutica correctiva en la relación consigo mismo en el *temazcal* tuvo un efecto notable en su confianza en sí mismo para hacer frente a las tareas diarias pendientes:

"Regresé con mucha energía y ganas para emprender las cosas. [...] Será una batalla difícil. Me cuesta mucho esfuerzo el disciplinarme a aprender. Me cuesta muchas fuerzas, pero no me rindo. Me propongo a lograrlo. No sé lo que pasó pero encontré mi lugar de nuevo."

En una evaluación de su estado de salud mental que se lleva a cabo dos meses después de la primera terapia compleja y que, según lo acordado, constituye el cierre preliminar del tratamiento, Ignacio cuenta que se siente muy bien. Él tiene planeado tener el certificado de preparatoria en un mes. En cuanto a las tareas escolares, estima que ahora está en condiciones de *"hacer un esfuerzo y aguantar y por lo mismo todo está yendo mucho mejor"*. Él pudo aumentar su rendimiento y disminuir sus drásticamente faltas en la escuela. Por ahora lo que le preocupa es el elegir qué carrera va a estudiar. Además, nos cuenta de un aumento en los contactos sociales. En cuanto al consumo de drogas ilegales, dice seguir en abstinencia y tomar alcohol esporádicamente en pequeñas cantidades, aproximadamente cada dos o tres semanas estará tomando uno o dos vasos de cerveza o de *chupitos*. refiriéndose a esto, comenta: *"Ya no exagero, ya no me gusta más esto, no me trae placer"*. Dos meses después de esta evaluación, él pasa los exámenes de la preparatoria. En este punto, viene la "recaída" antes descrita, que conduce a un deterioro temporal significativo de su salud mental y la autoestima. La segunda fase del tratamiento, subsecuentemente más corta, comienza de nuevo con una consulta espiritual, la cual encuentra muy alentadora:

> *"Una frase que ella dijo que se me grabó fue: que a pesar de todo lo que ha pasado hay una fuerza en mí que se puede sentir, que ya no me va tan mal. No recuerdo exactamente. […] Y entonces me dije: Tiene razón. Sea como sea, yo estoy bien, tengo el valor. […] Eso me ha ayudado a estar más seguro con mis sentimientos."*

El éxito terapéutico

El abuso de sustancias por parte de Ignacio se remite por completo al final del tratamiento. Está en abstinencia de alcohol desde la recaída que tuvo cuatro meses después de terminada la primera fase del tratamiento. Su autoestima ha mejorado claramente debido, en gran parte, a su graduación. Él lo expresa: *"Creo que la escuela era muy importante. Para mi autoestima era una de las cosas más importantes"*. Reconoce que parte de este logro es haber encontrado un manejo constructivo de sus debilidades y fracasos. Ha comprendido que antes le faltaba ánimo para seguir echándole ganas a pesar de los malos resultados, ya que la madre había respondido a sus fracasos con críticas. El pronunciado miedo al fracaso, que intentó "tratar" él mismo mediante el consumo de drogas, ha podido abatirlo de esta manera. Ahora es mucho más capaz de reconocer esta ansiedad central como parte de su condición mental, sin que esto influya negativamente en su sentido de autoeficacia y su autoestima. En sus palabras: *"Creo que aún tengo un poco de miedo de entregarme a la vida y a sus condiciones... pero en general, estoy más calmado de que lo lograré"*. Y lo que lo llevó a esta primera y decisiva estabilización de su confianza en sí mismo es para él: *"Creo que es importante que yo me haya acercado a Dios. Eso hace que yo me sienta bien, me da la paz que yo necesito, me da confianza en mí mismo"*. Al mismo tiempo, *la* curandera está satisfecha con el éxito del tratamiento y evalúa su durabilidad como positiva.

En el momento del primer seguimiento, Ignacio ha comenzado a estudiar leyes en una universidad local y está de nuevo en casa de su madre[67]. Está muy satisfecho en general con su estado de salud, ya que las molestias mentales de las cuales habló al principio del tratamiento han disminuido en su mayor parte. Sin embargo, actualmente se siente relativamente agobiado por la fobia tiene de hablar en público en sus estudios. Estos miedos específicos no los conocía hasta ahora y supone que tienen que ver aún con su inseguridad. Ya no consume drogas ilegales, pero toma de vez en cuando una cerveza, después de haber sido completamente abstinente durante tres meses después del accidente automovilístico.

En la segunda entrevista, el paciente reporta haber empezado una relación de pareja, la cual lo satisface. Desde entonces estructura su tiempo libre de una forma más activa y más variada, toca la guitarra y va a bailar. También la relación con la madre ha mejorado. Ha dejado de estudiar leyes hace dos meses con el plan de cambiar de carrera, debido a su persistente fobia social, la que era para él muy agotadora, aunque al mismo tiempo lamenta este movimiento y está considerando reanudar la Escuela de Leyes.

Dice consumir alcohol con moderación y que recientemente, a insistencia de un conocido y después de meses de abstinencia, inhaló una vez más cocaína, sintiéndose física y moralmente muy mal durante todo un día. Por medio de un tratamiento intensivo adicional durante un fin de semana con la curandera, al cual ha asistido con su novia[68], pudo darse cuenta de que debe enfrentar sus miedos e inseguridades y ser paciente, que evadir

---

[67] Desde el comienzo del tratamiento, el paciente siguió el consejo de la curandera de vivir temporalmente en casa de sus tíos, que tienen hijos de la misma edad que él. Consejo dado por la curandera con base en su evaluación del clima en esta familia como muy positivo y el distanciamiento temporal de la relación conflictiva con la madre como conveniente.

[68] El tratamiento intensivo de fin de semana se lleva a cabo con fines terapéuticos y con el deseo de autoanálisis y desarrollo personal.

no es una solución. Referente a ello nos resume lo siguiente, dando la impresión de no estar ni eufórico ni deprimido:

> *"El año pasado [antes del tratamiento intensivo] regresé con la actitud de "¡por supuesto que es muy fácil! Terminaré la escuela y seré bueno, muy bueno, el mejor. Luego me di cuenta de que no es tan fácil, que requiere de un esfuerzo de mi parte, que es cuestión de voluntad."*

Una evaluación general del resultado del tratamiento de Ignacio, que toma en cuenta los síntomas iniciales y los costos de tratamiento, es claramente positiva. Así pudo tratarse *un trastorno de adicción con dependencia múltiple* –que ya existía desde hace al menos tres años y que había provocado graves deficiencias a su salud física y mental y una falla masiva de rendimiento– con muy buenos resultados en dos fases de tratamiento relativamente cortas de unas semanas cada una. Desde la perspectiva del paciente, de la curandera y de nuestra investigación los parámetros para el éxito terapéutico confirman *la remisión duradera del comportamiento adictivo*, que se mantuvo estable un período de seis meses, y la *disminución sustancial de los síntomas psicológicos asociados, por debajo de un nivel patológico.* Seis meses después del fin del tratamiento perduran molestias psíquicas delimitadas en forma de una *fobia social y una elevada inseguridad,* las que Ignacio puede manejar sin el consumo de drogas y seguir trabajando para superarlas y reducirlas, en lugar de negarlas.

El pronóstico positivo con respecto a una remisión permanente de la adicción y el manejo constructivo adicional de los problemas psicológicos restantes se ve reforzado por el hecho de que un resultado adicional del tratamiento es que se detectan cambios significativos en el campo de la estructura de la personalidad y la capacidad mental, especialmente en el campo de la autoestima, la autoeficacia y la tolerancia a la frustración. Esto es demostrado por un mejoramiento significativo en la capacidad de rendimiento y de relacionarse. El éxito terapéutico es aún más notable considerando que se ha logrado con una cantidad relativamente pequeña de tratamiento –si se toma en cuenta que se trata de un trastorno mental grave– con un total de diez a quince sesiones repartidas en dos fases de tratamiento y complementado con un tratamiento intensivo de dos días y medio al final de la primera fase de tratamiento.

10.2 El caso de Dolores - Tratamiento a corto plazo de una depresión con dolor psicogénico

Dolores es familiar lejano del curandero mazateco Albino. Como esposa del maestro del pueblo, pertenece a la clase económica más alta y tiene uno de los mejores niveles educativos de las personas del pueblo. Habla español fluidamente –que no es común en el pueblo– lo que nos posibilitó hablar con ella sin la ayuda de traducción. El hecho de que su situación relativamente privilegiada en comparación con la de otras personas del pueblo esté causando tenciones (tanto sociales, como intrapsíquicas) se revela en el curso de su tratamiento. Dolores esconde detrás de su tristeza depresiva una insatisfacción crónica y multifacética con su situación de vida. Al parecer ella se siente frustrada de no poder realizar sus propios anhelos y deseos en un entorno rural en el que las convenciones la fijan a una vida de ama de casa y madre. Su matrimonio le es insatisfactorio, e incluso señala que su marido tiene un problema con el alcohol. Esta acumulación de sentimientos negativos coartados parece haberse desbordado por algún motivo, por lo que ella desarrolló una sintomatología depresiva y con dolor provocada por una infección viral recurrente.

Persona, motivo del tratamiento y anamnesis

Dolores es una mujer de mediana estatura, robusta, de 35 años. Nació en uno de los pueblos cercanos y vive desde hace nueve años en la misma aldea que el curandero Albino. Su esposo ejerce como maestro en la escuela del pueblo. Tienen cuatro hijos de edades entre 10 y 18. Ella completó segundo de secundaria y no aprendió ninguna profesión, es ama de casa y vende productos de Tupperware y cosméticos. Se muestra sociable en nuestra entrevista y parece disfrutar visiblemente de la atención.

Dolores le pide tratamiento al curandero Albino por una *erisipela* [69] muy dolorosa en la pierna derecha y se queja de una variedad de molestias, que parecen ser provocadas solo en parte por la enfermedad viral de la piel. Desde hace algunas semanas siente mucho dolor en todo el cuerpo, además sufre de dolores de cabeza y de una opresión en el pecho, así como

---

[69] La *erisipela* es una infección estreptocócica local de la piel y el tejido subcutáneo que es transmitida por contacto. El cuadro clínico agudo se caracteriza por un enrojecimiento llameante de las áreas afectadas de la piel y alteraciones del estado general, como fiebre, escalofríos, opresión y dolor por presión. Se conoce una forma recurrente de la enfermedad que puede provocar elefantiasis debido a la inflamación del vaso linfático (David, 1987).

también de trastornos del sueño con pesadillas recurrentes. Ella cada vez tiene más miedo y no puede disfrutar de la vida. Hay días en los que no se puede ni levantar de la cama y todos los quehaceres del hogar se quedan sin hacer. Hace diez años se enfermó por primera vez de la *erisipela* y últimamente ha tenido más frecuentemente *"ataques" de esta*, que son acompañados por una fiebre alta y sensaciones muy desagradables de picazón y dolor en la piel. Además, ella señala que existen desde hace tiempo conflictos en su matrimonio, ya que su marido toma alcohol en exceso desde hace unos nueve años y se ha alejado de la familia. En estado de ebriedad su esposo se comporta agresivo con otra gente del pueblo –aunque no con ella– y esto ha dado lugar a peleas. Ella dice no ser feliz desde hace muchos años con su situación. Eso la habría llevado hace doce años a un punto en donde ella quería abandonar a la familia e irse del pueblo. En ese entonces se exasperaba muy rápido, sobre todo con las y los niños. Sin embargo, ella se acordó de la orden que le dio su madre de que no importaba cómo marchara su matrimonio, ella no debería abandonar a sus hijos(as). Por esto se resignó a seguir con su vida.

Dolores tiene dos hermanos más, ella es la del medio, y uno de los hermanos sufre de epilepsia. Dice no tener ningún recuerdo bueno de su niñez, ya que su padre dejó a la familia cuando Dolores tenía ocho años, era alcohólico y violento con su madre. Cuenta que su madre, ella y sus hermanos vivían con miedo, pero su madre nunca había querido separarse de él. Además, hace siete años, murió uno de sus hijos a muy temprana edad, por eso ella ha estado de luto mucho tiempo.

Sufrió de *erisipela* por primera vez hace cerca de diez años, más o menos simultáneamente con el nacimiento de su hija más joven[70]. Es por ello que ha tenido muchas consultas médicas y ha sido tratada con muchos medicamentos. Dado que el tratamiento médico no ha llevado a una mejoría estable, ella ha consultado dos veces al curanderismo. Así, participó hace cerca de tres años en un *ritual de hongos* con una curandera del pueblo vecino, experiencia que no fue buena, ya que no se sintió bien atendida, piensa que probablemente le dio una dosis de hongos demasiado alta. Vivió el ritual como "en un sueño", y no ha podido procesar las impresiones bajo el efecto de los hongos psicoactivos. Ella interrumpió otro intento de tratamiento con un curandero de su pueblo después de la primera sesión,

---

[70] Este detalle sugiere que le dio la primera infección viral en el contexto del nacimiento.

porque era demasiado doloroso. De una manera resignada y quejumbrosa, resume que ninguno de los intentos de tratamiento anteriores ha llevado a una mejoría en sus síntomas. Desde hace algunas semanas, ha notado un deterioro dado que la *erisipela*, la que generalmente le afectaba cada dos o tres meses, actualmente vuelve cada 14 días.

Diagnóstico y curso del tratamiento

El curandero diagnostica una *enfermedad por brujería*, por medio de la cual la paciente fue llevada en un nivel espiritual y psíquico al *reino de los muertos*. La *brujería* ha sido encargada por otra gente del pueblo, con las cuales la familia de la paciente tuvo una pelea. El tratamiento con el *ritual de hongos*, que no se llevó a cabo correctamente hace tres años, habría causado una alteración o debilitamiento del estado mental y espiritual de la paciente, lo que contribuyó a su malestar actual.

Visto desde la psicoterapia occidental, se trata de un síndrome depresivo marcado de retraimiento social, pérdida de la motivación, tristeza, insomnio, miedos y presión en el pecho, complementado por una pronunciada tendencia a la somatización en forma de dolores psicógenos. Algunos detalles de la situación clínica llevan a sospechar que los rasgos histéricos de la personalidad juegan un cierto papel en los síntomas[71]. De acuerdo con *los criterios diagnósticos de la ICD-10* (Dilling, 1997) se puede hacer el diagnóstico de *un trastorno depresivo recurrente con severidad actualmente moderada* y *un trastorno persistente de dolor somatoformo provocado por una enfermedad cutánea viral* de aparición recurrente.

El tratamiento se inicia cuando el esposo de la paciente llama al curandero Albino para informarle sobre las dolencias de su esposa. Luego, en presencia del esposo, el curandero realiza un ritual de media hora en el que lee *el oráculo del maíz*, luego hace un primer diagnóstico y determina la necesidad de tratamiento.

Un día después, por la noche, el curandero realiza en la casa de la paciente un ritual de media hora. Ella está allí en compañía de su madre y se queda en la cama debido a sus síntomas. Se trata de *un ritual de limpieza* y una *ofrenda de velas*. El ritual de limpieza se usa en primer lugar para tratar los dolores de cabeza y, por lo tanto, se aplica específicamente en el área de

---

[71] Mientras que la paciente evaluó sus molestias como "muy fuertes" y "fuertes" el cuestionario, prueba de detención y la evaluación que le aplicamos demuestra un nivel sintomático de intensidad "moderada".

la cabeza. *El ritual de velas* que tiene la función de llamar a los espíritus de parientes muertos(as) de la paciente para que ayuden en el tratamiento planeado, y el curandero les pide que liberen a la paciente *del reino de los muertos.* Además, él prescribe una dieta temporal en la que la paciente debe abstenerse de comer carne de cerdo y huevo. El tratamiento inicial en el hogar de la paciente también sirve para preparar *un ritual de hongos* realizado en la casa del curandero la noche siguiente.

En este *ritual de hongos* llevado a cabo por algunas horas participamos el curandero, su esposa, la paciente en compañía de su madre y la investigadora. Durante el ritual todas las personas participantes consumen hongos psicoactivos en una dosis baja. La primera parte del *ritual de hongos* se caracteriza por invocaciones, oraciones y cantos del curandero en frente de su altar de tratamiento. Cuando la paciente entra en un estado emocional de excitación y comienza a llorar, el curandero interviene y le ordena *"hacerse fuerte y no rendirse".* En un estado de trance profundo el curandero identifica y nombra a una persona del pueblo como la causante de la brujería. La paciente confirma que hace aproximadamente ocho años su esposo tuvo una discusión con esta mujer, la cual escaló a golpes entre su esposo y un familiar de ella. Después de comunicar esta visión a la paciente, el curandero, en frente de su altar de tratamiento, entra en una discusión simbólica y espiritual con la persona que el identificó como causante de la enfermedad, para esto se sirve de canciones, palabras y gestos.

A esta fase le sigue un *ritual de limpieza* en el que el curandero se concentra en el estómago de la paciente, involucrando a la madre y a su propia esposa. Para el reforzamiento del tratamiento, luego realiza un *ritual de ofrenda con velas*, al final del cual da a la paciente y a su madre un talismán de tabaco, preparado en ese momento, para proteger a la paciente de influencias dañinas de naturaleza espiritual. Él despide a la paciente y a su madre con la recomendación de poner atención a sus sueños en los próximos cuatro días. Estos proporcionarían información sobre el resultado del tratamiento y en caso de necesitar más, ella puede acudir a él después de pasados esos primeros días.

En conversación con la paciente al día siguiente, Dolores reflexiona acerca del proceso terapéutico y sostiene que ya había notado una mejora significativa en cuanto a su situación después del primer tratamiento con el *ritual de limpia y de ofrenda* que hubo en su casa: los dolores de cabeza, sobre todo, han disminuido y pudo abstenerse de tomar analgésicos. Ella experimentó el ritual de hongos que siguió inmediatamente como muy positivo. Incluso ya por la noche después del ritual notó una extensa relajación y un mejoramiento en general de su estado de salud. Durmió profundamente y sin pesadillas y dice haber despertado a la mañana siguiente con un sentimiento de fortaleza y que gracias a ello, ha adquirido confianza en las habilidades de curación del curandero Albino:

> *"Realmente no esperaba nada, pero fue un muy buen tratamiento. He tenido mucha fe y confianza en el tratamiento. [...] Aunque nunca he renunciado por completo a esta creencia en los últimos años, lo sentí mucho en el tratamiento cuando comenzó a hablar con esa persona [la "hechicera" causante, que ya está muerta], lo que ella ha hecho en su vida y así."*

A ella también le impresionó la precisión de las afirmaciones diagnósticas que el curandero hizo en el ritual sobre las dolencias de su esposo y su madre. Ha sido importante para ella poder identificar las causas de su enfermedad por medio del *ritual de hongos* y que el curandero se haya ocupado también de los problemas de su mamá y su esposo. Sin embargo, estaba claramente confundida por el hecho de que el curandero haya mencionado el nombre de la persona que había hecho la brujería, este conocimiento la abruma. Su esposo también ve esto como crítico. A pesar de que no tiene sentimientos de venganza en contra de la familia de esta persona, le da vueltas al tema. También teme que el marido recuerde esta información en estado de embriaguez y que esto podría llevar a más disputas.

No es hasta después de un mes que Dolores acude de nuevo al curandero, por causa de un hematoma mecánico en la pierna, que ha provocado la enfermedad de la piel en una forma más leve, sin fiebre ni dolor y con menos picazón. En esta ocasión, se realiza otro *ritual de hongos*, del que nos informa la paciente. En el ritual de hongos, el curandero retomó el diagnóstico de *brujería* descrito antes. En palabras de ella *"...que la persona que me ha hecho un trabajo para dañarme ha puesto una uña ahí"*. Dolores sintió que este segundo *ritual de hongos* ha sido menos efectivo. Esta vez dice no haber sentido algún efecto de los hongos psicoactivos y la mejoría de sus molestias es notablemente menor comparada con la mejoría que sintió después del primer *ritual de hongos*. En el período de otros cinco meses, que se dieron entre el segundo tratamiento y la entrevista de seguimiento, no fue necesario ningún tratamiento adicional.

El éxito terapéutico

Inmediatamente después del *ritual de hongos*, Dolores experimenta una mejoría completa y duradera en su depresión y demás molestias. Tres semanas después y debido a una lesión mecánica del pie, vuelve a aparecer la enfermedad de la piel, esta vez relativamente leve con poco dolor, sin embargo, el sueño y el estado de ánimo no se ven afectados.

En la entrevista de seguimiento seis meses después del final del tratamiento, la paciente se da cuenta de que la recurrencia de la enfermedad de la piel ha disminuido significativamente, así como la intensidad del dolor asociado y que las molestias psíquicas que presentaba antes del tratamiento han desaparecido casi por completo. Dice sentirse en general considerablemente mejor y ser de nuevo más activa en cuanto a los deberes del hogar y la vida social. Solamente sufre a veces de ligeros dolores de cabeza. Además, el tratamiento produjo una mejora significativa en la salud física, sobre todo en el fortalecimiento del sistema inmunológico, lo cual se puede observar en la disminución en la frecuencia y severidad de las *recaídas de la erisipela*.

Desde la perspectiva de la psicoterapia occidental, el tratamiento de Dolores logró un éxito terapéutico completo y duradero –durante el período de seguimiento de seis meses– en un tiempo de tratamiento sorprendentemente corto. El trastorno depresivo existente desde hace varios meses o probablememte años, con episodios depresivos que últimamente habían sido de moderados a graves y un trastorno de dolor somatoforme persistente, causado por enfermedad cutánea viral recurrente, fue tratado con M.T.M. en dos fases cortas. Cada una de dos días y que tenía como núcleo un ritual de hongos con duración de varias horas.

Si se utiliza la teoría psicoanalítica de la enfermedad, se puede suponer que la remisión rápida y completa de los síntomas después del primer *ritual de hongos* en parte podría deberse a los rasgos histéricos de los mecanismos de defensa de Dolores. Sin embargo, el seguimiento muestra que se trata de una mejoría perdurable. Lo interesante es que la opinión del curandero sobre el éxito del tratamiento resulta ser menos positiva. Debido a su concepción de enfermedad, la cual no diferencia entre enfermedades somáticas y mentales, el curandero evalúa el éxito de tratamiento como moderado. Explica que hay una curación "incompleta" debido a que no desapareció del todo la enfermedad causada por brujería.

Desde el punto de vista de la psicoterapia occidental, el resultado logrado por la terapia para un cuadro mixto de síntomas depresivos y somatoformes en una paciente con rasgos histéricos es considerado como muy positivo, especialmente teniendo en cuenta la corta duración del tratamiento. Además, es de subrayar que una terapia simbólica tenga un éxito tan notable, dado que trabaja con modelos explicativos muy diferentes a los de la psicoterapia occidental, y que básicamente externalizan los conflictos patógenos de la o el paciente y dan importancia fundamental al entendimiento de los aspectos sociales y espirituales de la propia situación de vida. En este sentido, el tratamiento de Dolores ilustra una variedad cultural de intervenciones y procesos psicoterapéuticos potencialmente exitosos.

Finalmente, este caso de tratamiento apunta al potencial de la M.T.M. para lograr *un efecto psicoterapéutico integral en un tiempo relativamente corto* y dirige el interés a la pregunta de qué mecanismos de acción subyacen a este efecto.

10.3 El caso de Elvira - Tratamiento de un trastorno de pánico

El caso de Elvira muestra un tratamiento parcialmente exitoso, que fue terminado antes de tiempo por la paciente a pesar del esfuerzo de la curandera. Elegir este caso ayuda a completar el cuadro de la práctica de la M.T.M., ya que al igual como en la práctica de la psicoterapia y medicina occidental, quienes practican la medicina tradicional no siempre pueden ayudar satisfactoriamente sus pacientes o clientes.

Persona, motivo del tratamiento y anamnesis

Elvira es una mujer de 34 años de baja estatura y corpulenta, está casada y es madre de tres hijos con edades de entre siete y 16 años. Es la penúltima hija de nueve hermanos y creció en otro estado de la República Mexicana, en una zona rural. Su mamá y papá se dedicaban al trabajo en el campo.

No le gusta recordar su niñez. Durante su adolescencia vivió unos años con su familia en la Ciudad de México. Estudió seis años en la escuela, no aprendió ningún oficio y trabajó muchos años como empleada doméstica y lavandera. Se casó y tuvo hijos siendo ella muy joven. En su matrimonio hay constantemente peleas. Desde hace algunos años vive con su familia en el estado de Oaxaca. Su esposo trabaja en una pequeña empresa y desde hace tres años, ella es ama de casa. Ella dice no sentirse como en casa en el nuevo lugar de residencia. Antes de la aparición de las molestias actuales, ha sido siempre una persona sana, aunque, hace unos años ya había recurrido a una curandera. El motivo de aquella vez fue una fuerte pelea con una vecina en la Ciudad de México.

En nuestro encuentro con ella, Elvira parece agitada y al mismo tiempo bajo presión. Habla muy rápido y tiene un comportamiento que alterna entre ser aniñada y estar enojada. A pesar de la primera impresión de vivacidad, muestra un sutil distanciamiento y desconfianza. Nos cuenta que desde hace algunas semanas sufre de estados repentinos y fuertes de miedo e intranquilidad, a los que se suman sensaciones corporales desagradables. A menudo, durante la noche tiene una sensación que va de hormigueo hasta ardor en la cara que se apodera de todo el cuerpo y hace que duerma muy mal. Dice no saber qué pasa con ella y tiene miedo de volverse loca o de morir a causa de esta enfermedad. Ha perdido el apetito. Elvira ha consultado ya a varios terapeutas debido a las molestias agudas: un quiropráctico, que las atribuyó a la columna vertebral y a una médica general, la que por primera vez ha atribuido las molestias a una causa psíquica. La doctora le preguntó por problemas psicológicos que se hubiesen dado en el pasado, recetándole pastillas y preparados de vitaminas para estabilizar los nervios. Gracias a la pregunta de la doctora se le vino a la mente una discusión que había tenido lugar hacía dos meses con una de sus hijas, que está en la pubertad. Elvira dice que se enojó tanto en esa ocasión que por primera vez golpeó a su hija, y que desde entonces esto ha afectado la relación con su hija. Aunque la paciente se hace reproches por lo ocurrido, está todavía enojada con su hija y se siente en general abandonada. Ella confiesa que siempre se ha encolerizado muy rápido y que a veces en situaciones semejantes hasta su cuerpo se ha puesto inmóvil debido al fervor de sus propias emociones. La consulta con la médica general le pudo ayudar un poco, por lo que después de saber de la curandera Guadalupe acudió a ella pidiendo ayuda, ya que supone que sus molestias pueden haber sido causadas por un susto o un mal de aire.

Diagnóstico y curso del tratamiento

La curandera diagnostica una *enfermedad por sentimientos fuertes*, sobre todo por *ira y miedo*. La paciente es propensa a los arrebatos emocionales debido a su carácter iracundo y dominante, sin embargo, la reacción violenta con su hija la desconcertó y la llevó a suprimir sus sentimientos. Por lo mismo fatiga excesivamente al cuerpo, especialmente la vesícula biliar, lo que a su vez causa el malestar físico. La curandera también diagnóstica una menopausia prematura que contribuye a las dolencias. Desde nuestro punto de vista psicoterapéutico se trata de *un trastorno de pánico en una personalidad con rasgos impulsivos*.

En la primera consulta, Elvira se encuentra en un estado de intensa excitación y desesperación, pidiendo ayuda a la curandera de una manera exigente e infantil. La curandera lleva a cabo *una limpia* en la cual diagnostica con ayuda del *oráculo de huevo*. En este primer tratamiento, son prescritos más *limpias* de una manera regular, así como también tomar tés tranquilizantes, además de preparados herbales y de vitaminas para reforzar el sistema nervioso. En caso de molestias persistentes *los rituales de limpia* deben realizarse tres veces por semana durante un período de tres semanas consecutivas. La idea de la curandera es –a través de la alta frecuencia de tratamiento– llevar a la paciente, que se demuestra emocionalmente muy cerrada, a un mayor contacto con sus propios conflictos internos. En secuencias de conversación de 15 a 45 minutos, que siguen a los rituales de purificación, la curandera intenta aclarar a la paciente sus deficiencias en cuanto al manejo de sus propios sentimientos y en la construcción de sus relaciones. Aunque la paciente concuerda en que sus molestias están ligadas al conflicto con su hija, durante todo el transcurso de su tratamiento sigue enfocada en las molestias corporales. Parece estar cada vez más decepcionada debido a la poca mejoría y dice tener nuevas preocupaciones sobre la enfermedad, como un posible cáncer o anemia.

La curandera ordena una consulta especial en la tercera semana, dadas las dificultades en el tratamiento que ella atribuye a una *"resistencia"* de la paciente. En *la consulta espiritual*, la paciente es exhortada por *el maestro espiritual* – que habla en ese momento a través de la curandera que se encuentra en estado de trance– a tener paciencia. Sus síntomas pueden haberse presentado repentinamente, sin embargo, han ido creciendo durante un largo período. Hubo por así decirlo *"...una explosión de sentimientos acumulados de rabia, venganza y tristeza".* El *maestro espiritual* confirma de tal forma el diagnóstico de enfermedad por sentimientos fuertes. Todavía en estado de trance, la curandera confronta a la paciente en cuanto al conflicto con su hija y la exhorta al mismo tiempo a recordar su propia pubertad. Con esta intervención, aumenta la participación afectiva de Elvira en el tratamiento y se produce una reacción catártica de sentimientos. Llora y se acuerda primero de sus miedos y el sentimiento de abandono que experimentó cuando su hija huyó después del conflicto. Luego comienza a contar que a la edad de 14 años fue enviada por su papá y su mamá a un internado católico debido a desobediencia y mal rendimiento, del cual no podía salir. Ahí se sentía muy sola y abandonada y se ensimismó llena de ira y tristeza. En este punto, la curandera muestra empatía y aceptación, sin embargo, al mismo tiempo critica el comportamiento agresivo de la paciente contra su propia hija y lo etiqueta como injusto. Al final pide a la paciente esforzarse por tener una plática reconciliadora con su hija.

En este momento, se produjo un cambio significativo en la actitud de la paciente. La curandera la percibe más atenta, involucrada emocionalmente e interesada. Al final de la consulta espiritual, el *maestro espiritual* receta más medidas de tratamiento y preparados. Es claro para la observadora que esta *consulta espiritual* adquiere su transcurso más y más el carácter de una entrevista psicoterapéutica. El estado de salud de la paciente se ha mejorado con la ayuda de *la consulta espiritual,* sobre todo los estados de ansiedad parecen haber disminuido. Aún recibe una limpia por semana, complementada por dos citas para masajes por semana, para incrementar la relajación psicofísica. Por medio del *oráculo del huevo,* durante uno de los *rituales de limpia,* se confirma la marcada mejoría de los síntomas de ansiedad y se diagnostica las dolencias persistentes (los bochornos, cambios en el estado de ánimo) como señales del inicio prematuro de la menopausia. Después de la cuarta semana terminan los rituales de limpia y sólo se siguen prescribiendo los masajes, en los cuales se lleva a cabo un breve diálogo entre la paciente y la curandera. Se le avisa a la paciente que, después de una pausa de tratamiento de entre dos a tres semanas, pueden en caso necesario llevarse a cabo más rituales de curación

Aproximadamente dos semanas después de la *"pausa del tratamiento",* la paciente, en un estado de excitación y desesperación, pide un nuevo tratamiento. Se queja de varias dolencias físicas y ha desarrollado el temor de tener cáncer debido a los resultados de laboratorio médico que certifican una anemia. En el *ritual de limpia* es utilizado de nuevo el *oráculo de huevo* para realizar un diagnóstico actual. Los síntomas actuales son diagnosticados como psicológicos y a través de una larga conversación, la *ira reprimida* de la paciente es interpretada como patógena. La curandera habla con la paciente sobre las posibilidades de expresión no-dañina de su ira. La paciente se tranquiliza al final de la sesión. La curandera valora las nuevas dolencias como comparativamente menores que las iniciales, en discrepancia con la paciente que vive sus dolencias actuales otra vez como muy severas. La curandera le hace algunos masajes más y tiene breves contactos terapéuticos con la paciente. Después de eso, la paciente no aparece a su siguiente sesión.

En la entrevista de seguimiento se pudo aclarar que para la interrupción del tratamiento por parte de la paciente fue decisivo el hecho de que la curandera rechazó la solicitud repetida de la paciente de tratamiento físico con referencia a la psicogénesis. En palabras de Elvira:

> *"…la razón fue [...] que yo le informé de las pruebas de laboratorio que me hicieron [...] de sangre y orina. Ella me dijo que no era necesario. Pero sin embargo si era necesario, ya que estos análisis arrojaron el resultado de que yo tenía niveles altos de colesterol. Yo estaba muy contenta con el tratamiento con Guadalupe, pero yo quería que estos análisis se hicieran y ella dijo que no era necesario".*

Después de seis meses, en la entrevista de seguimiento nos enteramos de que Elvira después de haber interrumpido su tratamiento con la curandera Guadalupe, se había sometido en otro lugar a un tratamiento homeopático y naturopático –el cual aún estaba en curso en el momento del seguimiento– y que fue útil para ella.

Las reflexiones de la paciente a cerca del proceso terapéutico son relativamente poco diferenciadas, en cierta parte contradictorias y en lo esencial enfocadas al aspecto físico del tratamiento. Ella resume a continuación:

> *"Todo me ha ayudado, los rituales de limpia y los medicamentos, ya que todo mi cuerpo estaba afectado y eso no sólo es una cosa...". [¿Por qué cree que está enferma?] "Todo lo que se me ha dicho, se reduce a que es debido a mis nervios, y bueno. Como agujas afiladas se me han ido clavando aquí y allá en mi cuerpo, como electricidad, haciendo cortos una y otra vez. Y así fue que mi cuerpo explotó aquí y allá. Pero yo no entendía que estaba enferma. [...] Eso me lo explicó*

la curandera Guadalupe. Yo estaba sobrecargada interiormente y sólo faltaba un motivo. Claro, tuve miedo cuando yo me empecé a sentir así, ya que nunca antes había estado enferma. Pensé: ¿qué pasa conmigo?".

El evidente estilo concreto de pensar de Elvira está causalmente relacionado con una capacidad aparentemente limitada de introspección, que se puede explicar por una falta de capacidad de simbolización, que es lo que se presenta típicamente en los trastornos de ansiedad. Es hasta el seguimiento que la paciente parece haber adquirido un cierto entendimiento limitado de la relación entre los problemas actuales de salud mental y sus conflictos para relacionarse, y en el hecho de que su propia impulsividad contribuye a los conflictos familiares actuales. Ella no dio detalles sobre su experiencia personal de la sesión espiritual ni en el momento de la entrevista inmediata de seguimiento, tampoco ni posteriormente.

El éxito terapéutico

Después de las primeras tres semanas de tratamiento, con un uso continuo y de alta frecuencia de los *rituales de limpia* y una sesión espiritual adicional, se ha producido una disminución parcial de los síntomas, con un aumento del sueño y del apetito y una disminución de la intensidad de los miedos. A pesar de esta mejoría parcial, persiste un nivel subjetivo alto de molestias que se manifiesta de nuevo en la pausa terapéutica. La paciente interrumpió el tratamiento debido a una fuerte discrepancia entre su perspectiva y la de la curandera en relación a las nuevas manifestaciones de los síntomas. En el seguimiento, la paciente declara sentirse completamente sana desde hace uno o dos meses: *"Estoy tranquila, pero a veces aparecen molestias",* con ello se refiere a molestas sensaciones corporales y predominantemente un ardor y picazón en el área de la cabeza y cuello. Cuando se le preguntó sobre la calidad actual de las relaciones familiares, dijo que ahora son buenas y agrega:

"Hoy día, por mi enfermedad y todo eso, me he puesto a pensar, me he reconciliado con ellos. Llegue a la conclusión de que no me debería de enojar más. Antes me enojaba muy rápido, maldecía, gritaba [...] Perdía la calma rápidamente. Pero ahora, ya que me enfermé, he pensado: ¿qué gano con eso, de que quiera todo rápido? Ya no discuto con mi esposo".

También la relación con la hija ha mejorado, aunque se enoja de vez en cuando con la hija, luego cede. Le ayuda acordarse de sus propios problemas con su familia en la adolescencia.

En la sinopsis de los síntomas iniciales, los costos del tratamiento y el cambio logrado, se puede resumir que el tratamiento de Elvira, que fue costoso para la M.T.M., (durante un período de dos meses, un total de quince rituales de limpia y un total de dos sesiones espirituales, complementadas con masajes), trajo *cambios en el trastorno de ansiedad,* sin embargo, hubo un *desplazamiento de los síntomas a un trastorno de somatización con miedos hipocondríacos.* Poco después ocurrió la terminación prematura de la terapia por parte de la paciente, que luego tomó otras opciones terapéuticas. Sin embargo, el seguimiento después de seis meses muestra a la paciente en un estado subjetivo de "recuperación completa", aunque no completamente libre de síntomas. A este respecto, tomando en cuenta el alto costo del tratamiento, se puede detectar *un éxito parcial* en el tratamiento del trastorno de ansiedad con los medios de M.T.M.

Desde nuestra perspectiva, el tratamiento de Elvira tiene muchas similitudes con la psicoterapia occidental. La finalización del tratamiento puede explicarse por el hecho de que el enfoque terapéutico de la curandera, en generar mayor entendimiento en la paciente sobre el carácter psicológico de sus síntomas, fracasó debido a las marcadas deficiencias estructurales de Elvira en su capacidad de simbolizar, reflejar y, sobre todo, de introspección. Por lo mismo, la paciente se queda fijada en los aspectos físicos de los síntomas de ansiedad. En el tratamiento psicoanalítico de pacientes con ansiedad son muy conocidas esta clase de dificultades. Aparentemente, el "problema de comunicación" entre la curandera y la paciente no fue compensado suficientemente por los elementos de intervención no verbal de la M.T.M., como los rituales de limpia y los masajes.

11. Efectos de la M.T.M. en el tratamiento de trastornos mentales comparada con la psicoterapia occidental

Mientras que el reconocimiento de la o el curandero por parte de la comunidad social, basado en la evidencia clínica inmediata de sus tratamientos, por siglos ha figurado como comprobante suficientemente válido del efecto terapéutico de la medicina tradicional, fuera de su contexto sociocultural inmediato los sistemas médicos tradicionales se enfrentan a exigencias de justificación contra la medicina científica dominante en el mundo. También en sociedades donde los sistemas médicos tradicionales existen aún hoy en día, el cuidado de la salud a nivel institucional está moldeado por el pensamiento biomédico.

Debido a eso la M.T.M., como otros sistemas médicos tradicionales, corrió el riesgo de perder su reconocimiento como sistema médico y de ser reducida en ese contexto cultural ampliado dominado por el pensamiento occidental a sólo costumbres culturales.

Como reacción a esto, hemos observado en una parte de quienes ejercen la medicina tradicional la tendencia de negarse a un posible intercambio de ideas con representantes de la medicina occidental y más bien, retirarse en una posición que exalta la propia cultura terapéutica como la única de valor, sin un conocimiento más cercano de sus contrapartes.

Desde nuestro punto de vista, parece más prometedor ver como un desafío inevitable la confrontación de los sistemas médicos tradicionales con las demandas hegemónicas de la globalizada medicina occidental. Dado que la efectividad clínica es un aspecto central de cualquier sistema terapéutico, su evaluación, de una manera culturalmente sensible, incluso en las aparentemente difíciles condiciones de la investigación etnomédica en campo, es una parte indispensable de dicho diálogo intercultural entre los sistemas de terapia. Además, tal diálogo intercultural permite a las y los practicantes de los sistemas médicos tradicionales participar en temáticas médicas nuevas e iniciar nuevos discursos propios.

Con esta intención, los siguientes capítulos exploran la eficacia de la M.T.M. como psicoterapia. A la vez continuando el diálogo entre las culturas psicoterapéuticas, la presentación de los resultados de esta investigación respecto a los efectos de la M.T.M. incluye también reflexiones comparativas sobre la psicoterapia occidental, y se complementa con un vistazo del estado de la investigación acerca de efectos de psicoterapias en otros contextos culturales y los desafíos específicos de investigación.

11.1 Los comienzos de la investigación del curanderismo como "etnopsicoterapia". El estudio de campo de Kiev

En al año de 1972 el doctor e investigador Ari Kiev publicó un estudio a cerca del significado *etnopsiquiátrico* del curanderismo. El estudio se refiere a la práctica realizada por cuatro curanderos mexicanos en el sur de los Estados Unidos, a los que entrevistó sin poder hacer observaciones del tratamiento a sus pacientes. Para la interpretación de sus datos aplicó conceptos psicoanalíticos – como era común en ese entonces en este tipo de práctica de investigación– y hace declaraciones generales sobre el alcance, modo de acción y eficacia en el tratamiento de trastornos mentales y psiquiátricos. Así, Kiev sostiene que:

1) Con respecto a las enfermedades tratadas por los curanderos, sus clientes padecen en la mayoría de los casos, enfermedades de baja gravedad, enfermedades crónicas o sin cura y trastornos funcionales. En cuanto a los trastornos mentales de baja gravedad se trata de trastornos neuróticos. Con menos frecuencia. los curanderos trataban síndromes mentales graves, como esquizofrenia o trastornos depresivos mayores, diagnosticados por los curanderos sobre la base de sus propios conceptos de enfermedad, como *el susto, el mal de ojo o el embrujamiento* (Kiev, 1972, p. 32).

2) En cuanto a la eficacia, Kiev concluye que el tratamiento de los curanderos en los trastornos mentales leves y moderados es tan efectivo como la psicoterapia occidental. Sin embargo, también encuentra diferencias específicas, considerando más exitoso el tratamiento curanderil de trastornos depresivos, debido a que la actitud de los curanderos es más alentadora que la que se da en las psicoterapias occidentales (en su mayoría psicodinámicas en los EE. UU. de aquel entonces). El enfoque más confrontativo de las últimas a menudo puede llevar a un aumento de los temores y sentimientos de culpa en

la o el paciente y, por lo tanto, a una intensificación de los síntomas depresivos. Para trastornos mentales o psiquiátricos graves (como las psicosis agudas), considera que el método psiquiátrico occidental es superior cuando hay medicamentos disponibles para un tratamiento exitoso. Sin embargo, en los trastornos psiquiátricos crónicos graves, la tasa de éxito no varía, siendo baja en ambos sistemas de terapia. En cambio, Kiev ve el entorno social más solidario de la cultura mexicana como un factor protector que evita el estrés mental secundario de los procesos de exclusión social de la persona enferma que en el contexto de la cultura occidental tienen una influencia negativa en el curso y la cronificación de las enfermedades psicóticas.

3) Kiev no encuentra evidencia de que la psicoterapia occidental sea superior a al tratamiento de curanderos para problemas mentales y psiquiátricos (Kiev, 1972, p. 183). En resumen, y ya confirmada su posición en un trabajo anterior, las etnoterapias como el curanderismo pueden definirse como un tipo de *"psiquiatría popular"* o como una *"forma precientífica de tratamiento psiquiátrico y/o-psicoterapéutico"* (Kiev, 1964, 1972). Como condición decisiva para el éxito de las *etnopsicoterapias* como el curanderismo mexicano, Kiev enfatiza el contexto cultural común del curandero y su paciente.

4) Además, el autor encuentra algunas diferencias en el enfoque terapéutico. Mientras que, según Kiev, el curandero fortalece los mecanismos de defensa de los conflictos neuróticos con ayuda de sus tratamientos, en el marco psicodinámico de la psicoterapia el conflicto neurótico es activado y trabajado (Kiev, 1972, p. 176). Así, el enfoque *etnopsicoterapéutico* promovería la experiencia de seguridad y protección, pero también de dependencia, lo que para Kiev sería del punto de vista psicoanalítico una sustitución de la neurosis. Mientras que la psicoterapia analítica tiene como objetivo el crecimiento y una ampliación de la personalidad.

El estudio de Kiev es una investigación sistémica y diferenciada de planteamientos psicoterapéuticos en la forma de terapia simbólica del curanderismo mexicano. Sus resultados básicamente confirman el significado terapéutico de este curanderismo. Los cuadros y conceptos sintomáticos descritos por Kiev coinciden con los de nuestro estudio, aunque es importante señalar que un límite de la investigación de este autor es que su fuente de información se reduce a las entrevistas a los curanderos cuando –como muestra nuestra investigación– el testimonio de las y los pacientes, así como las observaciones al desarrollo de la terapia proporcionan información esencial para una mejor comprensión de la práctica de la M.T.M. Además, llega a interpretaciones cuestionables, etnocéntricas, como cuando señala las estrategias del curanderismo como caminos para la creación de una "neurosis de reemplazo", en comparación con los desarrollos terapéuticos supuestamente "reales" de la psicoterapia occidental.

Desde nuestra perspectiva, se puede decir que los valores de la cultura subyacentes y las condiciones de vida determinan si una orientación colectiva la persona –es decir hacia una integración y reconocimiento de su grupo social de referencia– se debe juzgar como manifestación de salud mental o como *"fijación neurótica dependiente"*. A la inversa, se puede cuestionar también el criterio para una personalidad "sana", en la cultura occidental, que es entendida como orientada hacia la individualidad y la autonomía. Desde la perspectiva de una cultura colectiva, la orientación marcada por la individualidad y autonomía se representa como ajena y unidireccional. Y, desde un punto de vista intercultural, el individualismo de la cultura occidental puede considerarse "actitud neurótica" –en el sentido de estar fijado(a) en una unilateralidad– porque niega el significado existencial de la condición humana que consiste en su dependencia del ámbito social.

11.2 La evaluación del éxito terapéutico y su medición, en diferentes contextos culturales y de la psicoterapia occidental

Lo que el psiquiatra y médico antropólogo Arthur Kleinman hizo constar en 1980 con respecto a la investigación de la efectividad de las *etnopsicoterapias* básicamente es aún válido:

> *Los efectos de la medicina popular presentan una pregunta seria para la investigación clínica intercultural. No existen estudios de seguimiento sistemáticos a pacientes tratados por curanderos con una evaluación cautelosa de sus estados antes y después del tratamiento. (p. 59).*

Kleinman explica este déficit por variados problemas metodológicos, sobre todo con la dificultad de realizar evaluación con múltiples mediciones en un sistema médico no institucionalizado. Además, señala que la cuestión de los criterios adecuados para el éxito del tratamiento en una cultura ajena era aún más difícil de responder que en la investigación de la psicoterapia occidental (p.319).

Sin embargo, los problemas metodológicos en la evaluación de la eficacia de las psicoterapias han sido intensamente debatidos en las últimas décadas, principalmente en cuanto a si hay criterios adecuados para afirmar el éxito del tratamiento. En muchos estudios se demostró que la determinación del éxito de tratamiento dependía en gran medida de los indicadores aplicados, así el metaanálisis de Lambert y sus colegas (1986) llegó a la conclusión de que el éxito terapéutico medido estaba influenciado por los parámetros de éxito elegidos. Por lo tanto: el éxito terapéutico medido en los estudios de resultados varía sistemáticamente en función de:

- La perspectiva de evaluación, pues las evaluaciones de los y las terapeutas son en general más positivas que desde otros parámetros de éxito.

- El grado de generalización de los criterios seleccionados, ya que las medidas globales de adaptación social o bienestar generalmente proporcionan resultados más positivos que listas de comprobación de síntomas con subescalas.

- El tipo de criterios de éxito.

- La severidad del trastorno: por ejemplo, la gravedad de los síntomas en trastornos severos refleja mejor la tasa de cambio, mientras que, en el caso de los trastornos leves, es probable que el éxito del tratamiento se vea en un cambio en los niveles de funcionamiento social.

En lugar de tratar los resultados contradictorios como un producto de la insuficiencia metodológica de los diseños de investigación aplicados previamente, Lambert y sus colegas afirmaron que estas divergencias son expresión del carácter multinivel del sujeto de estudio, al respecto ellos escriben:

"…una interpretación de estos descubrimientos es que procesos divergentes ocurren en la terapia, que las personas mismas encarnan dimensiones o fenómenos divergentes; y que se deben usar métodos divergentes de medición de criterios para emparejar las diferencias en los seres humanos y en los procesos de cambio que ocurren en ellos." (Lambert y colaboradores, 1986, pag.188.)

Grawe y sus colegas (1994) llevaron a cabo un metaanálisis, que incluía todos los estudios clínicos sobre el grado de impacto de la psicoterapia hasta el fin de 1983. El resultado de su análisis implica que el 70% de las y los pacientes tratados mejoraron significativamente su condición de salud, mientras que se mantuvo sin cambios para el 30% restante, en comparación con que solo mejora un 30% de las y los pacientes no tratados, mientras que no hay mejoría para el 70%. De esto se deduce que para el 40% de los que necesitaban tratamiento había una diferencia muy significativa tanto si recibían tratamiento psicoterapéutico como si no (*Lambert y colaboradores, 1986*, p. 676). Para ilustrar la importancia clínica de esta tasa de mejoría, Grawe la compara con las tasas de éxito en estudios de eficacia farmacéutica, donde la psicoterapia resulta un método de tratamiento altamente potente (p. 676). Los antidepresivos, los psicofármacos con las tasas de éxito comparativamente mejores, fracasan en el 20% de las y los pacientes, siendo la tasa de recaída alta y que toma varias semanas para que los efectos se puedan observar

Concordamos con la conclusión previamente citada de que un registro adecuado de éxito de la psicoterapia debe ser multimodal debido a la complejidad de la experiencia humana. Para esto, hay autores que favorecen una operacionalización teórica del éxito de la terapia, que utiliza criterios relacionados con la vida diaria y clínicamente relevantes, como el juego de roles, la sintomática y la conducta objetivo (ver también Lambert *et al.*, 1986, p. 186). A pesar de las grandes diferencias respecto a cantidad y tamaño de estudios, que ilustra el resumen de estudios clínicos acerca de la eficacia de diversas *etnoterapias* hecho por el antropólogo Anderson (1992) hacemos una tabla comparativa de sus resultados (tabla 5).

Es interesante observar que las tasas de éxito de ambas –las etnoterapias y la psicoterapia occidental – son similares. Esto permite la conclusión de que los sistemas de terapia tradicional, no obstante de ser culturalmente muy diferentes, pueden hacer una contribución calculable a la atención médica. La investigación de la *etnoterapia* y una evaluación empíricamente sólida desde un punto de vista clínico es, por lo tanto, una tarea que merece ser realizada.

Autores	Forma de etnoterapia	Tamaño y tipo de muestra	Resultados	Comentarios críticos
Kleinman (1984)	Templo de chamanes en Taiwan	12 pacientes (originalmente 19, pero 7 abandonaron el estudio después de dos meses) Cuadros clínicos heterogéneos (Infecciones virales, síndrome de somatización por estrés psicosocial, histeria, cólico)	5 (41%) cura completa, 5 (41%) mejoría parcial 2 (18%) fracaso terapéutico	- Declaraciones y criterios divergentes sobre el éxito del tratamiento; - Encuesta predominantemente retrospectiva - Presuntamente resultados positivos distorsionados debido a la selección por alto "abandono" - Control insuficiente de covariables: pacientes en parte tratados con otros métodos al mismo tiempo.
Jilek (1982)	Rituales de danza chamánica de la tribu Cree en Estados Unidos	11 pacientes con depresión, ansiedad, trastorno de somatización; 13 pacientes con trastorno de conducta agresivo y antisocial con o sin abuso de sustancias	3 (27%) cura completa, 7 (64%) mejoría parcial , 1 (9%) sin cambios; 7 (53%) cura completa, 4 (31%) mejoría parcial, 1 (8%) sin cambios, 1 (8%) empeoró	- Representatividad poco clara, ya que había solo un curandero involucrado; - No hay métodos de encuesta estandarizados utilizados para el diagnóstico y el éxito de la terapia - Sondeo retrospectivo

Finkler (1985)	Cu-rande-ros(as) espiri-tualis-tas en México	66 pacientes Síntomas principales: dolor o mo-lestias en la cabeza, es-palda, pecho o abdomen o sistema musculoes-quelético	28 (43%) tratamiento con éxito, 57%) sin éxito	- Validez poco clara para enfermedades mentales (limitado a enfermedades somáticas, pacientes con problemas de vida fueron excluidos del estudio)
Morse, Mc Connell & Young (1987)	urande-dero de la tribu Cree en Estados Unidos	Enfermedad de la piel (psoriasis)	6 (55%) me-jora muy alta 4 (36%) sin cambios (1 paciente no dio se-guimiento al tratamiento)	- Validez cuestionable: objeto de investigación modificado (pacientes que no son de origen indígena y hablan in-glés; no hay un entorno de tratamiento típico)

Tabla 5 Estudios sobre el éxito de la etnoterapia (según Anderson, 1992)

11.3 ¿Qué tan efectivo es el tratamiento de las enfermedades mentales en la M.T.M.?

Hasta hoy existen pocos estudios acerca del éxito de la *etnoterapéutica*, y estos son en general con muestras muy pequeñas. Esta situación se debe en su mayor parte a la complejidad del "objeto de investigación", lo que ocasiona múltiples retos metodológicos.

En nuestra investigación y para evaluar los efectos del tratamiento de las enfermedades mentales llevamos a cabo ocho historiales de tratamiento completo, incluyendo un seguimiento después de seis meses. En vista del pequeño tamaño de la muestra, usamos el método de estudio de caso clínico para la evaluación de los datos recopilados.

Metodología de investigación psicológica de caso individual.

El método de caso individual es particularmente adecuado para capturar el carácter complejo de los procesos terapéuticos, ya que se puede usar para describir una variedad de factores y aspectos influyentes de manera diferenciada, por lo cual fue aplicada en la investigación cualitativa moderna de psicoterapia (Tschuschke y Czogalik, 1990; Garfield y Bergin, 1994, p. 14). Se basa en el enfoque de investigación idiográfica, que supone que se puede obtener un conocimiento generalizable a través de la investigación científica del caso individual (por ejemplo, Kardorff, 1991, p. 5).

El método de investigación de casos clínicos tiene su origen en *el método clínico,* que fue ampliamente utilizado en la fase de desarrollo temprano de la terapia psicoanalítica, por ejemplo, en la forma de las historias de casos en los escritos de Sigmund Freud. El objetivo principal era dibujar una imagen holística de la existencia de una persona describiendo cuidadosamente su fenomenología clínica e individual.

En la actualidad, no existe un método claramente definido y unitario para la investigación psicológica de un caso individual. Más bien, como parte de la investigación del proceso de terapia, se están probando opciones para que nuevos métodos de adquisición y evaluación de datos sean fructíferos para la investigación de casos individuales.

Para poder hacer apreciaciones clínicamente relevantes sobre el grado de éxito del tratamiento de la M.T.M. para enfermedades mentales, se hicieron entrevistas cortas en tratamientos seleccionados para registrar el impacto del tratamiento, así como cuestionarios y escalas de Rating. Con este fin fueron aplicados un diagnóstico clínico basado en las pautas del ICD-10 (Dilling, 1997), y pruebas estandarizadas, y se utilizaron escalas de calificación para la evaluación propia y externa de aspectos de enfermedades mentales, como una forma abreviada del *Cuestionario de Salud General (GHQ-30)* de Goldberg y Hillier (1979), el cual se estandarizó en muestras de población mexicana (Castro, et al., 1982; Ezban et al., 1985) y *la Escala de evaluación general de Endicott y colegas* (1976).

Al mismo tiempo, dimos gran valor al registro sistemático de la realidad cultural terapéutica específica, representada por el punto de vista quienes participaban del curanderismo: las y los curanderos y sus pacientes. Para esto se aplicaron entrevistas y escalas de calificación para los síntomas subjetivos experimentados por las y los pacientes, se registró el diagnóstico de las curanderas y el curandero y su evaluación del cambio terapéutico.

El éxito de la terapia se determinó mediante una medición en al menos tres puntos en el tiempo: inmediatamente antes del inicio del tratamiento (*test inicial*), al final de la terapia (*test final*) y seis meses después del final de la terapia (*test de seguimiento*).

Con base en las diversas fuentes de datos elaboramos un *informe de caso psicoterapéutico* para cada una de las ocho personas tratadas, que contiene una descripción cuantitativa y cualitativa del estado clínico inicial de la o el paciente, del proceso terapéutico y del éxito del tratamiento[72]. Además de una descripción detallada del caso de tratamiento *(informe de caso)*, se utilizó el método de *triangulación de diferentes formas de datos y perspectivas de juicio* [73] para elaborar una imagen compleja y al mismo tiempo válida de los casos y cursos de tratamiento individuales. Se recogieron los testimonios de las y los pacientes, las y los curanderos y nuestras observaciones en los distintos "tiempos de medición". El comprobar los resultados por medio de una entrevista focalizada aumentó aún más su validez.

La tabla 6 proporciona una visión general del tipo de enfermedad mental, el alcance del tratamiento y el éxito de la terapia para cada uno de los ocho casos de tratamiento.

---

[72] Para la evaluación cuantitativa del éxito del tratamiento en cada caso aplicamos un algoritmo para resumir los diferentes parámetros de un éxito terapéutico (vea Zacharias, 2005).

[73] Tanto datos de las entrevistas con los y las pacientes y las y los curanderos, datos de nuestra observación, como de datos de los cuestionarios y escalas de rating desde la perspectiva de pacientes, de curanderos(as) y de las nuestras.

Paciente	Diagnóstico basado en el ICD-10	Duración del tratamiento	Éxito de la terapia a su finalización	Éxito de la terapia seis meses después
Ignacio	Síndrome de dependencia con abuso de múltiples sustancias.	10 sesiones más dos tratamientos intensivos de dos días (6 meses)	Recuperación total	Recuperación total
Elvira	Trastorno de pánico	15 sesiones (2 meses)	Recuperación parcial	-
Dolores	Trastorno de dolor somatomorfo persistente; trastorno depresivo recurrente relacionado a una enfermedad viral en la piel	3 sesiones (1 mes)	Recuperación total	Recuperación total
Gabriel	Trastorno de adaptación con ansiedad y eacción depresiva; disfción autonómica somatomorfa (dispepsia)	2 sesiones (2 scmanas)	Recuperación parcial	Recuperación total
Nayeli	Trastorno de adaptación con ansiedad y reacción depresiva debido a un embarazo no deseado.	6 sesiones (3 meses)	Recuperación total	Recuperación total

Rosa	Esquizofrenia indiferenciada	42 sesiones (4 meses más asistencia)	Recuperación parcial	-
Mireya	Reacción depresiva leve y trastorno de somatización	4 sesiones (2 meses)	Recuperación total	Recuperación total
Agustino	Trastorno de adaptación con una alteración de otros sentimientos debido a un cambio de carrera.	1 sesión	-	Recuperación total

Tabla 6. *Éxito terapéutico de los curanderos según los informes de casos etnopsicoterapéuticos*

En resumen, respecto a la pregunta sobre la tasa de éxito de la terapia de la M.T.M. para diferentes enfermedades mentales, llegamos a la conclusión de que en seis de los ocho casos de tratamiento se logró un "éxito completo" y en dos casos se logró un "éxito parcial de la terapia". El "éxito terapéutico completo" se demostró estable en el seguimiento y en todos los casos (en el caso del tratamiento del paciente Agustino, de una sola sesión,

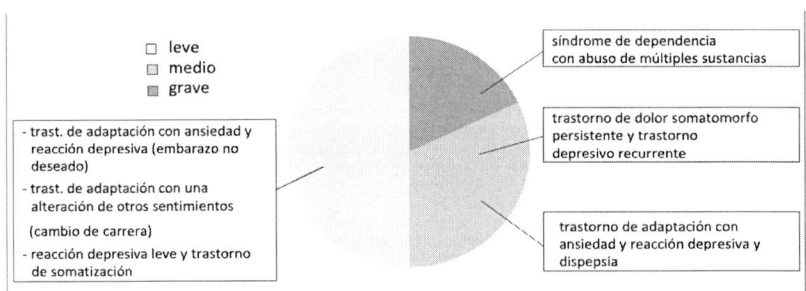

Figura 7. La distribución del tipo y gravedad de las enfermedades iniciales en el grupo de tratamientos "completamente exitosos"

esto se manifestó en el momento del seguimiento). Como se muestra en la Figura 7, los seis casos tratados con éxito terapéutico completo se trataron de síntomas psicológicos diferentes con grados muy variados de gravedad.

Los seis casos con éxito completo abarcan enfermedades mentales a las cuales, en un contexto cultural occidental, también se les indicaría una psicoterapia. En el cuadro de síntomas se pueden encontrar enfermedades mentales leves, moderadas y graves que se demuestra se tratan exitosamente con la M.T.M. Este hallazgo contradice a uno de los resultados del estudio de Kiev que fue presentado en el subcapítulo 11.1 que pone en duda los efectos terapéuticos de la M.T.M. para enfermedades mentales de mayor gravedad, idea que con base en el estudio de este autor se tomó por suficientemente comprobada en la comunidad científica.

Nuestros datos más bien indican que la M.T.M. tiene el potencial de tratar al menos algunas de las enfermedades mentales graves con buen nivel de éxito, que incluso puede exceder el impacto de un tratamiento de psicoterapia occidental, como parece ser el caso en particular respecto a adicciones.

11.4 La M.T.M. como terapia breve

Los éxitos de la M.T.M. demostrados en los casos individuales que referimos son aún más notables, ya que en la mayoría de los casos se lograron en un periodo de tiempo muy corto en comparación con la psicoterapia occidental, incluso para una psicoterapia breve.

La duración del tratamiento en la M.T.M. difiere en la opinión del curandero Albino o la curandera Guadalupe. Mientras que el curandero hace comúnmente tratamientos en una sola sesión, la curandera realiza tratamientos más extensos. Generalmente, estos últimos se llevan a cabo en nueve sesiones con una frecuencia de tres por semana durante un período total de tres semanas consecutivas. Según las y los curanderos, la cantidad de tiempo depende del tipo de enfermedad y el transcurso del tratamiento[74] y también está determinada por las posibilidades que tiene la o el paciente para llegar al consultorio[75]. Sin embargo, quienes ejercen el curanderismo mencionan también tratamientos de baja frecuencia que

---

[74] Una de las curanderas trató a una paciente con esquizofrenia más de cuatro meses, durante los cuales se llevaron a cabo al menos 42 sesiones, es decir, más de diez sesiones al mes, algunas de las cuales requirieron de mucho tiempo.

[75] Particularmente el curandero Albino, quien trata a un gran número de pacientes que viven en regiones de difícil acceso que no están conectadas al transporte público y que rara vez acuden a la vivienda del curandero.

duran varios años, en las cuales las sesiones se realizan a intervalos más largos, generalmente de varios meses.

Al comparar el lapso de tiempo de los tratamientos de la M.T.M. con los de la psicoterapia occidental, debe tenerse en cuenta que, además de las breves sesiones de tratamiento con rituales simples, la M.T.M. a veces realiza rituales que requieren mucho tiempo, lo que significa que una sesión puede durar varias horas. Esto es particularmente necesario para el trabajo terapéutico con estados de alteración de la conciencia más intensos, como en el caso del *ritual con hongos*, el de *temazcal* y también en el *ritual de la operación espiritual*. Independientemente de estas diferencias, la duración comparativamente breve del tratamiento de la M.T.M. representa un criterio significativo para la alta efectividad terapéutica de sus métodos de tratamiento.

Una comprensión más profunda de la M.T.M. como psicoterapia, implica estudiar de qué manera específica sus métodos de tratamiento logran cambios terapéuticos satisfactorios en un tiempo relativamente corto. Las respuestas a esta pregunta también pueden ser de mayor interés para futuros desarrollos en la psicoterapia occidental. Volveremos a este tema en el capítulo 15.

11.5 Comparación de los efectos curativos de la M.T.M. y de la psicoterapia occidental

El análisis de casos individuales y del éxito de la terapia confirman la suposición de que la M.T.M. cuenta con tratamientos altamente efectivos para las personas afectadas por enfermedades mentales. Suponiendo que las tasas de mejora indagadas en nuestra pequeña muestra son representativas de muestras más grandes con una composición comparable de la clientela, significaría que aproximadamente el 75% de los tratamientos fueron exitosos. Sin embargo, la estimación del éxito de la terapia podría ser reducido por la tasa de remisión espontánea. Basado en el supuesto de representatividad de nuestra, se puede decir provisionalmente que la tasa de mejora y curación de la M.T.M. está aproximadamente al nivel de la tasa de éxito promedio de psicoterapias culturalmente diferentes, que se estima según los estudios realizados en alrededor del 70%. Si se le compara con la tasa de éxito promedio de la psicoterapia occidental, la que demuestra su éxito con resultados empíricos con una tasa de mejoría del 70% se puede concluir que la M.T.M. básicamente tiene una eficacia comparable con la de la psicoterapia occidental en el contexto de su cultura. El hallazgo individual del éxito claramente limitado de la terapia para la psicosis esquizofrénica en el presente estudio revela una efectividad comparable de ambas terapias –la M.T.M y la psicoterapia occidental– que se enfrentan con límites de eficacia similares.

Si también se tiene en cuenta que los tratamientos de la M.T.M. son a menudo de corta duración, surge la pregunta de si se puede reclamar incluso mayor eficiencia.

12. ¿Cómo surte efecto la M.T.M.? Modelo general de los factores psicoterapéuticos de impacto

Este capítulo versa sobre los principios activos en que se basa el éxito terapéutico de M.T.M. y qué similitudes y diferencias se pueden establecer con los *factores de impacto* de la psicoterapia occidental.

A pesar de que en la investigación de la psicoterapia occidental se han desarrollado algunos modelos muy generales referentes a los mecanismos de impacto psicoterapéuticos, como *la teoría de los factores comunes de terapias simbólicas* de Frank (1971; 1992) o *los factores de impacto* formulados por Grawe de una llamada *psicoterapia general* (Grawe, 2000), decidimos no tomarlos en cuenta de inicio y, en cambio, dejar que la pregunta sobre cómo surte efecto el tratamiento psicoterapéutico en el M.T.M. la respondieran las y los curanderos, como personas conocedoras de su profesión[76]. Con este objetivo observamos e hicimos entrevistas específicas a las personas dedicadas al curanderismo y a sus pacientes sobre su comprensión de los tratamientos vividos.

12.1 El modelo subjetivo de impacto de las y los curanderos

Con base en un análisis sistemático con el método estructural del análisis de contenido de textos basado en Philip Mayring (1997), construimos *un modelo de impacto psicoterapéutico de la M.T.M.* El modelo de factores de impacto (figura 8) se basa en las afirmaciones de las y los curanderos.

Los elementos de nuestro *modelo de factores de impacto* no son conceptos establecidos en la M.T.M., sino más bien categorías desarrolladas en este estudio a partir de las declaraciones de las y los curanderos y que en nuestra opinión, caracterizan adecuadamente los aspectos esenciales del curanderismo.

---

[76] Aunque tal enfoque parece evidente, no encontramos ningún estudio anterior que usara sistemáticamente la experiencia de las y los curanderos para esta pregunta.

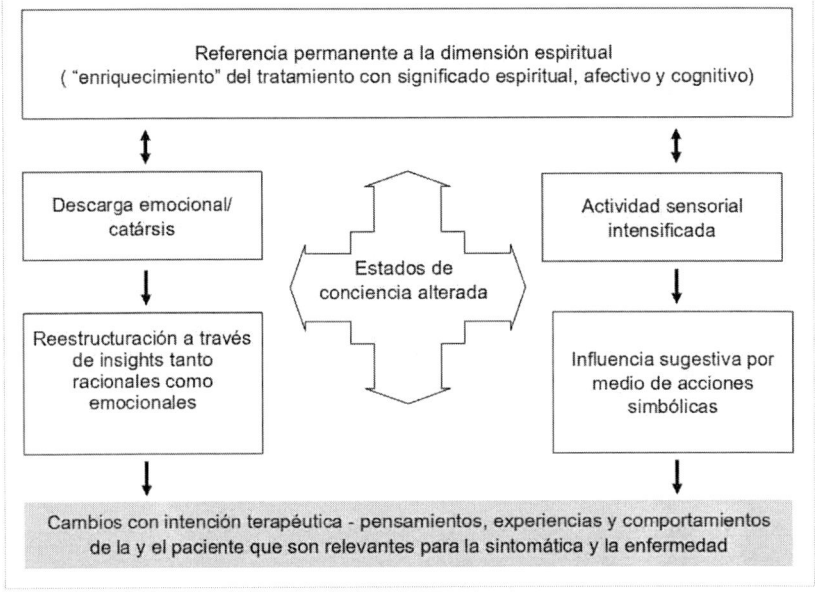

Figura 8. *Modelo de factores de impacto psicote-*
rapéuticos de la M.T.M.

12.2 Lo sagrado como superfactor psicoterapéutico

"La religión está en los márgenes de la psicología clínica, cuando
debería estar en su centro.".

Allen E. Bergin (1980, p. 103.) [77]

¡No hay impacto terapéutico sin la participación de poderes espirituales!
Como se ha dicho varias veces en la introducción a la M.T.M., este es un
axioma de su práctica y hay evidencia que se aplica también a otros sistemas médicos tradicionales. Por consiguiente, la tarea principal de quien se
dedica al curanderismo consiste en aprovechar las fuerzas y energías espirituales en cada tratamiento. En la M.T.M. esto se logra en parte, con elementos de la religión católica como rezos e invocaciones a los diferentes
santos y a la *trinidad*. Sin embargo, para las y los curanderos el concepto
de espiritualidad es más amplio; siendo todavía más importante como vía

---

[77] Cita original: "Religion is at the fringe of clinical psychology when it should be at the center" (Bergin,
1980, pág. 103).

de comunicación con lo divino los estados alterados de consciencia y los sueños. Así se desarrolla en el tratamiento una *atmósfera sagrada,* que facilita la experiencia de lo sublime a través de varias formas de comunicación e interacción con la dimensión espiritual. De tal atmósfera sacra emergen diversos efectos psicoterapéuticos, los que hemos tratado de ilustrar en la Figura 9.

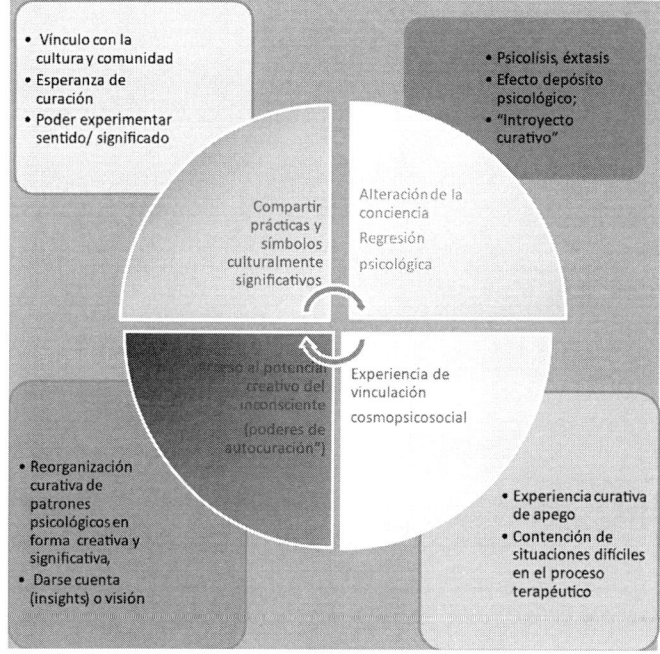

Figura 9. *Lo sagrado como superfactor psicoterapéutico y sus niveles de impacto*

Es claro que corresponde clasificar el significado de la sacralidad en la M.T.M. como el más importante e integral de los mecanismos terapéuticos, es decir como una especie de *superfactor de la M.T.M.* Su importancia y función puede ser comparada con el factor de la relación terapéutica en la psicoterapia occidental.

La atmósfera sagrada establecida en una terapia causa un cambio de nivel de sutil a fuerte en el estado de conciencia. Con ayuda de una "atmósfera sublime" en la terapia, la o el paciente es distanciado(a) de su rutina diaria, lo que debilita las actitudes habituales, incluidas las defensas neuróticas, y estimula un estado de mayor apertura emocional. A través de ciertas cualidades de esta atmósfera sagrada, como la monotonía de los rezos o el uso de incienso, se puede llegar a un cambio fuerte del estado de conciencia. Esta condición se asocia con una mayor regresión psíquica y una mayor sugestibilidad.

De esta manera, existe una sensibilización complementaria de la o el curandero y su paciente en un estado de conciencia que está cada vez más dominado por el proceso primario, mediante el cual quienes se dedican al curanderismo pueden detectar de manera integral la información subliminal de su paciente, haciendo que la relación entre ambos(as) se optimice facilitando un objetivo común en el trabajo terapéutico.

La atmósfera sagrada creada por la o el curandero da su paciente un modelo vívido de una actitud de esperanza y fe promoviendo con ello su esperanza en la curación. Como lo muestra el testimonio siguiente de la curandera Hermila, en el curanderismo se usa este efecto de una manera cons*ciente: "El paciente se abre más cuando ve que tú das todo de ti durante el tratamiento".*

Por el contrario, las curanderas ven *la falta de fe* como un signo de un pronóstico desfavorable:

> *"Aquéllos que vienen con una actitud de 'veremos qué es esto', ellos no se abren. Abrirse significa dejarse llevar, vaciar su cabeza, cooperar conmigo. Pero si ellos sólo vienen a ver qué pasa, no va a funcionar. En estos casos, cuando yo les pido cerrar los ojos, no lo hacen. Él los cierra por corto tiempo y luego los vuelve a abrir, el paciente no está concentrado."*

Tener fe en las capacidades curativas de la o el curandero y de las entidades espirituales a las que se invocan, estimula en su paciente las imágenes internas positivas de relaciones de apego, sea al nivel de experiencias biográficas o de imágenes arquetípicas. En el capítulo siguiente se explica detalladamente cómo se despliegan tales experiencias de vínculo espiritual y religioso en un contexto terapéutico.

Más allá de la experiencia espiritual y religiosa inmediata, el uso de los símbolos socialmente valorados de la religión católica en los rituales de M.T.M. fortalece aún más la experiencia de conexión con la propia cultura y el grupo social.

El sentido de seguridad creado por la atmósfera sagrada juega un papel indispensable para facilitar y sostener las experiencias inquietantes y perturbadoras para el Ego de la o el paciente en los casos en los cuales este(a) y su terapeuta entran en E.A.C. más profundos. Esta cualidad positiva de la atmósfera facilita un trabajo terapéutico curativo y reduce el riesgo de procesos psicológicos negativos que pueden ser inducidos por E.A.C. mal manejados.

12.2.1 La vivencia de lo sagrado como vivencia cosmo biopsicosocial de vinculación

Las actitudes o evaluaciones de eventos que fortalecen nuestra participación sociocultural tienen un efecto eutónico, regulador y positivo en nosotros, nuestro cuerpo y comportamiento. A la inversa, todo lo que amenaza, destruye la participación sociocultural o todo lo que separa, aísla, excluye y rechaza suele generar miedos, tensiones, dolores, enfermedades. Renaud van Quekelberghe (1999, p. 25)

A través del lenguaje mayormente metafórico de las invocaciones y oraciones, por el cual son llamados los poderes espirituales, por ejemplo, *"el padre cielo" o "dios padre" y "madre tierra" o "madre María"*, así como a través de la intensa relación de la o el curandero con la dimensión espiritual, se hace evidente para su paciente la relación intensa y emocionalmente positiva con los poderes superiores. El hecho de que tales experiencias espiritual-religiosas intensivas también puedan tener el carácter de experiencias de apego ha sido desarrollado por el psicólogo van Quekelberghe (1995) en su trabajo sobre las dimensiones terapéuticas de la experiencia en los E.A.C. El tema del apego está fuertemente representado en las convicciones culturales o espirituales y religiosas de las y los curanderos y, por lo general, también de sus clientes, por ejemplo, en la idea de la firme conexión individual con los ancestros, con otros poderes espirituales, pero también con energías espirituales del cosmos, de la naturaleza y de otros seres humanos. En estados alterados de consciencia (de trance, visiones, éctasis) en terapias tradicionales, esta consciencia de apego se convierte en una experiencia individual de emociones positivas intensas. Para van Quekelberghe el valor terapéutico de esta experiencia es muy alto. Cuestiona críticamente la visión psicoterapéutica occidental, en la que *las necesidades de apego* se consideran importantes en las primeras etapas de desarrollo –es decir, en la díada madre-hijo– mientras que se pierde de vista su valor en la edad adulta, ya que esta etapa se asocia fuertemente al desarrollo de la autonomía y de la individualidad. En opinión de este autor, esta circunstancia conduce a menudo a una exagerada actitud de autosuficiencia –en el sentido de *"no necesito a nadie"*– en el proceso de crecer y convertirse en una persona adulta, lo que en última instancia conduce a la soledad. Según van Quekelberghe, es más apropiado abordar *una necesidad de apego* a lo largo de la historia de la vida, que cambia a lo largo de sus diferentes etapas y se manifiesta en la edad adulta en formas que no están directamente vinculadas a una experiencia concreta de relaciones interpersonales. Argumenta que las *experiencias de vinculación cosmo biopsicosociales flexibles e intensas*, como son las características de la experiencia espiritual, pueden considerarse como recurso sofisticado de satisfacer a *la necesidad de apego, aún vigente en la vida adulta,* y deben valorarse desde este punto de vista (van Quekelberghe, 1999, p. 26).

Como refiere la cita al comienzo, una consideración inadecuada de las *necesidades de apego* es un factor que desencadena, favorece o sostiene la enfermedad, de lo que se deriva que el fortalecimiento del *nivel de conciencia de apego* hace una contribución terapéutica significativa. Se logra, entre otras cosas, por la contextualización espiritual-religiosa de los rituales de M.T.M. en general y por las experiencias inducidas de E.A.C. en particular. Las experiencias religiosas-espirituales, como se viven dentro o también fuera de los rituales, ofrecen a las personas adultas una posibilidad de satisfacer sus necesidades de apego y beneficiarse de los efectos positivos resultantes en la salud mental. Recuérdese aquí el efecto terapéutico de lo espontáneo y lo inmediato en la experiencia de *"un acercamiento a Dios"* que tuvo el joven Ignacio en *el ritual de temazcal.* Desde el punto de vista psicoterapéutico muestra un efecto enorme logrado en poco tiempo sobre aspectos estructurales de la psique. Ese cambio en la actitud de Ignacio hacia la vida es una buena base para todas las intervenciones terapéuticas posteriores.

Si resumimos las consideraciones de este capítulo y el anterior, queda claro que el efecto de *la atmósfera sagrada* en la M.T.M. y el efecto de la buena relación terapéutica en las psicoterapias occidentales tienen una función comparable. Esta constatación hace que sea plausible que un mayor número de formas de etnoterapia sean efectivas debido a las creencias religiosas y espirituales en las que se basan estas formas de terapias centradas más en la relación que tiene la o el curandero con lo divino que en la relación paciente-curandero(a).

Más bien la o el paciente sentirá seguridad y ligazón en una relación emocionalmente significativa e intensa con el mundo divino y/o ancestral por medio del compromiso de la o el curandero con la dimensión divino espiritual. Con esto no se quiere dar la impresión de que en la M.T.M. sea menos importante si la e el paciente se siente tratado por la o el curandero de una manera competente y comprometida, sino se quiere señalar que una buena relación paciente-curandero(a) no tiene equivalente en los conceptos que se tienen de ésta en la psicoterapia occidental. Queda claro que un contexto de lo sagrado, especialmente en los rituales con uso intensivo de E.A.C., tiene la importante función de dar seguridad en el proceso terapéutico, en el sentido de contención. Además, el pronunciado contexto sagrado de estas formas rituales proporciona una contención adicional para los procesos de disolución del ego que pueden ser vivenciados en E.A.C. profundos. A este respecto, se puede decir que los efectos de E.A.C. profundos dependen de su contexto cultural. Probablemente el efecto desintegrador de los E.A.C. inducidos en el contexto sagrado de la M.T.M. sea menor que en el caso del contexto secular de la psicoterapia occidental.

Desde una perspectiva occidental las observaciones sobre la función de *lo sagrado* para crear una vivencia de seguridad y apego sugieren que una calidad espiritual de las vivencias terapéuticas puede tener enormes beneficios psicoterapéuticos, particularmente en el tratamiento de los trastornos de apego tempranos. Siempre que tengan el carácter de una experiencia vivida acompañada por emociones intensas, pueden convertirse en una experiencia emocional correctiva en la terapia, similar a experiencias en la relación paciente-terapeuta.

12.2.2 La atmósfera sagrada y el carácter triádico de la relación terapéutica

"Yo no soy la que cura a la gente que viene a mí, yo sólo pidoque sean curados. En realidad, es un poder de los espíritus divinos y el poder del paciente que se fusionan."

Curandera Guadalupe

La relación terapeuta-paciente en la M.T.M. se diferencia claramente de la existente en la psicoterapia occidental de varias maneras. A primera vista, las y los curanderos parecen ser muy activos y directivos en su papel de terapeuta, mientras que su paciente a menudo adopta una actitud pasiva y a menudo este(a) fomenta el ritual sin una actividad intrínseca apreciable, como un objeto, por así decirlo, en el que se realizan las acciones terapéuticas, como cuando se le examina o limpia. Otras veces se encuentra en el rol de observador(a) cuando la o el curandero se comunica con los espíritus y lucha por la recuperación de su paciente o cuando lee el diagnóstico en el oráculo. A este respecto, Kleinman (1988), afirma de manera bastante drástica que la curación etnoterapéutica generalmente tiene lugar en una *"relación autoritaria y desigual y no se negocia"* (p.116).

Esta formulación de Kleinman expresa algo de la incomodidad que despierta una relación tan desigual entre terapeuta y paciente en una persona perteneciente a la cultura occidental, debido a sus expectativas culturales profundamente internalizadas de un diseño más igualitario de las relaciones cercanas. Al reflexionar sobre la calidad de la relación terapéutica en la M.T.M., debe tenerse en cuenta que una relación desigual y dependiente se puede experimentar de manera muy diferente por razones culturales.

Sin embargo, es de particular interés que la relación de trabajo terapéutica, a primera vista autoritaria, es modificada decisivamente por medio del contexto sagrado del tratamiento. Por lo tanto, la inclusión de la dimensión religioso-espiritual hace de la relación terapéutica una compleja red de relaciones llena de ambigüedad creativa. Por un lado, la autoridad de la o el curandero, que es visto como *portavoz de los poderes superiores,* pone en movimiento las expectativas terapéuticas antes mencionadas del *poder curativo* de sus medios. Con esto es generado un efecto placebo, el cual también puede ser entendido como manifestación terapéutica de *una actitud de fe positiva.* Por otro lado, la o el paciente no percibe a quien ejerce el curanderismo como una *autoridad rígida* porque lo experimenta simultáneamente como *humilde ante un poder superior* y en una actitud de *devoción al servicio de su paciente.* Joan D. Koss (1993, p. 262) fue la primera en señalar explícitamente, en un estudio etnoterapéutico de estados de posesión en curanderos espiritualistas, que una definición tan flexible del papel del curandero entre la autoridad y la devoción establece una relación dinámica especial. Koss habla a este respecto de la disolución del "carácter diádico" de la interacción en el tratamiento hacia *un "carácter triádico" de la relación terapéutica* (p. 263).

La figura expone la configuración de la relación en el contexto de una estructura triádica de la relación terapéutica (Koss, 1993, p. 263). Así por una parte la o el curandero puede realizar sus capacidades especiales en contacto con poderes espirituales y celestiales y con ello destacar su poder de efecto y su autoridad terapéutica. Por otro lado, también puede adoptar una actitud de devoción y humildad frente al poder espiritual, y por lo tanto se convierte en aliado(a) de su paciente.

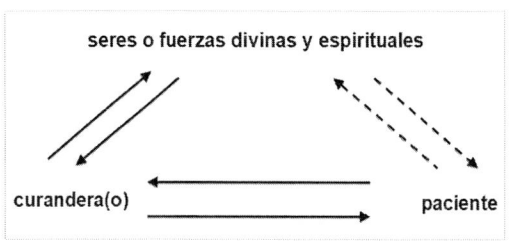

Figura 10. *La "estructura triádica" de la relación terapéutica en una terapia tradicional según Koss (1993).*

La flexibilidad de estos roles se puede utilizar como un recurso para el diseño óptimo de la alianza paciente-terapeuta, por ejemplo, para el manejo terapéutico de la resistencia en la terapia, cuando se expresan mensajes de confrontación desagradables y recomendaciones de tratamiento o para influir a su paciente en forma sugestiva a través de procesos de identificación subliminales y *rapport*.

El potencial terapéutico de una relación triádica al incluir una dimensión espiritual religiosa también parece interesante para la práctica de la psicoterapia occidental. Esto hace pensar en pacientes que en el trabajo terapéutico con una relación diádica paciente-terapeuta desarrollan fuertes resistencias. Estas personas a menudo tienen un sentimiento de confianza profundamente perturbado y un miedo consecuente a relaciones más íntimas, que a menudo resulta de experiencias traumáticas en las primeras relaciones diádicas de la infancia. La posibilidad de desplegar y utilizar un espacio de relación triádica entre curandero(a), autoridad divina y paciente en el tratamiento puede ofrecer a quien ejerce la labor de terapeuta un mayor margen de intervención y, sobre todo, un alivio para la o el paciente en vista de sus considerables temores iniciales e inconscientes que representa la relación diádica.

12.3 El *darse cuenta* (insight) como elemento etnopsicoterapéutico

"Su cura fue exitosa porque él pudo ser consciente de que no le pasaría nada, de que él solo quería esconderse, pero no de estos hombres, si no de él mismo.

Él mismo tenía miedo de enfrentar a la vida. Era muy nervioso, no dormía, hablaba cosas sin sentido, tenía ya una psicosis; pero sanó de nuevo."

Curandera Guadalupe

Lograr *darse cuenta* de los nexos inconscientes de la propia situación actual se considera un factor importante en las psicoterapias de orientación psicoanalítica y para su eficacia psicoterapéutica es decisivo que además de los procesos cognitivos, analíticos sintéticos, estén involucrados también los procesos emocionales (Wöller y Kruse, 2002, p. 113). Una de las creencias generalizadas en la investigación transcultural de la psicoterapia y la etnoterapia es que el *darse cuenta* como factor de acción es una característica específica de la psicoterapia occidental. El famoso antropólogo médico norteamericano Kleinman (1988) afirmaba que en las formas de terapia no occidentales este era un *"criterio raramente esencial para la curación".* Sin embargo, nuestra investigación nos condujo a lo contrario. En repetidas ocasiones encontramos que obtener un *darse cuenta* también es una parte importante y valiosa del proceso de terapia tanto para curanderos(as) y pacientes en la M.T.M. No obstante, los contenidos del *darse cuenta* significativos para la terapia y también los caminos por los cuales se puede alcanzar, se diferencian marcadamente entre ambas formas de terapia. En la M.T.M. pocas veces el *darse cuenta* se obtiene a través de procesos de aclaración e interpretación en el diálogo curandero(a) y paciente[78], para esto se usan más bien sobre todo los E.A.C. –como los que son inducidos en el *ritual de hongos*– e informaciones obtenidas y comunicadas a través de visiones, sueños, diagnóstico por medio del oráculo u otras percepciones subliminales que en las y los pacientes dan lugar a un *darse cuenta.*

---

[78] Un ejemplo de esto lo da la curandera Hermila: "El esposo llega enojado a casa y ella reprime todos sus sentimientos; lo único que ella hace es llorar. Ese es un problema para ella porque no sabe qué hacer. Mi tarea es entonces [...] explicarle que tiene que aceptar la situación y hablar con su pareja cuando él se tranquilice. Pienso que esa es la solución, hablar."

Mediante las declaraciones de las y los curanderos se puede reconocer sin lugar a duda que los E.A.C. representan el medio ideal para *el darse cuenta*.

La alta estima del *darse cuenta* como factor de efecto en los tratamientos de la M.T.M. en general y como factor de efecto en los rituales para la inducción de E.A.C. en particular es muy clara en el siguiente testimonio de la curandera Guadalupe:

> *"Lo que yo creo que pasó en el trabajo con hongos es que ellos le dijeron a él: todo lo que tú padeces ahora, lo que te ha pasado, no tiene porqué pasarte. Tú tienes miedo, pero no te va a pasar nada. Tú sólo debes de tener miedo si tú has causado algo [...], si tú por ejemplo mataste a alguien, entonces ellos te matarán. Si tú tienes miedo, es sólo a ti mismo, todo lo demás no tiene por qué ser. Eso significa que él agarró más confianza en sí mismo, pienso yo. Es como si tú consciencia se abriera y pudieras ver las cosas con más claridad y pudieras sentir la paz interior. Ellos te dan paz interior. Te dan paz interior y esta seguridad de que nada te va a pasar. [...] Porque, aunque otros te lo digan, no lo entiendes realmente."*

La descripción de la curandera muestra que el *darse cuenta* logrado con ayuda de los E.A.C. está acompañado de experiencias emocionales intensas. Además, el *darse cuenta* adquirido en un E.A.C. se caracteriza muy a menudo por su profundidad y claridad, así como por la creatividad con la cual están integradas las partes sanas de la persona y una sorprendente durabilidad a lo largo del tiempo. La calidad especial del *darse cuenta* adquirido en el estado altera de consciencia no pocas veces tiene la calidad de *introyecciones curativas* y su potencial psicoterapéutico específico (ver subcapítulo 12.5).

Respecto a la suposición en la antropología médica de que *el darse cuenta* es exclusivo de la psicoterapia occidental orientada psicoanalíticamente, concluimos a la luz de nuestra investigación que debe tratarse de un error producido probablemente por una perspectiva etnocéntrica hacia el tipo contenido del darse cuenta o sea de los conocimientos adquiridos.

Por lo tanto, desde una perspectiva culturalmente sensible no es plausible que el *darse cuenta* se refiera exclusivamente a aspectos inconscientes de la historia de vida de la persona. En una cosmovisión individualista y secular este supuesto implícito de psicoterapias orientadas psicoanalíticamente parece una consecuencia lógica, pero no es convincente en el contexto de una comprensión más global que incrusta la existencia individual en un contexto de poderes espirituales. Partiendo de este punto de vista, es fácil de entender que el *darse cuenta* es terapéuticamente muy valioso en la M.T.M., ya que contiene información respecto a la calidad de las conexiones de la o el paciente con la comunidad social, así como con la dimensión espiritual y los aspectos cósmicos. Las siguientes palabras de la curandera Guadalupe dan un ejemplo de esta opinión en la M.T.M.: *"Es como si experimentaras cómo se siente realmente ser parte de este universo, cómo a veces vives mucho por encima de las cosas, que ni siquiera se es consciente de cómo la vida es en realidad"*. Dichas percepciones no solo tienen un contenido más amplio, sino que a menudo tienen una calidad especial de vivencia debido a su contexto religioso-espiritual, que a menudo puede ser descrita como una vivencia mística o una experiencia de éxtasis caracterizada por una disolución del lego o su abandono temporal en favor de experiencias de conexión intensa del ser humano con su entorno.

El análisis anterior mostró indudablemente que los E.A.C. representan la ruta de acceso más importante para generar el *darse cuenta* en la M.T.M. y que además se deduce que en la mayoría de las terapias tradicionales juega un papel importante como factor de impacto. Una comprensión más amplia del *darse cuenta* como un agente psicoterapéutico en la psicoterapia occidental podría estimular el interés aquellos que trascienden el radio de la vida individual y de las relaciones sociales concretas. De esta manera, el trabajo psicoterapéutico occidental podría ampliar su enfoque a la percepción de la propia existencia individual en contextos transgeneracionales y espirituales, un *darse cuenta* con calidad trascendental.

12.4 Bifocalidad y efecto de sugestión sensorial

"Primero se elimina con flores, con ramas, con aromas toda la tristeza que el paciente tiene [...]Y luego será fortalecido al pedir su recuperación y al derribar la energía del universo para dársela al enfermo para que él se sienta fortalecido."

Curandera Guadalupe

Desde la perspectiva del curanderismo, la capacidad de influir directamente en la condición de la o el paciente por acciones inmateriales ocupa un lugar prominente. Como dice la curandera Hermila: *"La gente se siente diferente, porque nosotros tenemos en nuestro cuerpo la fuerza para eliminar lo malo. Si no tuviéramos esta fuerza, esta fuerza espiritual, no pudiéramos ajustar nada."* Este aspecto mágico de las terapias tradicionales ha sido devaluado desde el punto de vista occidental como una especie de "superstición esotérica". En nuestra opinión, los conocimientos sobre el significado y el espectro psicoterapéutico de las estrategias de intervención bifocales en los rituales de tratamiento tradicionales presentados en este capítulo permiten obtener una comprensión más amplia de los principios de acción psicoterapéuticos subyacentes.

Las acciones simbólicas y las variadas cualidades sensoriales dominan la práctica terapéutica de la M.T.M., mientras que las actividades verbales desempeñan un papel subordinado, aunque significativo. En los capítulos sobre los métodos de tratamiento fueron descritos en detalle los diferentes tratamientos ritualizados en la M.T.M.: la impostación de manos, *los rituales de limpia*, la llamada del nombre de la o el paciente en los rituales para curar el susto, la proyección de lo interno a través de imágenes en los diagnósticos del oráculo utilizando diversos materiales, el uso generalizado de hierbas y esencias aromáticas o incienso, la frotación del cuerpo masajeándolo con hierbas o un huevo crudo, la generación de estímulos de calor o frío, el ligero susto rociando con esencias aromáticas, el canto, así como la recitación melódica de oraciones. Este enfoque sensorial generalmente estimula varios sentidos al mismo tiempo, concentrándose en los sentidos del olfato, el tacto, así como la percepción de la temperatura y que la calidad de la estimulación está asociada predominantemente con sentimientos positivos. Ese carácter sensorial es típico en las terapias tradicionales y ha sido descrito en la antropología médica, pero pensamos hasta ahora, no se ha comprendido de manera exhaustiva su significado terapéutico.

El interés de la investigación antropológica se basaba al principio en el significado simbólico de las terapias, así es que la variedad sensorial representaba poco más que un accesorio decorativo. Con el concepto de "performance" de Laderman y Roseman (1996), se dio mayor énfasis a la calidad sensorial de las terapias tradicionales y se consideró la estimulación sensorial como un elemento esencial de estas, aunque solamente de manera descriptiva, sin valorar su función terapéutica con más detalle.

Los resultados de nuestra investigación llevaron gradualmente a comprender que la calidad sensorial performativa de los rituales de tratamiento es más que una *"coloración cultural"* de la terapia, sino que sirve para activar un importante mecanismo de acción psicoterapéutica. Las y los curanderos con sus intervenciones verbales y de estimulación sensorial crean intencionalmente en el proceso ritual una conexión simultánea entre el nivel simbólico abstracto y el nivel de experiencia sensorial física. A esta característica de los rituales de tratamiento de la M.T.M. la llamamos principio de bifocalidad. En el curanderismo se usa el principio de bifocalidad muy conscientemente, como lo demuestra el testimonio de la curandera Guadalupe:

> *"Y cuando dices la oración para que él se pueda calmar, lo frotas con una esencia para que él pueda sentir lo placentero, que él pueda soltar toda la carga, que él recibe algo nuevo. En realidad, la esencia que es aplicada es un símbolo, pero por dentro se siente el cambio. Crees que es causada por el aroma, esta sensación de estar equilibrado. Pero en realidad, eso es porque algo comienza a brillar en ti. Sólo que el aroma evoca la percepción de algo agradable, bello. Es decir, percibes algo que está sucediendo internamente al mismo tiempo. Solo que eso no viene del aroma, solo crees que el aroma lo causa. "*

Así, la eficacia psicoterapéutica de la estimulación sensorial se basa en la estrecha conexión entre la experiencia sensorial y los procesos espirituales. En el lenguaje figurativo del curanderismo, se habla por ejemplo del hecho de que el espíritu de un ser humano, y también de otros espíritus, se siente atraído por estímulos sensoriales placenteros. Por lo mismo, como lo describe la curandera Hermila, se usa la estimulación sensorial en el tratamiento de trastornos de disociación: *"Y con las hierbas golpeamos sobre todo la zona del pecho para que él [paciente] reaccione, para que él [espíritu del paciente] regrese".* Con ayuda de tales testimonios de las y los curanderos y observando su trabajo terapéutico, comenzamos a comprender la bifocalidad de sus intervenciones como un mecanismo de acción psicoterapéutico. Así, pensamos que los estímulos sensoriales utilizados inicialmente desencadenan una leve desintegración de las estructuras psíquicas establecidas, lo cual es un requisito fundamental para cualquier proceso de cambio. Esta intención se nota claramente en el ritual de limpia, cuando las curanderas provocan un breve susto con la técnica de rociar directamente de su boca y con presión una esencia aromática a puntos específicos del cuerpo de la o el paciente. La curandera Guadalupe reflexiona el efecto psicoterapéutico del *rociado:*

> *"Por ejemplo, tú estás profundamente triste, tú te sientes muy triste y si eres rociado con esencia de azahar [...] es frío y entonces tú reaccionas. [...] Y es como si la carga se desprendiera de ti y tú sientes incluso que te da mucho calor".*

En este testimonio de la curandera queda claro que en el curanderismo a menudo se utilizan los estímulos sensoriales para evocar emociones positivas en las y los pacientes. Así se utiliza, por así decirlo, la función amplificadora de una experiencia sensorial específica en el proceso ritual para desencadenar ciertas experiencias racionales y emocionales; y debido a la estimulación bifocal, la atención de la o el paciente se centra al mismo tiempo en un nivel simbólico, por ejemplo, en el contenido de las oraciones y las palabras tranquilizadoras de la o el curandero, siendo el impacto terapéutico generalmente subliminal. En otras palabras, se trata de una forma de influencia terapéutica sugestiva donde para llegar a la mente de la o el paciente por debajo del umbral de conciencia, estas intervenciones "evaden" el procesamiento consciente y por lo tanto partes de los mecanismos de defensa[79]. Los poderes especiales atribuidos a las personas que ejercen el curanderismo probablemente aumentan el efecto sugestivo de sus intervenciones terapéuticas.

La primera vez que identificamos el uso de la estimulación bifocal y de la sugestión en la M.T.M., nos faltaba todavía entender qué mecanismo psicoterapéutico altamente eficaz estaban utilizando las y los curanderos. La ayuda para entenderlo a profundidad provino de algunas experiencias con el método de *Desensibilización y reprocesamiento por movimientos oculares* (EMDR por sus siglas en inglés)[80] como una técnica de intervención bifocal, así como con técnicas hipnoterapéuticas de tratamiento. Conociendo las estrategias de intervención hipnoterapéuticas, se entiende muy claramente en las descripciones de las curanderas que, por ejemplo, *la*

---

[79] La sugestión en psicoterapia se refiere a los tipos de acción interpersonal que tienen lugar mediante la percepción emocional y sin la participación de procesos racionales (ver Kossak, 2004, entre otros).

[80] La técnica EMDR (Eye Movement Desensitization and Reprocessing) es un método que utiliza la estimulación bifocal, sobre todo en el tratamiento de trastornos post-traumáticos y fue desarrollada por la psicóloga estadounidense Francine Shapiro (Shapiro, 1999).

técnica del rociado busca la desestabilización intencionada de estados psíquicos, afectivos y cognitivos, proceso que es conocido en la hipnoterapia como *interrupción de patrones*. Se trata de un distanciamiento provisional de los patrones habituales de procesamiento mental con el objetivo de fomentar el surgimiento de nuevas asociaciones y cambios cualitativos en los patrones de procesamiento mental a través de momentos de *vacío creativo*. Al igual que en la M.T.M., en la hipnoterapia son precisamente estos *momentos de vacío creativo* evocados terapéuticamente y la estimulación simultánea tanto del hemisferio izquierdo, como del derecho los que se utilizan deliberadamente como fuentes de influencia sugestiva subliminal en el estado mental de la o el paciente. Parecido a los tratamientos en el curanderismo, la hipnoterapia tiene como objetivo activar los procesos psíquicos básicos, especialmente el equilibrio de las actividades neuronales del hemisferio derecho e izquierdo, así como los procesos corticales y subcorticales a través de la simultaneidad de la estimulación sensorial y las intervenciones verbales. En las últimas décadas, la psicoterapia occidental ha descubierto el alto potencial psicoterapéutico de dicha estimulación bilateral y la ha estado utilizando cada vez más. Las diferentes técnicas bifocales de estimulación, las cuales fueron desarrolladas a partir de la ya mencionada técnica de EMDR, son una prueba de ello.

Además de las similitudes que se pueden ver en el uso de la bifocalidad y la sugestión en la M.T.M. y las técnicas hipnoterapéuticas en la psicoterapia occidental, es importante subrayar una diferencia significativa. Por ello nos referimos al método del oráculo, uno de los procedimientos psicodiagnósticos más importantes de la M.T.M. Desde la perspectiva de la psicoterapia occidental, el oráculo se ha entendido principalmente como un método que utiliza el mecanismo psíquico de la proyección para realizar el diagnóstico. Como ya se explicó detalladamente en el capítulo referente a la técnica de lectura del oráculo, Freud reconoció que era necesario un alto grado de capacidad mental de síntesis de informaciones percibidas consciente e inconscientemente por parte de la persona que hacía la lectura del oráculo. A este procesamiento de síntesis él le llamó *trabajo de oráculo*, haciendo referencia a su concepto de *trabajo de sueño*. En la medida en que entendemos cada vez mejor el principio de funcionamiento de la bifocalidad en los tratamientos del curanderismo, parece evidente que también en las técnicas del oráculo se provoca una orientación bifocal de la atención. Por lo tanto, las estructuras visuales del material del oráculo llaman la atención de la o el curandero, mientras que, al mismo tiempo procesa y verbaliza la información consciente y subliminal que registró en el contacto con la o el paciente para formar su diagnóstico. Así, parece evidente de que la estimulación bifocal de la propia conciencia es un requisito previo para que la o el curandero pueda generar diagnósticos oraculares eficaces y de alto valor terapéutico.

Por lo tanto, el diagnóstico por medio del oráculo se basa en *la técnica de autoestimulación bifocal*, que es utilizada por la o el curandero para aumentar su propia capacidad y creatividad en el procesamiento de la información; y. a diferencia de la psicoterapia occidental, las y los curanderos utilizan de una manera extensa las posibilidades de modificar los propios estados de consciencia al servicio de la curación de sus pacientes. En otras palabras, con el fin de realizar diagnósticos por medio del oráculo las y los curanderos entran en mini estados de conciencia alterada con ayuda de la autoinducción, que se realiza, entre otras cosas, mediante la estimulación bifocal de su atención.

Se puede resumir que en el curanderismo se conoce el principio psicoterapéutico de la estimulación bifocal con mucha precisión y quienes la ejercen utilizan esta estimulación de manera específica y multifacética. Aplicado a la o el paciente, sirve para interrumpir patrones psíquicos, actualizar las emociones que se han evitado e influir intencionalmente y de manera sugestiva a estados mentales y emocionales. Además, la estimulación bifocal también se utiliza para la auto manipulación del propio estado de conciencia, que principalmente sirve para aumentar el poder de procesamiento mental en la fase de diagnóstico.

La medicina tradicional ha adquirido varios siglos de experiencia en esta área de la práctica de tratamiento psicoterapéutico, lo que se manifiesta actualmente en el dominio con el que las y los curanderos utilizan el principio de estimulación bifocal y técnicas de influencia sugestiva en sus rituales de tratamiento. Para la psicoterapia occidental, que recientemente ha desarrollado un acceso nuevo incluso más fuerte a estas técnicas de intervención, la práctica médica tradicional en ese campo puede proporcionar sugerencias e impulsos valiosos.

12.5 La generación de "introyecciones curativas" en rituales con estados profundamente alterados de conciencia

"Eso le ayudó a ver claramente. Los hongos también lo han motivado a tomar una decisión sobre quién quiere ser en la vida. Esto es ahora un intento por cambiar, pero más consciente, más profundo. Porque antes ya lo había intentado, pero, cuando aparecían los conflictos y se enojaba con su hermano o con su madre, volvía a consumir drogas.

Ahora ya no tiene ganas de comprar drogas. [...] Y los hongos también le dijeron que él debe de cambiar de amigos, que debe de ponerse a estudiar y que su camino es la música. Él estaba muy contento después de esta experiencia."

Curandera Guadalupe

¿Cómo puede entenderse el gran valor de los rituales que usan sustancias psicoactivas en la M.T.M.? ¿Cómo además si en un contexto cultural secular, los conceptos explicativos religioso-espirituales no pueden usarse como lo hace el curanderismo?

Los estudios farmacológicos de las sustancias psicoactivas naturales utilizadas en los sistemas médicos tradicionales han revelado la similitud química que estos presentan con los neurotransmisores del cerebro humano. Por ejemplo, tanto el agente activo psilocibina de los hongos como el LSD, muestran semejanzas con la serotonina (Hermle, 2008, p. 152). El efecto psicoactivo de la ayahuasca, sustancia que se extrae de un tipo de liana que crece en las selvas de América del Sur, radica en la interacción de un inhibidor de la monoamino oxidasa (IMAO) con una sustancia que contiene DMT[81] como desencadenante del efecto psicoactivo, que se detecta como un neurotransmisor en el sistema nervioso humano (Adelaars *et al.*, 2006, p. 39; Strassmann, 2004). Estos hallazgos muestran a primera vista que el uso de sustancias psicoactivas naturales en los sistemas médicos tradicionales es un tipo de psicofarmacoterapia indígena.

---

[81] La N,N-dimetiltriptamina (DMT) es un alcaloide de triptamina psicoactivo altamente potente, sobre todo visualmente efectivo, que sin embargo, se disuelve muy rápidamente con la enzima monoamino-axidasa endógena (MAO); por lo tanto, es solo con el uso simultáneo de un inhibidor de la monoamino oxidasa (IMAO) que se inducen los E.A.C. (Strassman, 2004).

Si se analiza detenidamente, se puede observar una diferencia significativa con el tratamiento psicofarmacológico de la medicina occidental. Este último ejerce durante un tiempo más largo –meses hasta años– un impacto fármaco-químico constante, con el fin de modificar de tal manera diferentes aspectos basales del estado psíquico, como el estado de ánimo, la motivación o lograr calma, sin incluir niveles superiores de la psique, como la capacidad de autorreflexión, la necesidad de hacer sentido de algo con posibilidades de *darse cuenta*. Por el contrario, el grupo de *las sustancias psicodélicas*[82], a diferencia de la totalidad de sustancias psicoactivas, tiene solo una influencia farmacológica temporal en los procesos neuroendocrinológicos, y además suele ser experimentado por la persona de manera significativa. Es este efecto psicodélico particular que hace a estas sustancias de mayor interés en el contexto psicoterapéutico (Jungaberle *et al.*, 2008, p. 33). Este modo de acción de las sustancias psicodélicas ha sido entendido, entre otros, como *"activación química de matrices dinámicas en el subconsciente"* (Grof, 1983, p. 63) o como activación de pautas implícitas de la psique humana, lo que refiere a contenidos mentales patológicos relevantes de naturaleza inconsciente e instintiva (Jungaberle *et al.*, 2008). La investigación en psicoterapia ha comprobado que una *"activación de los contenidos mentales patológicos relevantes"* es un requisito indispensable para cada cambio psicoterapéutico (Grawe, 1999). Además, Jungaberle y sus colegas señalan que el efecto específico de las sustancias psicoactivas va mucho más allá de la *"activación del problema mental"*, ya que casi al mismo tiempo, la sustancia suele activar contenidos mentales en la psique de la persona. Es por eso que el uso terapéutico de sustancias psicoactivas a menudo conduce a transiciones fluidas entre los patrones mentales patológicos que son activados y un proceso de formación de nuevas conexiones mentales de cualidad curativa. Un ejemplo ilustrativo de estas transiciones lo proporcionan las experiencias del paciente Ignacio tanto en *el ritual de hongos* como en *el ritual de temazcal* que se describieron anteriormente.

En la primera fase de la investigación y aplicación de sustancias psicodélicas en la psiquiatría y la psicoterapia occidentales, se acuñaron los términos de "psicólisis" y "psicosíntesis" para describir el carácter bifásico del

---

[82] Psicodélico, que viene de las palabras griegas *psique* y *delos*; significa lo que hace visible a la psique y fue introducido al discurso de la medicina y psicoterapia occidental en el año 1956 por el psiquiatra estadounidense Humphrey Osmond, inspirado por un intercambio de ideas con el autor Aldous Huxley con respecto a experiencias con tales sustancias (LSD; Mezcalin).

proceso intrapsíquico inducido (Roquet & Favreau, 1981, p. 121). La llamada *fase psicolítica* se caracteriza por procesos mentales de descontextualización, el debilitamiento temporal de las funciones del yo y de las formaciones de defensa neurótica individuales, además de la intensificación de las emociones. Esto conduce a la activación de problemas y confrontación en la experiencia subjetiva que se experimentan como vivencia inmediata de los conflictos psicológicos internos y de lo reprimido y, a menudo, se acompañan de reacciones catárticas.

A la *fase psicolítica* le sigue inmediatamente la llamada *fase psicosintética*, que se describe como un proceso involuntario de reforma y síntesis de patrones psíquicos que típicamente está acompañada por emociones marcadamente positivas y un sentimiento intenso de apego al mundo. Es en esta fase en la que a menudo se establece una conexión entre los recursos activados, biográficos e individuales con experiencias colectivas, muchas veces espirituales, la cual se percibe subjetivamente como una nueva visión o incluso una transformación profunda de las propias actitudes. *Las experiencias de apego generalizadas o cosmo biopsicosociales* descritas por van Quekelberge (1995) como una típica experiencia subjetiva en el E.A.C. deben de adjudicarse al espectro *psicosintético* de los efectos de sustancias psicodélicas.

También la investigación neurocientífica sobre las condiciones de los E.A.C. identificó patrones fisiológicos característicos de estimulación del cerebro correlacionados con diferentes tipos de experiencias subjetivas. Estos fueron subdivididos en las categorías de *disolución del yo del tipo oceánico, desintegración temerosa del yo y reestructuración visionaria*. La primera categoría se caracteriza por una vivencia de espacio y tiempo cambiada, la segunda por la experiencia angustiante de desintegración del yo o ego. La tercera categoría resume cambios experimentados respecto a las atribuciones de significado que pueden asociarse con alucinaciones e ilusiones (Dittrich, 1985 y Vollenweider, 2008). Estos hallazgos demuestran que en la fisiología cerebral los E.A.C. activan patrones de excitación neuronal que colocan a nuestra psique en una disposición óptima para cambios profundos. Los hallazgos de la investigación neurofisiológica hasta la fecha confirman que nuestra psique puede reorganizarse a sí misma mediante la acción de sustancias psicodélicas aplicadas en condiciones internas como externas apropiadas más allá de los esfuerzos conscientes, activando problemas inconscientes y acoplándolos con poderes internos de autocuración. Aquí surgen interesantes conexiones conceptuales con la *teoría de la consistencia* de K. Grawe (1999). Este conocido investigador alemán en psicoterapia entiende el *principio de la consistencia* como principio de auto organización de procesos conscientes e inconscientes, por así decirlo.

Jungaberle y sus colegas (2008) retoman las reflexiones de Grawe acerca de la comprensión de los efectos psicoterapéuticos de las sustancias psicodélicas y postulan que:

> *…mediante la estimulación directa de los procesos neuronales bajo la influencia de sustancias, se efectúa un cambio temporal en la regulación de la consistencia en el organismo. Los mecanismos de aseguramiento de la consistencia, en gran medida preconscientes, como los procesos de defensa y la regulación de las emociones, se modifican, lo que permite el darse cuenta y una nueva experiencia para la o el paciente* (p. 33).

Se ha dicho a menudo que en un E.A.C. las personas tienen experiencias claves, profundamente significativas, como por ejemplo Ignacio durante los rituales en el curso de su tratamiento. En tal estado extático de experiencia interna, que contrasta con el modo ordinario de experimentar el mundo y del propio yo, la vivencia personal adquiere una calidad e intensidad especial, a menudo descrita como mística, numinosa, trascendente. Estas experiencias relativamente repentinas y experimentadas intensamente en un estado profundamente alterado de la conciencia pueden describirse también como traumáticas, de acuerdo con los conceptos teóricos de la psicoterapia occidental con orientación psicoanalítica. En contraste con el uso común del término de trauma –que refiere a los efectos patogénicos y los procesos intrapsíquicos negativos resultantes de un suceso– en un E.A.C. se trata de experiencias abrumadoras, que se caracterizan principalmente por un contenido curativo eficaz y emocionalmente positivo. Lo "abrumador" de estas experiencias en los E.A.C. se explica en parte por su intensidad emocional combinada con la pérdida de control del yo. Parece plausible que una experiencia de este tipo tenga más la calidad de un introyecto traumático, algo que no puede ser integrado fácilmente por la psique de la persona.

La hipótesis presentada aquí también está respaldada por el fenómeno de flashback[83], que se considera una característica clínica típica de psicotrauma y que también se describe en la literatura de investigación médica, como posible efecto secundario o complicación en el uso de sustancias psicodélicas.

Es conocido, gracias a la investigación, que las experiencias traumáticas se almacenan en la memoria de manera diferente a las experiencias habituales y que están muy poco integradas en la memoria narrativa. En la psicoterapia orientada psicoanalíticamente a esto se le conoce como *introyección*, en contraste con la identificación. La introyección representa un modo pasivo de internalización, a diferencia de la identificación como un modo activo en el cual el Yo integra algunas propiedades de objeto y experiencias externas.

Los *introyectos* se experimentan subjetivamente como relativamente ajenos en contraste con la mayoría de los pensamientos, sentimientos y recuerdos que son egosintónicos, es decir en los cuales el Yo siente como *"que le pertenecen"* (Hirsch, 2002). Estrechamente relacionada con esta característica está la larga durabilidad de estas introyecciones en la memoria, ya que, debido a su cualidad egodistónica, solo se integran de manera lenta e incompleta en la experiencia del Yo. Mientras que las introyecciones traumáticas negativas tienen un efecto agonizante en la psique, las experiencias abrumadoras de cualidad "mística positiva", causadas en los rituales con E.A.C., actúan como *introyecciones benignas o curativas*. Es decir, que las experiencias de cualidad mística llevan a que sus contenidos curativos se almacenen en la memoria como una especie de representación interna que inicialmente es relativamente egodistónica. Esto implica que después de la experiencia mística positiva que se vivió durante un ritual con E.A.C. se requiere de un proceso interno de integración para sacar beneficio de su cualidad curativa.

Observaciones a los procesos terapéuticos y los efectos tardíos de los rituales con E.A.C. muestran que estas *introyecciones curativas* pueden desarrollar un efecto de largo plazo que es metafóricamente comparable al efecto de almacén de ciertos psicofármacos. Un ejemplo de esta alta durabilidad temporal de las experiencias terapéuticas claves se muestra en el segui-

---

[83] Como flashback en la psicología se denomina remembranzas repentinas e involuntarias de cualidad sensorial intensa, causado por vivencias originarias de cualidad abrumadora.

miento del tratamiento de Ignacio respecto del *ritual de temazcal y hongos*. Ignacio asegura que ha podido recurrir recuerdo de la experiencia –clave, extraordinaria y positiva que tuvo durante *el ritual de temazcal*– durante un período de aproximadamente un año, cuando el necesitaba en su vida diaria fortaleza para enfrentar situaciones difíciles y angustiantes, como su graduación de la preparatoria.

La siguiente figura muestra esquemáticamente *el concepto de introyectos curativos,* su aparición y significado en el proceso psicoterapéutico bajo el uso del E.A.C., haciendo referencia a las reflexiones de Ignacio sobre *el ritual de temazcal y de hongos.*

Las consideraciones teóricas sobre los cambios estructurales psíquicos como el *introyecto curativo,* que pueden ser generados por las formas extáticas de la conciencia en un ritual terapéutico, ilustran el enorme potencial psicoterapéutico de estos rituales, lo que en principio debería ser de interés para cualquier forma de psicoterapia. Además de los efectos duraderos de las experiencias terapéuticas clave en los rituales con E.A.C., existe una segunda peculiaridad relevante para la psicoterapia: al estar bajo un E.A.C. los procesos internos son en gran parte espontáneos y autónomos y, se experimentan subjetivamente como acceso a un "conocimiento interno" y a "poderes de autocuración". Como sugiere la curandera Guadalupe al describir la experiencia de un paciente en un ritual de hongos, los conocimientos concebidos por el propio paciente a menudo tienen una mayor concisión y persuasión –"*...porque a veces, incluso cuando otros te dicen, realmente no lo entiendes*"– y además refuerzan

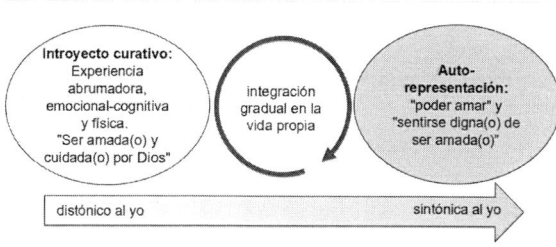

Figura 11. *Aparición y modo de acción de los "introyectos curativos" utilizando el ejemplo del tratamiento de Ignacio con el ritual de temazcal.*

la experiencia de autoeficacia en la o el paciente. Por lo tanto, parece apropiado hablar aquí de una posible experiencia emancipatoria para las y los participantes del ritual.

Hay datos empíricos también en la psicoterapia occidental que indican que la mayor autonomía de las y los pacientes respecto su terapeuta puede ser particularmente útil para algunos grupos de pacientes, particularmente en tratamientos de adicciones.

En resumen, los hallazgos y reflexiones sobre el complejo modo de acción de los E.A.C. confirman su potencial psicoterapéutico desde la perspectiva de la psicoterapia occidental. Como los E.A.C. son de naturaleza universal y por lo tanto pueden ser inducidos y utilizados terapéuticamente en personas de todas las culturas, parece justo reconocerlos como otro *factor común de impacto de las terapias simbólicas,* como Andritzky ya había sugerido (1990, p. 29). Entender más profundamente el papel clave que juega este factor de efecto en culturas médicas no occidentales debería incrementar el interés de la psicoterapia occidental en los recursos psicoterapéuticos, en el campo de las formas extáticas de la conciencia del Yo y del mundo.

12.6 Variantes culturales específicas en el uso de procesos regresivos en terapia

Es importante recordar que en esa cultura[84],la educación de la primera infancia se caracterizapor la falta de renuncia y prohibiciones a las tendencias de la libido.

(Parin et al., 1983, p. 563)

La M.T.M. utiliza en la comunicación terapéutica información que no es lógica ni racional, en una forma amplia y elaborada que es desconocida en la psicoterapia occidental. Esto se hace evidente en el poco significado que se atribuye a la conversación terapéutica, la gran importancia de la acción y el carácter performativo de los métodos curativos. Además, existen múltiples técnicas con las cuales la o el curandero se ponen junto con su paciente en un E.A.C. La revisión de estas maneras de accionar del curan-

---

[84]   La afirmación se refiere concretamente a la cultura africana del pueblo de los Dogon, una tribu de la región de Malí y resalta una diferencia importante en las experiencias de socialización temprana características en la cultura occidental.

derismo permite referirse al uso generalizado de procesos mentales a nivel del *proceso primario*[85] como un mecanismo básico de acción de la M.T.M. Esta forma de enfocar la curación de enfermedades mentales difiere significativamente del enfoque terapéutico de la psicoterapia occidental.

Aunque el psicoanálisis utiliza también el *proceso primario*, la comparación con la M.T.M. hace evidente los límites inherentes al método psicoanalítico en el uso de este. Constituye una diferencia significativa si solo la o el paciente o junto con la o el curandero-terapeuta, interactúan a nivel del *proceso primario* al servicio de la terapia. La capacidad altamente desarrollada de las y los curanderos "para la regresión al servicio de la terapia" permite, por un lado, obtener información diagnóstica integral que en forma inmediata es puesta en acciones terapéuticas, estructurando en forma creativa y llevando adelante activamente el proceso terapéutico, y por el otro –debido a la pertinente actitud de devoción a los poderes mentales y psíquicos– las y los curanderas hacen de modelo para la o el paciente respecto a cómo es estar dispuesto al cambio. A diferencia de la psicoterapia occidental, donde la actitud y las acciones de las y los terapeutas están mucho más determinadas por *el proceso secundario*, en otras palabras, por el control lógico-racional del proceso terapéutico, *la capacidad de regresión al servicio de la terapia* es una de las competencias terapéuticas fundamentales de las y los curanderos y goza de gran prestigio como condición previa para la comunicación con la dimensión de lo sagrado.

En tabla 7 se compara, mediante algunos aspectos claves, el uso terapéutico de la regresión psíquica o el modo de procesamiento primario en la M.T.M. y en la psicoterapia occidental, la cual es representada en la tabla por el psicoanálisis y la terapia conductual.

La comparación muestra diferencias claras entre las dos culturas terapéuticas, aunque también revela una variabilidad relativamente grande en los métodos terapéuticos occidentales. Desde una perspectiva intercultural, la conclusión es que la M.T.M. como psicoterapia y los métodos orientados psicoanalíticamente son relativamente cercanos con respecto al uso del *proceso primario*, mientras que la terapia conductual en sus medios terapéuticos hace referencia exclusivamente *al proceso secundario,* lo racional-lógico.

---

[85] Véase en el subcapítulo 8.3. sobre los conceptos psicoanalíticos de proceso primario y secundario.

	Medicina tradicional mexicana	Psicoterapia conductual	Psicoanálisis
Intencionalidad	intencionada	no intencionada	intencionada
Frecuencia de estados regresivos	muy frecuente	-	frecuente
Profundidad de la regresión	gran variedad; grados bajos a altos	-	baja en su mayoría, raras veces grados altos
Involucramiento de la o el terapeuta en la regresión	terapeuta fuertemente involucrada(o) como actor(a) principal y guía de la regresión o regresión conjunta de terapeuta y su paciente	-	terapeuta poco involucrada(o), más en el papel de una guía de la regresión de la o el paciente
Relación entre regresión y lo sagrado	contexto sagrado y en parte individual-biográfico	-	únicamente contexto individual- biográfico

Tabla 7. *Manejo de la regresión en la terapia. Comparación entre la M.T.M. y la psicoterapia occidental.*

Básicamente, la actitud de la psicoterapia occidental hacia el proceso primario parece estar marcada por escepticismo y cautela hacia estas áreas de lo psíquico, que se manifiesta, entre otras cosas, en una tendencia controladora. El concepto de regresión sigue siendo ambivalente en la psicoterapia occidental. Por ejemplo, además de su importancia en la terapia, también se le asocia con el escape de la realidad y con aspectos primitivos y patológicos de lo psíquico. Las primicias más o menos sutiles sobre este modo no lógico racional de funcionamiento de la psique también aparecen en la bien conocida declaración de Freud: *"Donde está el Ello, allí debe estar el Yo".*

Al revés es de destacar alta valoración de esta área en el curanderismo y un manejo audaz de la misma por quienes lo ejercen. Sí se piensa que las experiencias en el ámbito de lo sagrado-espiritual funcionan a la vez como *experiencia de apego* de un orden superior –como concluimos en uno de los capítulos antecedentes –esta diferencia se vuelve aún más plausible. Dado que los estados regresivos en la M.T.M. ocurren en un contexto sagrado, los patrones de apego mental emocionalmente positivos se activan cuando al mismo tiempo, el control del ego se pierde en el estado de regresión. *Por ser parte integral de una experiencia de apego de orden superior, la pérdida del control del ego en un E.A.C. es una experiencia menos aterradora, más bien un tipo de experiencia positiva transitoria de "disolución del ego" y la posibilidad concomitante de fusionarse con el área del "no-ego".*

Fuera de un contexto sagrado, la pérdida de la identidad del ego tendrá más probabilidades de ser experimentada como una pérdida de la consciencia e identidad propia y vivido como estar perdido(a) en un "cosmos indiferente". La importancia de lo sagrado, que está firmemente anclada en la cultura cotidiana y terapéutica indígena mexicana, se presenta aquí como un recurso terapéutico importante para el curanderismo y sus pacientes, ofreciendo un alto grado de certeza y seguridad frente a vivencias "abrumadoras de cambio" o –en términos psicoanalíticos–- como una especie de "contenedor" psicológico. Por lo tanto, al ser reducidos los riesgos de desintegración patológica del ego por el contexto sagrado de la terapia, los efectos positivos de los E.A.C. pueden desplegarse.

A estas diferentes condiciones macroculturales para *el uso de la regresión y el proceso primario* deben de agregársele también las influencias microculturales relevantes. Esto significa que, sin duda, también las experiencias de socialización de las y los curanderos o psicoterapeutas y sus pacientes caracterizan la disposición y/o la capacidad para una regresión mental temporal con efecto curativo. Hay bastante evidencia clínica en las terapias psicoanalíticas que las experiencias de socialización en la primera infancia tienen una influencia formativa en la experiencia individual de *pérdida de control del ego* o *entrega a un poder superior* en la edad adulta. También se sabe que las experiencias de socialización temprana difieren significativamente dependiendo de la cultura. En particular el etnopsicoanálisis se ha hecho un nombre por sí mismo al comprender la interacción entre la psique individual, la socialización específica de la cultura y los valores culturales.

LA DIFERENCIA CULTURAL RESPECTO A LOS CONCEPTOS "CONTROL DEL YO" Y "DEVOCIÓN A UN OTRO Y/O PODER SUPERIOR" DESDE UNA PERSPECTIVA PSICOANALÍTICA.

El psicoanálisis nos ha brindado una amplia información acerca de que las experiencias de socialización en la fase de desarrollo infantil temprano configuran nuestra experiencia de situaciones existenciales de dependencia de un "Otro". En las culturas no occidentales – que incluye la cultura indígena tradicional mexicana– el manejo de la satisfacción de las necesidades del niño o la niña en los primeros años de vida es, en general mucho más complaciente que en la cultura occidental. Parin, Morgenthaler, Parin-Matthey (1983) en un estudio etnopsicoanalítico de personas de la tribu de los Dogon de África Occidental analizaron el efecto en la psique individual de un manejo más complaciente de las necesidades de la o el niño pequeño. Entre otras cosas, encontraron una supresión mucho menos marcada de los deseos instintivos orales narcisistas, una separación menos estricta entre el Yo y el No-Yo, así como una percepción emocionalmente más positiva del propio cuerpo. Según los autores mencionados, la interrupción de la díada madre hijo entre los Dogones a la edad de tres años se maneja psicológicamente desplazando los deseos orales y otros deseos instintivos al grupo social, lo que lleva a la formación de *un ego grupal* (p. 562). En consecuencia, una persona joven en el contexto de una cultura colectivista generalmente no tendrá que reprimir las experiencias emocionalmente negativas y de tono aversivo con una situación de *"dependencia de un otro poderoso"*, y más bien asociará tales situaciones con cualidades positivas de su experiencia, como por ejemplo, las de estar conectado con su grupo social y protegido.

A diferencia de la niña o el niño en las culturas occidentales, que se enfrenta en lo general a experiencias de separación tempranas, en un momento en que existe una "dependencia psico-física" mucho más grande a otras personas, que cuando está en su tercer año de vida. Como consecuencia, las situaciones de *depender del poder de otro(a)* que ocurren más tarde en la vida se asocian inconscientemente con (mayor frecuencia a) las experiencias tempranas de impotencia y abandono. Debido a ello tienen un contenido emocionalmente negativo y se tratan de evitar o rechazar de otra manera, por ejemplo, a través de la devaluación. El modo de proceder más restrictivo en la educación temprana de la higiene pudiera dar a las imágenes internalizadas del "otro/a poderoso/a" un carácter negativamente marcado. El miedo inconsciente de volver a caer en situaciones de dependencia se considera psicoanalíticamente como un motivo importante, generalmente inconsciente, para un desarrollo normal o incluso forzado de la autonomía. Con esto queda claro que la autonomía –que es altamente valorada en la socialización en occidente– con sus fortalezas indiscutibles respecto a las actitudes de exploración y expansión, se basa a menudo en una distorsión de la confianza infantil básica y en la frustración de las necesidades orales, privando a la libido de esas áreas. Como resultado, los recursos importantes situados fuera de la propia identidad del Yo son más difíciles de acceder para las personas de occidente, especialmente cuando se requiere para esto ceder a la actitud habitual de confianza en los poderes y capacidades propias para en cambio permitirse la experiencia de *"esto me está pasando"*.

Desde nuestro punto de vista es adecuado reconocer que a las personas socializadas en culturas occidentales generalmente les es mucho más difícil acceder a *una actitud de entrega y de confianza*, ya que *la pérdida de control del ego* actualiza los miedos inconscientes y los sentimientos reprimidos emocionalmente negativos y, en consecuencia, moviliza los mecanismos de defensa. El manejo controlado o incluso el evitar los procesos regresivos en la psicoterapia occidental también puede entenderse como un mecanismo colectivo de defensa. Estas consideraciones ilustran a modo de ejemplo que cada cultura de terapia se adapta muy específicamente a las condiciones psicológicas de sus participantes, principalmente de las y los pacientes, y también de la o el curandero-terapeuta.

Estas consideraciones sugieren una mayor conciencia crítica respecto de los intentos de transferir técnicas terapéuticas de una cultura a la otra. Echando un vistazo a la historia de la psicoterapia occidental, surge la pregunta de si el fracaso de las aplicaciones terapéuticas de los E.A.C. en las psicoterapias occidentales en los años 70 y 80 no se debió a la ignorancia y manejo inadecuado de este tipo de condiciones intrapsíquicas culturalmente diferentes, subestimando los miedos colectivos despertados. A la vez una mejor autorreflexión del impacto macrocultural en nuestra práctica terapéutica y experiencia individual, puede ser útil para detectar "puntos ciegos" inducidos culturalmente en la propia práctica terapéutica. La autorreflexión crítica de psicoterapeutas occidentales sobre su actitud reservada respecto de usar estados de conciencia más regresivos podría llevar a una apertura gradual al uso de los E.A.C. En última instancia, esto podría beneficiar el tratamiento de grupos específicos de pacientes, que no pueden tener una ayuda adecuada con los recursos actualmente disponibles en la psicoterapia occidental.

13. La M.T.M. y la psicoterapia occidental: una comparación de las dos variantes de terapia simbólica

No solo hemos trivializado el alma en el sentido fisiológico y meca-
nicista, sino también en cualquier otro sentido. Nuestras almas
se encogieron en la era cartesiana.

Mathew Fox (Sheldrake & Fox, 2001, p. 89)

La comparación de las dos culturas de terapia, la M.T.M. y la psicoterapia occidental, intenta resumir la riqueza desarrollada en los capítulos anteriores con criterios y dimensiones generales, relevantes para la práctica, para de tal manera identificar una forma fenomenológica típica de cada una de las dos culturas de terapia.

1) Metateoría y contextualización sagrada versus secular

2) La teoría y la práctica generales de la M.T.M. se basan firmemente en una cosmovisión sagrada que incluye la comprensión de fenómenos y procesos de salud-enfermedad y curación. La psicoterapia occidental es una psicoterapia secular en la que no se conceptualiza una conexión genuina entre lo sagrado y cuestiones de salud-enfermedad, así como con la terapia y los procesos de curación.

3) Rango de métodos amplio versus limitado o multimodal versus monomodal

4) Los métodos terapéuticos de la M.T.M. son de naturaleza fundamentalmente multimodal al integrar intervenciones terapéuticas en el nivel de regulación mental-espiritual, emocional-afectivo, sensorial-físico y racional-lógico, por lo que las intervenciones a diferentes niveles de regulación a menudo ocurren simultáneamente o con una alta densidad temporal. El enfoque terapéutico en la psicoterapia occidental es predominantemente monomodal, por lo que las intervenciones terapéuticas –en los métodos terapéuticos más utilizados– se centran esencialmente en el nivel racional-lógico y emocional-afectivo de la regulación. Cuando se usan otras modalidades en el espectro de la psicoterapia occidental, los métodos son limitados al uso de

esa modalidad, por ejemplo, la terapia corporal o arteterapia. Sólo unos pocos métodos de terapia occidental, tales como el psicodrama, utilizan estrategias de intervención complejas.

5) Carácter triádico versus diádico de la relación terapeuta-paciente

6) La relación terapeuta-paciente es de gran importancia en la psicoterapia occidental, comprendida conceptualmente como la relación interpersonal entre dos personajes del proceso terapéutico. Por lo tanto, en el proceso de terapia, solo puede entenderse y manejarse como una relación diádica. En cambio, la relación terapeuta-paciente en la M.T.M. adquiere un carácter triádico a través de la presencia permanente de la dimensión espiritual. Las posibilidades de la triangulación entre tres personajes del proceso terapéutico tradicional: terapeuta, paciente y poder divino generan una mayor variabilidad en el proceso terapéutico.

7) El proceso primario versus el proceso secundario y el estado de conciencia normal versus alterada en la comunicación terapéutica

8) La M.T.M. asigna a los E.A.C. en diversos grados de intensidad un papel clave en el proceso de terapia, por lo que las y los curanderos en el papel de *psicopompos* desempeñan un papel activo en el proceso de cambiar su conciencia, por así decirlo, guiando e incluso precediendo a sus pacientes en el proceso de regresión. En el curanderismo se trabaja en gran medida, con E.A.C. de alta profundidad de regresión. En la psicoterapia occidental, la comunicación terapéutica tiene lugar predominantemente bajo estados de conciencia normal de vigilia. Solo en algunos métodos psicoterapéuticos, la regresión se usa terapéuticamente (especialmente psicoanálisis, hipnosis, psicoterapia imaginativa), sin embargo, comparado con la M.T.M. su práctica es limitada. Por ejemplo, los cambios del estado de consciencia de vigilia con fines terapéuticos se aplican solo en las y los pacientes, están muy controlados y generalmente a una profundidad de regresión baja. La o el terapeuta permanece en el modo del proceso secundario.

9) Terapia de corto plazo versus terapia de largo plazo:

10) Con base en la duración promedio de las psicoterapias occidentales, los tratamientos en la M.T.M. son generalmente terapias breves. Cada una de las pocas sesiones de tratamiento con M.T.M. tiene

una duración muy variable, a veces una sesión dura varias horas y generalmente se caracteriza por la alta complejidad y la multimodalidad de las intervenciones. En promedio, las psicoterapias occidentales se llevan a cabo a largo plazo (más de diez sesiones). La duración de una sesión generalmente se establece en un máximo de una hora, con intervenciones caracterizadas por una complejidad comparativamente baja. Esto hace suponer que existe una correlación entre el enfoque metodológico para lograr un cambio psicoterapéutico y el tiempo requerido de terapia. En otras palabras, la multimodalidad de intervenciones y el uso más desarrollado de los procesos regresivos en la M.T.M. probablemente acorta la duración de la terapia.

11) Orientación preventiva versus curativa:

12) El tratamiento de la M.T.M. ofrece una proporción equilibrada entre el tratamiento y prevención de enfermedades mentales. La psicoterapia occidental se entiende en la actualidad casi exclusivamente como un tratamiento médico. Los servicios preventivos de salud mental son (aún) muy raros en el marco de la atención médica estatal.

La comparación de las dos terapias simbólicas respecto a algunas de sus características deja ver claramente cómo los valores culturales y normativos influyen en la cultura terapéutica respectiva y se manifiestan en su práctica. La teoría y la práctica de la psicoterapia occidental difiere de la M.T.M., en particular por su alta valoración de la actividad psíquica racional-lógica, así como por un uso terapéutico general mucho más moderado los E.A.C. de regresión, más que nada con menor profundidad de regresión y más controlados.

La manera en que se usa el E.A.C. parece ser una característica constitutiva de la respectiva cultura de la terapia lo la cual influye en muchos aspectos de la práctica terapéutica. Las otras características distintivas mencionadas resultan ser, por así decirlo, consecuencias técnico-terapéuticas del manejo vigente de la regresión psicológica.

Así, la psicoterapia occidental, con su tendencia a disminuir la profundidad de la regresión y hacia un mayor control racional-lógico del proceso de terapia, ha establecido un entorno terapéutico en el que la dosis baja de regresión terapéutica se compensa con una mayor frecuencia de las intervenciones terapéuticas, lo que da como resultado períodos de tratamiento más largos y más sesiones. La M.T.M. aplica lo contrario. Desde este punto de vista, la pregunta sobre la importancia de los E.A.C. y de la regresión parece ser una especie de "pregunta decisiva" para los respectivos sistemas de terapia simbólica.

Además, la comparación de las dos culturas terapéuticas muestra cómo se sintonizan funcionalmente las características del entorno terapéutico y cómo se utilizan los recursos de la respectiva cultura para facilitar a la persona enferma mentalmente un cambio favorable de su estado de salud. Un ejemplo que ilustra esto es la contextualización espiritual que es característica de la M.T.M. y muchos otros sistemas médicos tradicionales, no es solo un "cascarón cultural", sino que se usa ampliamente como un recurso cultural en las terapias. En los métodos de psicoterapia occidentales, la "buena relación terapeuta-paciente" parece realizar al menos algunas de las funciones terapéuticas que se realizan en la M.T.M. a través del *superfactor de lo sagrado*. La importancia extraordinaria asignada a la relación interpersonal en la psicoterapia occidental se puede entender como compensación de la ausencia de lo sagrado en la medicina occidental.

14. El aporte de la M.T.M. a la atención médica en la sociedad mexicana contemporánea

14.1 La M.T.M. como psicoterapia

Los resultados de nuestra investigación de campo muestran de muchas maneras que la M.T.M. es terapéuticamente efectiva para una multitud enfermedades mentales. Se confirman de esta manera las declaraciones de Kiev (1972) de que la medicina tradicional mexicana o el curanderismo pueden hacer una valiosa contribución al tratamiento de la enfermedad mental. *Nuestros hallazgos hablan en detalle sobre la importancia clínica de la M.T.M. como psicoterapia*:

1) Se mostró como una práctica terapéutica metodológicamente diferenciada para enfermedades mentales.

2) En una muestra pequeña y significativa de pacientes con trastornos mentales y psicosomáticos con diferentes grados de severidad, se identificaron efectos significativos y estables del tratamiento, lo que indica que la M.T.M., como psicoterapia, parece tener efectos terapéuticos comparables a los de la psicoterapia occidental que ya ha sido intensamente comprobada. Teniendo en cuenta el aspecto de los costos temporales del tratamiento para ciertas enfermedades mentales, la eficacia de la M.T.M. parece ser incluso superior a la de la psicoterapia occidental. Sin embargo, se necesitan más estudios con un mayor número de pacientes y la consideración sistemática de las enfermedades mentales más importantes para verificar la validez de esta afirmación hipotética.

3) La M.T.M. como psicoterapia seguirá siendo el método terapéutico de elección, debido al ajuste cultural que es tan importante para las terapias simbólicas, especialmente para aquellos grupos de pacientes que están más apegados a los valores culturales tradicionales.

4) Además, existen indicaciones –empíricamente aún no lo suficientemente fundamentadas– de una superioridad relativa de la M.T.M.,

en el tratamiento de ciertas enfermedades mentales, como adicciones y trastornos psicosomáticos, las que actualmente son tratadas con los medios de la psicoterapia occidental solo con resultados insatisfactorios y, por lo tanto, a menudo con grandes costos de tiempo y económicos.

5) La prevención de enfermedades mentales es un campo de actividad altamente considerado en la medicina tradicional mexicana. Esta contribución a la salud mental y la salud psicosomática de la población mexicana es hasta ahora poco valorada y, por ello, difícil de medir, pero merece un reconocimiento adecuado como un aporte significativo y específico a la atención médica de la población mexicana. La enorme importancia de las medidas preventivas en el campo de las enfermedades mentales se hace más evidente cuando se toma en cuenta, por ejemplo, que las enfermedades mentales en países occidentales como Alemania se encuentran entre las enfermedades más comunes y que su prevención es un tema hasta ahora descuidado.

6) El impacto psicoterapéutico que se encontró en la M.T.M. se ha podido explicar ampliamente con teorías científicas y hallazgos de la investigación de la psicología y psicoterapia occidental. Los conceptos y métodos de tratamiento de las y los curanderos mexicanos han sido identificados como una práctica terapéutica basada en un amplio conocimiento de mecanismos fundamentales de influencia psicológica. Nuestra investigación muestra que la M.T.M. tiene una práctica elaborada de tipo psicoterapéutico. Por lo tanto, las acusaciones de *charlatanería* que en el pasado se le hacían, especialmente a las aplicaciones de los rituales de curación simbólicos, se refutan ampliamente.

En resumen, el presente estudio ha proporcionado una gran cantidad de pruebas de que el tratamiento psicoterapéutico es uno de los componentes claves en la M.T.M. De lo que se deduce que la importancia de la M.T.M. para el cuidado de la salud de la población mexicana solo se comprende plenamente si se reconocen adecuadamente las competencias psicoterapéuticas de las personas que la ejercen: las y los curanderos.

14.2 La M.T.M. como un sistema médico activo entre continuidad y cambio

Nuestros hallazgos muestran a la M.T.M. como un sistema médico con una capacidad sorprendente para preservar el conocimiento de la curación tradicional. Así, nuestra investigación muestra que los procedimientos contemporáneos de diagnóstico y terapéuticos mencionados por las y los curanderos están relacionados en forma directa con la práctica médica indígena del período anterior a la colonización de México. Incluso características muy sofisticadas como la visión holística de la enfermedad y de la práctica del tratamiento, la primacía de los procesos mentales y espirituales para la enfermedad y la salud, y el alto grado de regresión en el tratamiento, han sobrevivido evidentemente durante siglos. La continuidad del conocimiento curativo tradicional es aún más impresionante cuando se considera que la difusión del conocimiento curativo de la M.T.M. es y era casi exclusivamente oral y, que los métodos más importantes para tratar enfermedades mentales hoy en día, como el uso de sustancias psicoactivas, la lectura del oráculo y la interpretación de los sueños fueron sometidos a una estricta persecución por parte de las instituciones eclesiásticas y estatales durante la época colonial. Desde un punto de vista clínico, una explicación de la continuidad de los métodos indígenas para el tratamiento de enfermedades mentales después de siglos es su eficacia terapéutica hasta el presente inigualable.

Además, ha quedado claro en la investigación de campo que quienes ejercen la M.T.M. se comprenden principalmente como guardianes de una valiosa tradición terapéutica, pero al mismo tiempo siguen con interés y franqueza los desarrollos de la medicina occidental moderna a la que tienen acceso y los integran de forma selectiva en sus propias estrategias de tratamiento. Por ejemplo, en los diagnósticos al inicio del tratamiento, el curanderismo citadino diferencia entre enfermedades principalmente somáticas, de un lado, y psíquicas o psicosomáticas por el otro, y se recomienda a la o el paciente, en el caso de una gran cantidad de enfermedades orgánicas, el tratamiento complementario o prescrito por la medicina institucional.

Una excepción a esto es la actitud predominantemente escéptica o negativa de las y los curanderos tradicionales hacia los tratamientos psiquiátricos con psicofármacos. Referente a esta área, quienes participaron en este estudio se consideran especialistas y entienden a los medios de la M.T.M. para el tratamiento de enfermedades mentales de toda gravedad como la forma más adecuada de tratamiento. Respecto a la psicoterapia occidental, las y los curanderos mostraron una actitud en la que el escepticismo se mezcla con el reconocimiento parcial de la potencia terapéutica del otro sistema de terapia. A menudo opinaron desestimándolo de que en el tratamiento psicoterapéutico *"solo se habla"* y de que se ignora la dimensión espiritual de la curación, lo que implicaría que el tratamiento con la psicoterapia occidental no puede lograr el mismo efecto amplio y profundo que un enfoque de tratamiento que tome en cuenta estos aspectos.

A pesar del escepticismo verbalmente expresado por las y los curanderos, los hallazgos mostraron que el curanderismo ha incorporado algunos conceptos y métodos de la psicoterapia occidental en su propia teoría y práctica terapéutica. Evidencia de esto es la valoración del diálogo como un método terapéutico o el hecho de que la curandera Guadalupe hace que sea en primer lugar su paciente quien entre en un E.A.C., en la realización del ritual con hongos, y no la misma curandera, como en la forma tradicional. Interpretamos estos datos como manifestaciones de un proceso de asimilación de aspectos fundamentales de la psicoterapia occidental. Lo que queremos plantear con esto es que hay evidencia que la o el curandero abandona parcialmente el papel tradicional muy activo y directivo en el ritual y se convierte más bien en una compañía en el proceso terapéutico de su paciente.

El cambio cultural hacia una individualización más fuerte se refleja más que nada en los diagnósticos de las y los curanderos citadinos. Además de los diagnósticos tradicionales, que se refieren, por ejemplo, a una génesis espiritual o a las causas de los conflictos de grandes grupos, diagnosticaron también conflictos interpersonales en la familia nuclear o conflictos de roles e identidad en la o el paciente. No es raro que en el curanderismo se hagan diagnósticos en los que se fusionan los conceptos modernos y tradicionales. Así, la curandera Guadalupe diagnostica la adicción del joven Ignacio por un lado como un avanzado *"debilitamiento de sus poderes espirituales"* por el uso crónico de drogas y por otro, formula un diagnóstico psicodinámico al abordar los conflictos de la primera infancia con el divorcio de su madre y padre, así mismo con una madre abrumadora.

Tanto la alta potencia terapéutica de los tratamientos tradicionales para la enfermedad mental como la disposición de las y los curanderos para adaptar sus tratamientos a los conflictos cambiantes y las percepciones conflictivas de sus clientes explican que la demanda de tratamiento con M.T.M. en la población mexicana sigue siendo alto[86].

14.3 Labores de desarrollo y perspectivas futuras de la M.T.M.

La situación de la política de salud en México se describió en detalle en el subcapítulo 2.6. Las perspectivas positivas después del año 2001 en cuanto a una integración de la M.T.M. en la política de salud en México se han visto interrumpidas por ahora, ya que en las últimas décadas ha habido un retroceso en términos de apoyo estatal para su integración al sistema de la salud pública. Sin embargo, vale la pena recordar aquí la resistencia anteriormente probada de la M.T.M. frente a condiciones políticas difíciles. Con optimismo cauteloso, se puede decir que incluso la legalización integral de la M.T.M., actualmente solo "en papel", representa un paso al fortalecimiento de la reputación pública y la autoconfianza de las y los curanderos.

Es importante darse cuenta de que el proceso y los esfuerzos de profesionalización de la M.T.M. no dependen únicamente de las iniciativas estatales. Existen varias organizaciones nacionales y transnacionales para la preservación y el cuidado de la espiritualidad y la medicina indígena.

Desde una perspectiva psicoterapéutica y psicológica, y con base en nuestra investigación, compartimos aquí algunas ideas y recomendaciones:

a. Que los representantes de la M.T.M. participen más activamente en el diálogo con otros representantes del sistema de salud en México es fundamental para el establecimiento de la M.T.M. en la profesión médica.

b. Parece que el desafío en estos diálogos radica en evitar adaptarse demasiado a las expectativas y criterios de la medicina occidental y, por lo tanto, negar aspectos centrales de la propia identidad, ni permanecer en un "discurso nativo" unilateral e inflexible. Por muy

---

[86] El hecho de que, sobre todo la población local recurra de una manera especial a las ofertas de tratamiento de la medicina tradicional en el campo de las enfermedades mentales fue descrito con grandes muestras también para otros países de América Latina en un estudio de Bannerman y colegas (1983).

útiles que sean los conceptos indígenas, a menudo altamente específicos para formular su propia identidad cultural, pueden obstaculizar el intercambio productivo entre las diferentes culturas médicas y tener un efecto de aislamiento. Como resultado de un diálogo a largo plazo con representantes de otros enfoques terapéuticos, podríamos imaginar que la M.T.M. ocupa un lugar reconocido en el sistema nacional de salud, que está marcado tanto por la conectividad como por las peculiaridades y diferencias.

c. Para el establecimiento de la M.T.M. en la atención médica mexicana, seguirá siendo crucial que esta se entienda más como un sistema clínico-terapéutico y, en particular, psicoterapéutico, y se la presente públicamente. Ya se ha examinado críticamente que el lobby científico que afortunadamente la M.T.M. tiene en su propio país, ha llevado en el pasado a una consideración unilateral de los aspectos de las políticas sociales y de salud y al abandono de la relevancia clínica de la M.T.M.

d. Sería deseable que los hallazgos del presente estudio animaran un mayor reconocimiento de la contribución clínica –tanto preventiva como terapéutica– de la M.T.M. a la salud mental del pueblo mexicano y a un fortalecimiento de su posición en el sistema estatal de salud. *La fortaleza de la M.T.M. en el área de salud mental merece estar bien reflejada y representada en sistema de salud mexicano y en la imagen pública de la M.T.M.*

15. ¿Qué puede aprender la psicoterapia occidental de la M.T.M.?

Con el psicoanálisis de Freud… el inconsciente ha sido ontologizado en una instancia y (hablando en términos generales) degenerado en un basurero: allí se arroja lo que es incómodo o mal visto en la conciencia y lo que la o el intérprete proyecta allí (…) Se marginó el precioso potencial del inconsciente como medio para la comunidad, la creatividad, la inspiración y el pensamiento autotrascendente.

(Scharfetter, 2008, pág. 19)

15.1 Redescubrimiento de las y los antepasados

Al inicio de esta investigación con las y los curanderos, pareció como estar entrando en un mundo completamente extraño. Esta primera impresión fue dando paso gradualmente, a entender que estábamos encontrándonos con los elementos chamánicos de la M.TM., y también con las raíces más antiguas de la psicoterapia. Más a menudo de lo esperado, se podían ver sorprendentes similitudes en los principios de acción psicoterapéuticos, detrás de la apariencia tan diferente de las dos culturas terapéuticas. Cuando tenemos una comprensión ampliada de la psicoterapia, mediante la comparación cultural, resulta extraño el darse cuenta hasta qué punto esta similitud ha desaparecido de la conciencia colectiva.

En otras partes de este libro ya se ha explicado en detalle cómo las influencias epistemológicas de la filosofía de Ilustración contribuyeron al desarrollo exitoso de las ciencias naturales y el consiguiente desplazamiento de los temas metafísicos y las posiciones idealistas del discurso científico y filosófico hasta los finales del siglo XIX y comienzos del XX, y en la psicoterapia occidental que se desarrolló en el siglo XIX. Esto explica por qué las más importantes escuelas terapéuticas occidentales como el psicoanálisis y –poco después, la terapia conductual– no estuvieran interesadas en los aspectos espirituales de la curación y la salud y casi irreflexivamente atribuyeran todo lo relacionado con ello a lo patológico. Uno de los ejemplos más prominentes es que Sigmund Freud hizo de la religión algo patológico, definiéndola como un "fenómeno cultural neurótico"[87]. La suposición estrechamente relacionada de la superioridad del conocimiento racional–lógico sobre otras formas de comprensión continuó promoviendo la tendencia dentro de la psicoterapia occidental a no mostrar un interés apreciativo por los sistemas médicos tradicionales.

Este sesgo finalmente está empezando a romperse. La integración de lo espiritual en medicina y psicoterapia –que ya fue predicho por algunas personas en los años 80 del siglo pasado– a partir del año 2000 está manifestándose más y más. En la actualidad las viejas tradiciones de entrenamiento de la mente y la conciencia, ya sea como el cultivo o entrenamiento de la *atención plena*, a través de prácticas de meditación o mediante la inducción dirigida de estados alterados de la conciencia, representan un nuevo foco de interés en la psicoterapia y la investigación terapéutica occidentales.

Este capítulo final destaca los aportes que la M.T.M. puede brindar a la integración de lo espiritual en la psicoterapia occidental. Al mismo tiempo, que la psicoterapia occidental pueda apreciar y aprender de las enseñanzas e impulsos de la medicina tradicional mexicana es una práctica espiritual en sí, porque su fin es conexión, restablecer la conexión con las y los antepasados, aún realizado como un "ritual intelectual occidental". El que la medicina occidental recupere sus antecedentes chamánicos podría llevar adelante la reintegración de lo espiritual en sus múltiples manifestaciones al sistema terapéutico y dar impulsos para un entendimiento y manejo holístico de la curación y la salud.

---

[87] Una excepción entre las figuras fundadoras de la psicoterapia occidental es Carl Gustav Jung. Es gracias a su apreciación explícita del conocimiento contenido en las experiencias místicas y a su interés en la dimensión espiritual de la psique, que su relevancia terapéutica entró de manera limitada en la psicoterapia moderna. Con la enorme difusión de los métodos de psicoterapia conductista y, más tarde, conductual-cognitiva en la investigación y la práctica de la psicoterapia occidental, la supresión de experiencias no racionales y, por tanto, también espiritual-místicas, continuó sin obstáculos hasta el año 2000.

15.2 El potencial psicoterapéutico de la espiritualidad

En las décadas antes y después del año 2000 se puede constatar que el tema de la espiritualidad[88] está volviéndose más visible en la psicoterapia occidental –que ha estado ciega durante mucho tiempo al potencial curativo y transformador de las experiencias espirituales y místicas– así como ante el hecho de que estas son experiencias humanas comunes. En la sociedad hay una creciente conciencia de las limitaciones de la psicoterapia occidental convencional por su concentración unilateral en la persona individual, con sus sentimientos y objetivos, como con sus conflictos y la responsabilidad para resolverlos, lo que tiende a reforzar una perspectiva "egocéntrica", la que por ende incrementa las patologías. Por ejemplo, una exagerada sensación de sufrimiento personal incrementa el sentimiento de soledad y aislamiento, lo que inevitablemente está acompañado de un descuido de las demás personas, de la comunidad y del entorno en general. Además, el no poder acceder a una conciencia de conexión con recursos psicoespirituales que van más allá de las capacidades e ideas personales, lleva en consecuencia a las personas a un agotamiento profundo; síndrome bastante generalizado en la sociedad moderna y con tendencia alarmante de incremento también en las y los psicoterapeutas y el personal médico.

Siendo así, se puede constatar la necesidad muy concreta de reintegrar una perspectiva y práctica espiritual en la psicoterapia occidental, no obstante, de que existen notables obstáculos dado el contexto sumamente secular o secularizado de la psicoterapia y la medicina occidental.

Los primeros pasos en esta "transformación espiritual" los dieron pequeños grupos de profesionistas desde la década de 1970 (Bucher, 2014), quienes, centrándose en enfermedades y problemas de salud, como la ansiedad y la depresión pronunciadas al final de la vida –que no podían tratarse con éxito dentro de los límites de la práctica de tratamiento psicoterapéutico occidental– aplicaron e investigaron diferentes prácticas espirituales-religiosas, como técnicas de meditación y oraciones.

Desde ahí, a partir de 1990, se ha establecido en la psicoterapia occidental el concepto de *atención plena*, un concepto procedente de las tradiciones

---

[88] Como ya se explicó en el Capítulo 4, la espiritualidad se entiende esencialmente como una cualidad de experiencia o actitud que se centra en la relación y conexión de la existencia individual con algo que existe más allá de ella (apego) y de las manifestaciones físico-materiales (trascendencia) y la cual por lo mismo es capaz de estimular cambios terapéuticos valiosos.

de sabiduría mental y espiritual, que desempeña un papel importante en los métodos de meditación budistas, pero que también se practica como contemplación en la religión cristiana. El entrenamiento de la atención plena fue exitosamente integrado como medida de promoción de la salud o método terapéutico y se utiliza, entre otros, para la depresión, los trastornos de ansiedad y para reducir la experiencia del estrés[89].

Así mismo, a partir del año 2000 fueron retomados los estudios con sustancias y estados psicodélicos los que en la actualidad están dando un fuerte impulso a la integración de lo espiritual en la psicoterapia y la medicina. Es interesante observar que el uso de psicodélicos en la medicina occidental en los años 50 del siglo pasado tuvo una explicación siquiátrica, dado que se entendía a los E.A.C. provocados por sustancias como estados artificiales de psicosis, lo que no daba lugar a tomar en cuenta la íntima interrelación de los E.A.C. con vivencias de tipo espiritual hasta místico y menos aún a reconocer su valor terapéutico. Después, en los años 60 y 70, cuando se instalaron en pequeña medida en la psicoterapia occidental métodos que incluían el uso de sustancias psicodélicas[90], se hacía hincapié más en su efecto psicológico (debilitar los mecanismos de defensa, incrementar reacciones emocionales catárticas) que, en el aspecto espiritual, tal vez para no incrementar desde sus inicios el notable potencial conflictivo respecto a la aceptación de estos métodos innovadores por parte del sistema médico más convencional.

Aparentemente la situación de hoy en día es otra. Así, en la actual investigación del uso de psicodélicos en psicoterapia existe un creciente número de reportes que comprueban que las personas bajo la influencia de sustancias psicodélicas muy a menudo tienen experiencias espirituales o incluso de carácter místico[91] y eso independientemente de si tuvieron o no acceso subjetivo a ideas y experiencias religioso-espirituales antes del tratamiento (entre otros ver la revisión sistemática de Aday *et al.* 2020, p.4-8). Además, se comprobó en la mayoría de los estudios psicodélicos clínicos que

---

[89] Su uso con fines terapéuticos se realiza en forma del método MBSR (sigla en inglés de Técnica de reducción del estrés basada en la atención plena).

[90] En el primer período de uso clínico de sustancias psicoactivas, se utilizó LSD (por ejemplo, Grof, 1983). En la investigación actual de aplicaciones en el área de la atención al final de la vida y la psicooncología –que se lleva a cabo con un permiso especial– se utiliza la psilocibina, que es menos estresante para el sistema cardiovascular (Grof, 2008).

[91] Las experiencias místicas se diferencian de otras experiencias de naturaleza espiritual, por la simultaneidad de una experiencia fuertemente modificada del sí mismo(a), de conexión y de significado.

este tipo de vivencias místico-espirituales están estrechamente conectadas con experiencias personales de un sentido de vida y, que dos tercios de las personas le dan una gran importancia para su vida, calificándolos como una de las cinco experiencias más importantes de su vida personal, siendo esto, un efecto duradero (Griffiths *et al.*, 2006 y 2018; citado en Aday et col., 2020, p.7). Desde nuestra perspectiva, estos hallazgos indican que las vivencias espirituales satisfacen una necesidad humana básica, estrechamente conectada con la búsqueda de sentido y, que además, tienen un potencial terapéutico y salutogénico notable.

Creemos que el reto hoy en día para un mayor avance en la reintegración de la espiritualidad está a nivel teórico-conceptual[92], lo que se refleja también en las dificultades para las y los psicoterapeutas en ejercicio, a la hora de discutir las experiencias espirituales con sus pacientes de una manera terapéuticamente útil[93].

Nuestra convicción es que la integración de la espiritualidad en la psicoterapia y la medicina occidentales se debería realizar reconociendo que las vivencias espirituales no contradicen los principios científicos, sino que son dos modus operandi de la conciencia humana, con diferentes resultados respecto a la generación de lo que percibimos como realidad[94], y que por ser así se complementan, además de superponerse. El filósofo alemán Thomas Metzinger (2014), en el epílogo de su nueva filosofía del yo —con base en la investigación moderna del cerebro humano y la conciencia—sostiene que las prácticas espirituales están al igual que las ciencias dirigidas a obtener conocimiento, aunque el tipo de conocimiento y la forma de

---

[92] Recordamos que la comprensión prevaleciente de la ciencia y la psicología hasta hoy excluye las experiencias subjetivas metafísicas y trascendentes como "objetos de investigación" serios, con argumentos utilizados casi irreflexivamente, ya sea como "solo un subproducto de la actividad del cerebro humano" (suposición materialista básica) o —debido al carácter metafísico de las experiencias y a la incompatibilidad de la calidad de la experiencia con la lógica racional— como "no-científico" per se.

[93] Mientras que los estudios muestran que en las últimas décadas la apertura de las y los psicoterapeutas a experiencias espirituales –¡fuera de sus propios campos de práctica!– ha aumentado significativamente, esto no se refleja en su comunicación con pacientes. Lo mismo se aplica a un gran número de pacientes que normalmente no confían a su psicoterapeuta sus experiencias espirituales o lo hacen con mucha vacilación, porque anticipan el tabú social sobre estos temas en el contexto médico-psicoterapéutico y quieren evitar ser patologizados(as) o no ser tomados(as) en serio.

[94] La investigación moderna en neurociencia de la conciencia confirma que la experiencia consciente de la realidad o la realidad misma es el resultado de una fuerte reducción de lo que "es la realidad física inimaginablemente rica que nos rodea y nos sostiene" (Metzinger, 2014, p. 23), postulado que ya fue hecho décadas antes por Aldous Huxley y otros en la "Teoría del filtro de la conciencia". Por un lado, se deduce que la experiencia de la "realidad" o "facticidad" es una función de la conciencia, que no existe fuera de la percepción humana como tal, sino que se genera y, por tanto, es fundamentalmente variable.

llegar a ello –por ser experiencial y orientado a liberarse de la perspectiva de la primera persona o sea del yo– son sumamente diferentes (p.378-382). Más adelante, reflexiona, con vistas a una supuesta *espiritualidad secular*, que el momento subjetivo del ahora, por ser un momento de atención plena, es la forma básica de experimentar lo sagrado (p.401),

Por lo tanto, vemos con esperanza, que en el actual auge de investigación psicodélica en la medicina y psicoterapia occidental también está iniciándose un interesante discurso interdisciplinario, llevado adelante por las neurociencias y la investigación clínica por un lado y la filosofía por otro, en el cual aparentemente se está superando viejos tabúes del pensamiento occidental, al favor de un más adecuado entendimiento de lo que es la conciencia.

Una actitud de *honestidad intelectual*, como la reclama Metzinger, lo que en esencia significa libre de prejuicios, siendo el principio de "no juzgar" algo fundamental para una vida espiritual. Para la comunidad psicoterapéutica occidental de hoy entre otras cosas llevaría a un darse cuenta del notable papel que tienen experiencias espirituales de las y los pacientes, en los procesos psicoterapéuticos o fuera de ellos.

Suponiendo que en un futuro cercano se llegue al acuerdo de que lo espiritual debería ser incluido más ampliamente en la práctica psicoterapéutica occidental, este proceso tendría que ser acompañado, también al nivel de la formación profesional, tanto en la formación teórica, como en la autoconciencia, incluyendo al último la clarificación de actitudes personales hacia lo trascendental-espiritual e incluso un desarrollo personal respecto a ello, en el cual se podrían utilizar tanto técnicas de meditación, como la inducción de E.A.C. para facilitar el acceso.

Las reflexiones anteriores hacen evidente que en un proceso de reintegración de lo espiritual en la psicoterapia occidental de profundidad, inevitablemente la identidad profesional y la actitud terapéutica cambiarían, siendo de interés profesional también la capacidad personal de conectarse con lo espiritual, de crear de tal forma un espacio curativo, el cual se extiende más allá de las limitaciones del ego de la o el terapeuta y de su capacidad racional, siendo esto una condición que podría multiplicar el impacto de las acciones terapéuticas.

15.3 Estados alterados de la conciencia: la vieja "bala de plata" para la curación, reinterpretada

La gran apreciación en el curanderismo por el potencial terapéutico de los E.A.C. la presentamos en los capítulos sobre métodos de diagnóstico y tratamiento[95]. Esa importancia que se da a los E.A.C. la tiene en común la M.T.M. con muchas otras culturas médicas tradicionales en América Central y del Sur y más allá.

Como ya se dijo, la medicina y la psicoterapia occidentales siempre han tenido dificultades para abordar el tema de los E.A.C.–según la definición de la psicología y la neurociencia– estados reversibles de duración corta (unas pocas horas como máximo), en los que prevalece una experiencia consciente que ha cambiado cualidades fundamentales de la conciencia cotidiana normal, con cambios que afectan tanto el pensamiento como la emocionalidad, el sentido del tiempo, el esquema corporal y la experiencia del ego (incluso como "disolución oceánica del ego" o "disolución ansiosa del ego").

La comparación entre las dos culturas psicoterapéuticas mostró que la psicoterapia occidental está comprometida con el objetivo general de una psique racional-lógica que funcione mejor, como se afirma en la idea rectora de la terapia analítica: "Regresión al servicio del ego" y también encuentra su expresión en la formulación freudiana del objetivo del análisis: "Donde estaba el id, debería estar el yo", y que en consecuencia, las condiciones de los E.A.C. no se utilizan, sino de forma muy limitada, especialmente en formas leves, más que nada en terapias analíticas[96].

Ahí mismo reflexionamos acerca de la probable psicodinámica a nivel del inconsciente sociocultural que se manifiesta en este desinterés respecto a los E.A.C. típico de la psicoterapia occidental, haciendo hincapié en que los E.A.C. por su cualidad no-racional (o sea de proceso primario) tienden a provocar en personas socializadas en la cultura occidental un fuerte miedo a la pérdida de control y cuestionando en forma abrumadora la dominante visión de una realidad firme y basada en lo material-físico.

---

[95] Sobre todo, los rituales con uso de sustancias psicodélicos, como el ritual de los hongos, los rituales de trance con fines diagnósticos y terapéuticos y el ritual del temazcal, para inducir estados más pronunciados de conciencia alterados con el fin de curar.

[96] Dentro de la psicoterapia occidental, una apreciación terapéutica de los E.A.C. se puede encontrar más claramente en la hipnoterapia y en algunos métodos de terapia analítica de C.G. Jung.

Desde nuestro punto de vista, esa dinámica inconsciente colectiva ha ejercido un impacto determinante en la hasta hoy en día turbulenta trayectoria de los intentos profesionales de integrar los E.A.C. de mayor profundidad y el correspondiente uso de sustancias psicodélicas en la psicoterapia occidental[97], manifestándose actualmente en que a pesar de la evidencia clínica de un impacto terapéutico significativo[98], incluso para enfermedades y problemas mentales en los que el tratamiento psicofarmacológico y la psicoterapia convencional no han tenido éxito, la psicoterapia psicodélica por décadas ha permanecido una práctica exclusiva, limitada a algunas instituciones y profesionistas.

Como consecuencia del así llamado "renacimiento psicodélico", que inició a partir del año 2000, actualmente, la investigación y la terapia psicodélica han recibido una mayor visibilidad social y se concedieron permisos especiales en EE.UU., Israel, Suiza y Rusia, para investigar los beneficios terapéuticos de la psilocibina y del LSD, y también de la MDMA y la ketamina en el tratamiento de trastornos graves, "resistentes a la terapia", relacionados con depresión grave y traumatismos, así como trastornos

---

[97] Antes de ser prohibido e partir de los años 70 del siglo XX y por aprox. 30 años, a partir de los años 50 se formaron dos formas de aplicación: la terapia psicolítica y la psicodélica. En la terapia psicolítica se administraba dosis menos altas, con mayor frecuencia y continuidad, enmarcadas en una psicoterapia de orientación principalmente analítica, con el objetivo de aflojar las defensas y mejorar así la accesibilidad a intervenciones psicoterapéuticas. La terapia psicodélica tenía como objetivo lograr un fuerte cambio en el estado de conciencia con pocas, pero muy altas dosis, y se caracteriza por experiencias del yo temporalmente significativamente alteradas y, a menudo, experiencias místicas asociadas. Debido a la calidad de la experiencia, que a menudo destruye viejas creencias y actitudes, los cambios terapéuticos a largo plazo surgen casi de forma espontánea o autónoma.

Ahora está claro que las sustancias psicodélicas pueden producir dos efectos psicoterapéuticos principales, según los grupos de principios activos. Los "entactógenos" o "empatógenos" –siendo el ejemplo más destacado la MDMA– permiten la experiencia de "cercanía empática" hacia otras personas, así como la compasión amorosa hacia si mismo(a). Un segundo grupo de sustancias psicodélicas, como el LSD y la psilocibina, permiten una disolución temporal de perspectivas rígidas y defensas neuróticas, permitiendo así el acceso a sentimientos e ideas fuertes que antes eran repelidos.

Desde la década de 2000, se inició un asi llamado "renacimiento psicodélico", se ha vuelto a discutir públicamente los beneficios terapéuticos de las sustancias psicodélicas y psicoactivas, y se concedieron permisos especiales en EE.UU., Israel, Suiza y Rusia, para investigar los beneficios terapéuticos de la psilocibina y del LSD, y también de la MDMA (usualmente conocida como éxtasis), la ketamina en el tratamiento de trastornos graves, "resistentes a la terapia", relacionados con traumatismos, depresión grave y obsesividad así como trastornos compulsivos y adicciones. Además para explorar la depresión y la ansiedad en pacientes con cáncer avanzado.

[98] Actualmente se están llevando a cabo en muchos otros países estudios de aprobación de sustancias psicodélicas. En EE. UU., la administración psicoterapéuticamente acompañada de MDMA está clasificada como una de las llamadas "terapias innovadoras para el tratamiento de trastornos psicotraumáticos" desde 2017, y el uso de psilocibina está clasificada como una "terapia innovadora" desde 2019 en la depresión resistente al tratamiento.

compulsivos y adicciones. En varios países occidentales algunas de las sustancias psicodélicas fueron legalizados nuevamente, haciendo hincapié en su aplicación terapéutica. Además, están surgiendo sociedades de profesionales especialistas, que se dedican a implementar estos nuevos métodos en el sistema de salud, algunos más con enfoque psiquiátrico-psicofarmacológico, pero la mayoría subsumiendo esta nueva práctica como "psicoterapia asistida por sustancias".

Esto incluye el desarrollo de pautas de uso, incluidas las contraindicaciones, la educación cuidadosa de quienes son pacientes y el establecimiento de una relación de confianza con la o el terapeuta, así como la incorporación de la experiencia psicodélica en un proceso psicoterapéutico previo y de seguimiento, concediendo gran importancia a la creación de un entorno de tratamiento que se considere seguro. La importancia central del entorno (*setting*) para la calidad de una experiencia psicodélica se conoce desde los años 1960. Dada la mayor sugestibilidad de la persona en los E.A.C., las variables ambientales, como la sala de terapia, el mobiliario, la música que se escucha y otras, influyen en forma muy directa en la experiencia del E.A.C. Además de los factores del entorno son los factores duraderos mentales personales, subsumidos como factores del conjunto (set), que influyen en el curso de una experiencia de terapia psicodélica, como los conflictos internos existentes, la estructura de la personalidad, las actitudes y las creencias [99]

Queremos aquí llamar la atención sobre la influencia que tiene el concepto del inconsciente para una aplicación segura de la nueva terapia psicodélica en el contexto de la medicina occidental– la que desde el punto de vista tanto transcultural como psicoanalítico, hasta ahora quedó poco reflejada. En palabras simples: ¿"Donde" nos hallamos cuando nos sentimos fuera de nuestra conciencia normal?

A diferencia de las y los pacientes del curanderismo mexicano, que se encuentran en un espacio sagrado de significado compartido –con las y los terapeutas, con el entorno y con procedimientos ritualizados, que le otorgan apoyo y estructuración– una persona de la cultura occidental se encuentra sin esta "contención colectiva".

---

[99] ver para más detalle el artículo de revisión sistemática de Hartogsohn, I.: Constructing drug effects: A history of set and setting. (2017), en Drug Science Policy and Law 3(0) 1-17

Por la misma falta de "contención colectiva" la forma más común en personas con socialización occidental de conceptualizar su experiencia de un
E.A.C. es el concepto de una "pérdida de control del ego", típicamente
asociado con sentimientos de miedo (experiencia subjetiva de "disolución
ansiosa del ego"). Como sabemos el sentirse amenazado(a) y con miedo
detiene la apertura a algo nuevo y por lo tanto a nuestro potencial creativo, en este caso obstaculizando el acceso de la persona al enorme potencial
creativo y cognitivo del inconsciente. Además, que el vivir la experiencia
de un E.A.C. como abrumadora o incluso amenazante ("mal viaje") pude
desencadenar o promover trastornos psicológicos[100].

Desde nuestra perspectiva el concepto occidental predominante de inconsciente, que enfatiza su función de contenedor de impulsos potencialmente conflictivos y experiencias biográficas abrumadoras para el yo, además inclinado a lo individual y a contenidos amenazadores, obstaculiza
y delimita en forma innecesaria procesos terapéuticos. Se manifiesta, por
ejemplo, en el trabajo terapéutico con los sueños, en donde se suele inter-
pretarlos como reflejos de nuestras preocupaciones y conflictos, mientras
que el aspecto creativo del inconsciente está infravalorado. Asimismo, en
la investigación psicodélica mucho se ha escrito sobre las experiencias y
procesos de disolución de las estructuras psicológicas establecidas –como
el autoconcepto, incluidas las defensas y creencias sobre el entorno– mientras que poca atención ha ocupado la enorme creatividad y reorganización
de la conciencia, que se manifiesta en forma excepcional en los E.A.C.

Con esta preocupación queremos llamar la atención al potencial creativo,
autoorganizador o autocurativo del inconsciente, que no se desconoce
totalmente en la psicoterapia occidental, pero que lamentablemente está
muy poco representado en ella, tanto en la teoría como en la práctica psicoanalíticas. Si el enfoque se amplía a estas cualidades, se puede entender
el inconsciente más como sostén y recurso de un proceso terapéutico, que
tiene mucho en común con la concepción tradicional de los E.A.C., mar-
cándolo como acceso a la sabiduría ancestral y/o espiritual.

En consecuencia, tanto quienes son profesionales como los que no lo son,
nos hacemos más conscientes y prestamos atención a las manifestaciones
del potencial creativo del inconsciente, también nuestra concepción y vi-

---

[100] Además de aumentar la probabilidad de consumir estas sustancias sin apreciarlas, abusando de
ellas con fines hedonistas

vencia de los E.A.C. cambiaría y en un futuro no tan lejano ya no estaría dominada por sentirlo como "pérdida de control ansiosa", sino más bien se entendería como el acceso a un mundo abundante de recursos e impulsos creativos.

De modo que este cambio conceptual-mental se podría realizar como un paso adelante rumbo a una nueva cultura de la conciencia, que se sepa apoyar no solamente en la mente racional-lógica, sino también en los otros modos de comprensión, reflejándose en nuevas prácticas y enfoques en el campo de salud y terapia.

15.4 Éxito en enfermedades mentales "resistentes a la terapia", ¡es posible! Una reflexión analítica acerca del aporte clínico específico de la M.T.M. en el tratamiento de las adicciones

Es bien sabido que el tratamiento de las adicciones utilizando los medios convencionales de la psicoterapia occidental no tiene mucho éxito (Martin y Rehm, 2012). Las investigaciones sobre la aplicación de psicodélicos en la psicoterapia occidental también muestran que el uso de psicodélicos es particularmente prometedor, entre otras cosas, en el tratamiento de las adicciones (ver Aday *et al.*, 2020, p.4-6).

El uso terapéutico de "drogas" para tratar a personas adictas parece a primera vista paradójico, pero se puede comprender desde una perspectiva psicoterapéutica, basada en la comprensión psicoanalítica de la adicción. La idea central es que al consumir sustancias psicoactivas, la persona adicta practica una forma de autoestimulación afectivo-emocional y, de este modo inconscientemente se está protegiendo de afectos que experimenta como "insoportables" [101], indicando de tal manera una debilidad en la estructura del yo, que típicamente va acompañada de una capacidad disminuida de confiar y una pronunciada ambivalencia emocional en las relaciones cercanas (fenómeno "amor-odio"), que analíticamente se explica a base de fuertes decepciones en la infancia temprana con las primeras personas que dieron cuidado.

---

[101] Por supuesto, el consumo de sustancias adictivas también puede tener otras causas psicológicas, como el "querer olvidar" experiencias altamente estresantes vividas previamente, como por ejemplo una experiencia traumática. También, servir al objetivo de estimulación para responder a autoexigencias excesivas, para la sedación de dolencias mentales, como tendencias maníacas o hiperactividad.

La relación típicamente "estrecha", aunque también ambivalente[102], de la persona afectada con la sustancia adictiva, puede entenderse aquí como una expresión de la falta de confianza en sí mismo(a) y de estar bien apoyado(a) en las relaciones interpersonales en situaciones de emergencia psicológica. Esta es la razón, por la que el consumo de sustancias adictivas a menudo se manifiesta por primera vez, en la adolescencia, cuando se requiere dar pasos hacia el desapego y la autonomía.

Los conflictos psicológicos descritos implican que, como terapeuta, se tiene que tratar con personas con una pronunciada, pero en su mayoría inconsciente falta de confianza, la cual inevitablemente también entra en juego en la relación terapéutica[103]. La elevada tasa de abandono de la terapia para personas adictas está relacionada en gran medida con las dificultades descritas por las y los afectados.

Hay evidencia que varios aspectos en los métodos de la M.T.M. resultan ser respuestas más adecuadas a los retos descritos en el tratamiento de personas con los déficits y conflictos típicos para adiciones. Esperamos que el siguiente resumen de los aspectos identificados puede inspirar a algunas de las y los lectores respecto al manejo terapéutico en contextos culturales occidentales.

a. La estimulación sensorial placentera, como por ejemplo mediante el uso de olores agradables, el contacto físico que promueva la relajación y palabras, desencadenando experiencias emocionalmente positivas en la o el paciente, toma en cuenta la muy baja tolerancia de las personas adictas a los afectos negativos al inicio de la terapia y, por tanto, puede ser útil para fortalecer la motivación para el tratamiento –que suele ser inestable, especialmente en la fase de inicio.

b. La importancia central de la dimensión espiritual y el carácter triádico de la relación terapéutica resultante, reducen significativamente la cercanía interpersonal entre terapeuta (la "otra u otro poderoso") y paciente, y más bien en la tríada se crea un espacio rela-

---

[102] La alta ambivalencia emocional se deduce del supuesto hecho que la ira temprana del niño o de la niña por la decepción no pudo fusionarse con los sentimientos amorosos de las primeras personas que dieron cuidado. La ambivalencia emocional también surge en la relación con la sustancia adictiva, ya que la promesa de "autofortalecimiento" a través de la sustancia no dura.

[103] Por la elevada ambivalencia en las relaciones cercanas el entorno grupal se haya consolidado para el tratamiento de adicciones, ya que en ello las tensiones conflictivas inconscientes en las relaciones cercanas se reducen a un "nivel más soportable".

cional en el que se pueden tener experiencias cambiantes de "alianza" y demarcación[104], que llevan adelante el desarrollo de autonomía, lo que permite mantener la relación terapéutica[105].

c. Fortalecimiento de autoeficacia, autonomía y autoestima en los E.A.C.

d. En los rituales con estados alterados de conciencia profundos, la o el paciente entra en un diálogo interno consigo mismo(a) o con una autoridad espiritual superior, dándose cuenta –entre otras cosas– de que tiene muchos más poderes y habilidades de los que percibía anteriormente, incluida la capacidad de comunicarse con una "dimensión de sabiduría", transformando así la inconsciente convicción patógena de sentirse "dependiente e incapaz", hacia una autopercepción general más positiva, por ejemplo, de estar capacitado(a) para actuar y poseer fortalezas, conocimientos y recursos[106].

e. Fortalecimiento de la conciencia generalizada de apego y de la capacidad de amar[107] por medio de experiencias de significado y trascendencia en E.A.C.

f. Los E.A.C., especialmente en la segunda fase psicosintética, se caracterizan típicamente por intensas emociones positivas, junto con la experiencia de conexión existencial con el mundo circundante, los

---

[104] Ver el concepto analítico de la triangulación para el desarrollo de autonomía, realizada en la infancia por la entrada del padre en la relación primaria diádica entre madre e hija/ hijo.

[105] En el caso de Ignacio, esta ventaja de la MTM se manifiesta, por ejemplo, en que en la fase de motivación para la terapia y de igual manera en la fase en la que se trata de afrontar la recaída, en la aceptación de Ignacio de las palabras tanto críticas como alentadoras de la sanadora, que ella le dirigió en un estado de trance más impersonal. En una dupla terapéutica convencional, probablemente se habría producido en una actualización de aspectos de la "transferencia materna negativa, lo que significa que el joven habría asociado consciente o inconscientemente las palabras críticas de la curandera con la "madre siempre insatisfecha".

[106] Modelo de esto es la experiencia clave descrita por Ignacio en el ritual del temazcal, en la que él, efectivamente fortalecido por una comunicación exitosa con lo divino, experimentó ser capaz de tolerar condiciones externas e internas extremadamente difíciles, mismas que inicialmente se sentía incapaz de afrontar. También describe cómo esta nueva experiencia de poder soportar algo difícil le permite afrontar los desafíos de la vida cotidiana de una manera nueva y más confiada.

[107] Queremos recordar aquí que la más conocida definición de los criterios de éxito terapéutico psicoanalítico por el mismo Sigmund Freud se refería a – "la capacidad de amar" y "la capacidad de trabajar".

seres humanos y el cosmos[108]. Por ser asociada con una intensidad afectiva muy fuerte, se presta para un aprendizaje, es decir se vuelve "experiencia terapéutica correctiva", representando una oportunidad especial, especialmente para las personas cuya confianza en las relaciones interpersonales está gravemente afectada.

g. *Introyectos curativos* y su efecto terapéutico depósito generados en E.A.C.

La cualidad de experiencias de emocionalidad positiva, típicas para la segunda fase de los E.A.C., por su intensidad abrumadora y su carácter trascendente- místico, hasta "inefable", se parecen experiencias traumáticas, aún de contenido benigno, lo que lleva a que son internalizados psicológicamente en forma específica, que hemos marcado por denominarlos „introyectos curativos".

Tales "introyectos curativos" parecen ser especialmente adecuados para iniciar un cambio terapéutico en personas con una confianza básica gravemente perturbada, debido a que –por un lado, la experiencia emocionalmente positiva en el momento de la experiencia mística no puede ser rechazada por su cualidad abrumadora, mientras que, por otro lado, debido a la relativa alienación de las vivencias introyectadas en comparación con las demás creencias negativas de la persona– surge inicialmente una especie de espacio interno-psíquico de relación dialógica en el que los "mensajes del introyecto" pueden ser asimilados paulatinamente, permitiendo experimentar una mayor autonomía y autoeficacia en el proceso terapéutico, sobrescribiendo de tal manera correctivamente creencias e experiencias negativas.

Finalmente respecto del tratamiento de adiciones, queremos llamar la atención que los aspectos terapéuticos descritos no solamente parecen generar un impacto terapéutico mucho mayor que las terapias convencionales de adición y otros trastornos graves, calificadas de "resistentes a la terapia"[109], sino que además, requieren de un esfuerzo de tratamiento mucho más bajo en comparación con los extensos programas de terapia de

---

[108] Ignacio lo vive como "ser amado por Dios", "estar conectado en armonía con todos los seres vivos del mundo": "Pero después de llorar tanto y todo eso, comencé a sentirme muy, muy bien, sentí una necesidad muy fuerte de dar mi amor a los demás, de abrazarme, de aceptarme. ¡Fue un momento maravilloso!"

[109] ver por ejemplo tratamiento psicodélico de trastornos traumáticos graves resistentes a la terapia en Mithoefer, 2008

adicción convencionales, lo que hace que este enfoque terapéutico sea interesante tanto desde una perspectiva clínica y de las y los pacientes, como también de la económica.

15.5 Salutogénesis y espiritualidad: impulsos para una comprensión de la prevención ampliada

Teniendo en cuenta que la frecuencia de las enfermedades mentales ha ido aumentando en las últimas décadas, y de que este hecho, desde hace varios años ha sido objeto de consideraciones de política de salud pública, hasta el momento obviamente siendo poco efectivas, nos motiva reflexionar sobre las enseñanzas de la M.T.M. en el campo de la salud mental, basado en el hecho que evitar enfermedades mentales y otros problemas graves de la vida es un objetivo importante de la M.T.M.

Hemos podido entender que la M.T.M. contiene más que nada prácticas de índole espiritual, que se aplican para prevenir que un desbalance se vuelva una enfermedad u otro problema grave de la vida. Esto está indicando que los procedimientos de relajación, centrados en los procesos fisiológicos, que por muchos años fueron las medidas preventivas clásicas de la medicina y la psicoterapia occidentales, no son suficientes, sino que tienen que ser completados por ofertas centradas en el entrenamiento y el cultivo de la conciencia individual, como el entrenamiento en la atención plena, cursos de yoga y meditación, que es un paso importante, que ya se está realizando en los contextos occidentales para mejorar la situación respecto a la salud mental. Fuera de eso, los actuales estudios clínicos psicodélicos comprueban un fuerte y duradero impacto de experiencias de tipo espiritual-existencial en el bienestar (wellbeing) y la cualidad subjetiva de vida de las personas (Aday *et al.*,2020, p.7).

Además, llama la atención al estudiar la práctica preventiva de la M.T.M., que el cuidado de la salud mental parece ser profundamente arraigado en las costumbres, siendo de mayor extensión en el contexto tradicional del pueblo que en el entorno urbano. Siendo la base cultural para que un mayor grupo de personas consulten la M.T.M. por ejemplo con fines de protección espiritual, que a la vez tiene una función de prevención de malestares[110] .

El aprendizaje que podemos tener es, que intervenciones preventivas efectivas requieren de una consciencia colectiva sensibilizada al respecto, que incluye el *darse cuenta* de un inicial desbalance y tomarlo como motivo de acción, como por ejemplo prestando atención a los propios sueños en general y además en su significado prospectivo, práctica que en un pasado remoto también existía en la cultura occidental[111]. Sin embargo, el enfoque en los sueños en la psicoterapia occidental de hoy se ha ido alejando cada vez más de este conocimiento y práctica ancestral. No solo se perdió de vista el potencial prospectivo de los sueños, sino que incluso en los discursos psicoanalíticos de las últimas décadas, se disminuyó en forma significativa la apreciación general de los sueños en los procesos terapéuticos.

Parte de una nueva cultura de la conciencia sería entonces la recuperación y apreciación renovada de los sueños, que puede ser realizada a muchos niveles, no siendo limitado a los consultorios de psicoterapeutas, sino también como parte de la comunicación en las familias, o en forma de enseñanzas en el manejo de los sueños, en las escuelas y también en pequeños centros de salud fácilmente accesibles para la población.

Como otra manifestación de una nueva cultura de la conciencia consideramos una mayor apreciación de los rituales practicados en la vida cotidiana, en forma más consciente de sus aspectos de autotrascendencia y conexión, sea con los patrones culturales colectivos de significado, como con redes transgeneracionales, aprovechando de tal manera su potencial de fortalecer el poderoso factor salutogénico que es el sentido de apego cosmo-bio-psicosocial.

Desde nuestra perspectiva, a diferencia de la situación en la cual iniciamos nuestro proyecto de investigación, esta nueva cultura de consciencia –que, en este último capítulo, se estaba a la vez reclamando tanto como imaginando– ya está en camino de realizarse paso a paso. Al parecer, ya en los últimos años estamos presenciando sus primeros impactos, tanto en la vida cotidiana, como en las ciencias y los sistemas terapéuticos, dando nuevamente en la historia de la humanidad más lugar a la necesidad bási-

---

[110] Por ejemplo, antes de eventos personalmente importantes, como lo son un nacimiento, la boda, un nuevo proyecto laborales o una mudanza, también después de haber pasado una enfermedad corporal grave o un tratamiento quirúrgico, y en caso de un sueño pesado

[111] Como lo trasmiten los textos bíblicos o de la antigua Grecia.

ca humana de trascendencia, reintegrando lo metafísico en múltiples formas a nuestras vidas cotidianas, en los temas de investigación y el ejercicio de la profesión.

Queremos al final de este texto expresar nuestra gratitud y la alegría de haber podido y poder participar en ello..

Referencias

Aberle, D. F. (1966). Religio-magical phenomena and power, prediction, and control. En *Southwestern Journal of Anthropology*, 22 (3), 221-230.

Adam, K.-U. (2000). *Therapeutisches Arbeiten mit Träumen. Theorie und Praxis der Traumarbeit*. Berlin, Heidelberg, New York: Springer Verlag.

Aday, J. S.; Mitzkowitz, C. M.; Bloesch, E. K.; Davoli, C. C.; Davis, A. K. (2020) Long term effects of psychedelic drugs: A systematic review. - Neuroscience and Behavioral Reviews. Elsevier. https://doi.org/101016/j.neubiorev.202003.017

Adelaars, A., Rätsch, C. y Müller-Ebeling, C. (2006). *Ayahuasca. Rituale, Zaubertränke und visionäre Kunst aus Amazonien*. Baden, München: AT Verlag.

Anderson, R. (1992). The efficacy of ethnomedicine: research methods in trouble. En M. Nichter (Ed.), *Anthropological approaches to the study of ethnomedicine*, 1-18. Langhorne: Gordon and Breach Science Publishers.

Andritzky, W. (1988). Wahrsagen und Lebensberatung. Ethnopsychologische Aspekte des Koka-Orakels in Peru. *Curare. Zeitschrift für Ethnomedizin*. 11, 97-118.

Andritzky, W. (1990). Konzepte für eine kulturvergleichende Therapieforschung: Probleme der Effektivität, Vergleichbarkeit und Übertragbarkeit ethnischer Heilmethoden. En *Jahrbuch für Transkulturelle Medizin und Psychotherapie*, 15-65. Berlin: Verlag für Wissenschaft und Bildung.

Andritzky, W. (1992). Ethnotherapie, Gesundheitssystem und biopsychosoziales Paradigma. Eine Evaluation des mesa-Rituals (Nordperu). En *Ethnopsychologische Mitteilungen*. 1(2), 103-129.

Andritzky, W. y Trebes, S. (1995). Vision, Kreativität, Heilung: Das konstruktive Potenzial sakraler Heilpflanzen in der Industriegesellschaft. En *Jahrbuch für Transkulturelle Medizin und Psychotherapie*, 381-408. Berlin: Verlag für Wissenschaft und Bildung.

Andritzky, W. (1999). *Traditionelle Psychotherapie und Schamanismus in Peru*. Berlin: Verlag für Wissenschaft und Bildung.

Antonovsky, A. (1997). *Salutogenese. Zur Entmystifizierung von Gesundh*eit. Tübingen: DGVT-Verlag.

Anzures y Bolaños, M. (1983). *La medicina tradicional en México. Proceso histórico, sincretismo, y conflictos*. México D.F.: UNAM.

Bannerman, R. H.; Burton, J.; Chen, W.C. (Eds.) (1983). *Traditional medicine and health care coverage*. Genf: WHO.

Becker, P. (1986). Theoretischer Rahmen. In P. Becker y B. Minsel, *Psychologie der seelischen Gesundheit, Vol. 2 Persönlichkeitspsychologische Grundlagen, Bedingungsanalysen und Förderungsmöglichkeiten*, 1-90. Göttingen: Hogrefe Verlag.

Becker, P. (1995). *Seelische Gesundheit und Verhaltenskontrolle. Eine integrative Persönlichkeitstheorie und ihre klinische Anwendung*. Göttingen: Hogrefe Verlag.

Boege, E. (1988). *Los mazatecos ante la nación. Contradicciones de la identidad étnica en el México actual*. México D.F.: Siglo XXI Editores.

Bowbly, J. (1969). *Attachment and loss. Vol. 1 Attachment*. London: Tavistock Institute of Human Relations. (En alemán: Bowbly, J. (2006). *Bindung und Verlust. Bd. 1 Bindung*. München: Reinhardt Verlag.)

Bowbly, J. (1973). *Attachment and loss. Vol. 2 Separation, Anxiety and Anger*. London: Tavistock Institute of Human Relations. (En alemán: Bowbly, J. (2006). *Bindung und Verlust. Bd. 2 Trennung, Angst und Zorn*. München: Reinhardt Verlag)

Bucher, A. A. (2007). *Psychologie der Spiritualität*. Weinheim: Verlagsgruppe Beltz.

Castro, R. R., Medina-Mora, M. E. y Martínez, L. P. (1982). Poder discriminativo de un cuestionario que detecta padecimientos emocionales entre sujetos que requieren y no requieren atención especializada con nivel bajo de escolaridad. *Enseñanza e investigación en psicología*, 8 (2), 229-235.

Devereux, G. (2012). *De la ansiedad al método en las ciencias del comportamiento.* México, Siglo XXl Editores.

Dilling, H., Mombour, W. y Schmidt, M. H. (Eds.). (2000). *Internationale Klassifikation psychischer Störungen. ICD-10 Kapitel V (F). Klinisch diagnostische Leitlinien.* (6. edición revisada) Bern: Huber Verlag.

Dittrich, A. (1985). Ätiologie-unabhängige Strukturen veränderter Wachbewusstseinszustände - Ergebnisse empirischer Untersuchen über Halluzinogene I. und II. Ordnung, sensorische Deprivation, hypnagoge Zustände, hypnotische Verfahren sowie Reizüberflutung. Stuttgart: Enke Verlag.

Dittrich, A. y Scharfetter, C. (Eds.) (1987): Ethnopsychotherapie. Psychotherapie mittels außergewöhnlicher Bewusstseinszustände in westlichen und indigenen Kulturen. Stuttgart: Enke Verlag.

Elferink, J., Flores, J. A. y Rodriguez, E. M. (1997). Las enfermedades mentales entre los nahuas. *Salud mental*, 20, 58-66.

Endicott, J., Spitzer, R. L., Fleiss, J. L. y Cohen, J. (1976). The Global Assessment Scale. A Procedure for Measuring Overall Severity of Psychiatric Disturbance. *Archives of General Psychiatry*, 33, 766-771.

Erdheim, M. (1984). *Die gesellschaftliche Produktion von Unbewusstheit. Eine Einführung in den ethnopsychoanalytischen Prozess.* Vorwort zur Taschenbuchausgabe. (pp. VII- XVIII). Frankfurt a. Main: Suhrkamp Verlag.

Evans-Pritchard, E. (1988). *Hexerei, Orakel und Magie bei den Zande* (Erstaufl. 1937). Frankfurt a. Main: Suhrkamp Verlag.

Eysenck, H.J. (1952): The effects of psychotherapy: an evaluation. *Journal of Consulting psychology.* 16(5), 319-324.

Ezban, M., Medina Mora, M. E., Peláez, O. y Padilla, P. (1984). Sensibilidad del cuestionario general de salud de Goldberg para detectar la evolución de pacientes en tratamiento psiquiátrico. *Salud Mental*, 7, 68-72.

Ezban, B. M., Padilla, G. P., Medina Mora, M. E. y Gutierrez, C. E. (1985). Aplicación de un cuestionario de detección de casos psiquiátricos en dos poblaciones de la práctica médica general. *Salud pública de México*, 27, 384-390.

Finkler, K. (1985). *Spiritualist healers in Mexico. Succeses and failures of alternative therapeutics Praeger Special Studies.* South Hadley, Mass.: Bergin y Garvey.

Finkler, K. (1993). The spirit of healing and the medicine of the body. En *Jahrbuch für Transkulturelle Medizin und Psychotherapie.* (pp. 237-250). Berlin: Verlag für Wissenschaft und Bildung.

Finkler, K. (1994). *Spiritist healers in Mexiko.* Wisconsin: Salem.

Fonagy, P. (2006). *Bindungstheorie und Psychoanalyse.* Stuttgart: Klett-Cotta Verlag.

Frank, J. D. (1971). Therapeutic factors in psychotherapy. *American Journal of psychotherapy,* 25, 350-361.

Frank, J. D. (1992). *Die Heiler.* Stuttgart: Klett-Cotta Verlag.

Frankl, V. E. (1973). *Der Mensch auf der Suche nach Sinn. Zur Rehumanisierung der Psychotherapie.* Freiburg: Herder Verlag.

Freud, S. (1969a). Vorlesungen zur Einführung in die Psychoanalyse. Zweiter Teil: Der Traum. En Mitscherlich, A.; Richards, A.; Strachey, J. (Eds.) *Studienausgabe in 10 Bänden. Vorlesungen zur Einführung in die Psychoanalyse und Neue Folge. Bd. 1.,* 99-242. Frankfurt a. M.: Fischer Verlag.

Freud, S. (1969b). Traum und Okkultismus. In Mitscherlich, A.; Richards, A.; Strachey, J. (Eds.) *Studienausgabe. Vorlesungen zur Einführung in die Psychoanalyse und Neue Folge.* Bd. 1, pp. 472-495. Frankfurt a. M.: Fischer Verlag.

Garfield, S. L. y Bergin, A. E. (1994). Introduction and historical overview. En A. E. Bergin y S. L. Garfield (Eds..), *Handbook of psychotherapy and behavioral change.* (pp. 3-18). New York: Wiley and Sons.

Gillin, J. (1948). Magical fright. *Psychiatry,* 11, 387-400.

Glaser, B. G. y Strauss, A. L. (1998). *Grounded theory. Strategien qualitativer Forschung.* Bern: Huber Verlag.

Goldberg, D. P. y Hillier, V. F. (1979). A scaled version of the General Health Questionnaire. En *Psychological Medicine,* 9, 139-145.

Grawe, K., Donati, R. y Bernauer, F. (1994). *Psychotherapie im Wandel. Von der Konfession zur Profession.* Göttingen: Hogrefe Verlag.

Grawe, K. (1999). Gründe und Vorschläge für eine Allgemeine Psychotherapie, *Psychotherapeut*, 44, 350-359.

Grawe, K. (2004). *Neuropsychotherapie.* Göttingen: Hogrefe Verlag.

Griffiths, R. R., Johnson, M. W., Richards, W. A., Richards, B. D., Jesse, R., MacLean, K. A., Klinedinst, M. A. (2018). Psilocybin-occasioned mystical-type experience in combination with meditation and other spiritual practices produces enduring positive changes in psychological functioning and in trait measures of prosocial attitudes and behaviors. *Journal of Psychopharmacology,* 32(1), 49-69. doi:10.1177/0269881117731279.

Griffiths, R.R., Richards, W.A.; McCann, U., Jesse, R. (2006) Psilocybin can occasion mystical type experiences having substantial and sustained personal meaning and spiritual significance. - En *Psychopharmacology (Berl),* 187, 268-283.

Hauschild, T. (1982). *Der böse Blick. Ideengeschichtliche und sozialpsychologische Untersuchung.* Berlin: Verlagsgesellschaft Mensch und Leben.

Hellinger, B. (2013). *Ordnungen der Liebe. Ein Kursbuch.* Heidelberg: Auer Verlag.

Hirsch, M. (2002). *Schuld und Schuldgefühl. Zur Psychoanalyse von Trauma und Introjekt.* Göttingen: Verlag Vandenhoeck Ruprecht.

Hofmann, A., Heim, R., Brack, A., Kobel, H., Frey, A., Ott, H., Petrzilka, T y Troxler, F. (1959). Psilocybin und Psilocin, zwei psychotrope Substanzen aus mexikanischen Rauschpilzen. *Helvetica Chimica*, Acta 42, 1557-1572.

Hofmann, A. (1987). Die heiligen Pilze in den Heilritualen der Maria Sabina. In: Dittrich, A. & Scharfetter, C. (Eds.) (1987): Ethnopsychotherapie. Psychotherapie mittels außergewöhnlicher Bewusstseinszustände in westlichen und indigenen Kulturen, 45-52. Stuttgart: Enke Verlag.

Hoppal, M. (2002). *Das Buch der Schamanen.* Europa und Asien. München: Ullstein.

Hough, R.L. (1996). PTSD and related stress disorders among Hispanics. En: A.J. Marsella, M.J. Friedman, E.T. Gerrity, R.M. Scurfield (Eds.) Ethnocultural aspects of posttraumatic stress disorders.

Issues, Research, and clinical applications. Washington: American Psychological Association., 301-340.

Hultkranz, A., Ripinsky-Naxon, M y Lindberg, C. (2002). *Das Buch der Schamanen. Nord- und Südamerika*. München: Ullstein Verlag.

Jilek, W. G. (1982). Indian healing: Shamanic Ceremonialism in the Pacific Northwest today. En *Cultures in review Series*. Surrey/Canada: Hancock House Publishers.

Jilek, W.G. (1987). Veränderte Wachbewusstseinszustände in Heiltanzritualen nordamerikanischer Indianer. En A. Dittrich y C. Scharfetter, C. (Eds.), *Ethnopsychotherapie*, 135-150. Stuttgart: Enke Verlag.

Jungaberle, H., Gasser, P., Weinhold,J., Verres, R. (Eds.) (2008): Therapie mit psychoaktiven Substanzen. Praxis und Klinik der Psychotherapie mit LSD, Psilocybin und MDMA.

Kabat-Zinn, J. (2004). *Die heilende Kraft der Achtsamkeit*. Freiamt: Arbor Verlag.

Kandel, E. R. (2005). *Psychiatry, psychoanalysis and the new biology of mind*. Washington, London: American Psychiatric Publishing.

Kardorff, E. v. (1995). Qualitative Sozialforschung - Versuch einer Standortbestimmung. En U. Flick, E. v. Kardorff, H. Keupp, L. v. Rosenstiel & S. Wolf (Eds.) *Handbuch Qualitative Sozialforschung*, 3-8. Weinheim: Beltz Psychologie Verlagsunion.

Kiev, A. (1964). *Magic, faith and healing. Studies in primitive psychiatry today*. New York: Free Press.

Kiev, A. (1972). *Curanderismo. Mexican American folk psychiatry*. New York: Free Press.

Kleinman, A. (1984.) *Patients and healers in the context of culture*. Berkeley: Univ. of California Press.

Kleinman, A. (1988). *Rethinking psychiatry*. New York: Free Press.

Koss, J. D. (1993). The experience of spirits. Ritual healing as transaction of emotion (Puerto Rico). En *Jahrbuch für Transkulturelle Medizin und Psychotherapie*, 251-267. Berlin: Verlag für Wissenschaft und Bildung.

Kossak, H.-C. (2004). *Hypnose. Lehrbuch für Psychotherapeuten und Ärzte.* Weinheim: Beltz Psychologie Verlagsunion.

Krystal, H. y Raskin, H. A. (1983). *Drogensucht und Ich-Funktion.* Göttingen: Verlag Vandenhoeck Ruprecht.

Laderman, C. (1987). The ambiguity of symbols in the structure of healing. *Social science and medicine,* 24(4), 293-301.

Laderman, C. y Roseman M. (Eds.) (1996). *The performance of healing.* London: Routledge.

Lambert, M. J., Shapiro, D. A. y Bergin, A. E. (1986). The effectiveness of psychotherapy. En S. L. Garfield y A. E. Bergin (Eds.) *Handbook of psychotherapy and behavioral change,* 157-211. New York: Wiley.

Lamnek, S. (1995). *Qualitative Sozialforschung, Bd.1 (Methodologie) und Bd.2. (Methoden und Techniken).* Weinheim: Psychologie Verlagsunion.

Laplanche, J. y Pontalis, J.-B. (2004). *Diccionario de psicoanálisis.* (Dir. Daniel Lagache). Buenos Aires, Paidos (6ª reimp.)

Leuner, H. (1981). *Halluzinogene. Psychische Grenzzustände in Forschung und Psychotherapie.* Bern, Stuttgart, Wien: Huber Verlag.

Levi-Strauss, C. (1995). *Antropología estructural* (1era Ed. francés 1958). Paidos, Barcelona.

Leuzinger-Bohleber, M.; Emde, R.N. y Pfeifer, R. (Eds.) (2013) *Embodiment - ein innovatives Konzept für Entwicklungsforschung und Psychoanalyse.* Göttingen: Vandenhoeck y Rupprecht.

Lopez Austin, A. (1975). *Textos de Medicina Náhuatl.* México D.F.: UNAM.

Lozoya-Legorreta, X., Velazquez, G. y Flores, A. (1988). *La medicina tradicional en México. Experiencia del Programa IMSS-COPLAMAR 1982-1987.* México D.F.: IMSS.

Lozoya-Legorreta, X. (1994). *Plantas, medicinas y poder.* México D.F.: Editorial Pax México.

Luborsky, L., Singer, B. y Luborsky, L. (1975). Comparative studies of Psychotherapies - Is it true that "everyone has wone and all must have prices"? *Archives of General Psychiatry,* 32(8), 995-1008.

Ludwig, A. M. (1966). Altered states of consciousness. En *Archives of General Psychiatry*, 15, 225-234.

Mabit, M. (1996). Takiwasi: Ayahuasca and shamanism in addiction therapy. *MAPS-Bulletin*, 6(3). Disponible en: http://www.maps.org/news-letters/v06n3/06324aya.htlm.

Mack, W. (2007). Braucht die Wissenschaft Psychologie den Begriff der Seele? En *e-Journal Philosophie der Psychologie*. (http://www.jp.philo.at/texte/MaxkW1.pdf).

Macklin, J. (1979) Curanderismo and Espiritismo. Complementary approaches to traditional mental health service. – in: Macklin, J. (Ed.): The Chicago experience. 207-226. Boulder: Westview Press.

Malinowski, B. (1948). *Magia, ciencia y religión*. Planeta - Agostini.

Martin, G. W. y Rehm, J. (2012). The effectiveness of psychosocial modalities in the treatment of alcohol problems in adults: A review of evidence. *Canadian Journal of Psychiatry*, 57(6), 350-358.

Mas, C. & Caraveo, J. (1991). La medicina folklórica. Un estudio sobre la salud mental. *Interamerican Journal of Psychology*, 25(2), 147-160.

Mayring, P. (1997). *Qualitative Inhaltsanalyse. Grundlage und Techniken* (6. Aufl.), Weinheim: Verlagsgruppe Beltz.

McFarlane, A.C.& de Girolamo, G. (1996) Die Natur traumatischer Stressoren und die Epidemiologie posttaumatischer Reaktionen. En: B.A. van der Kolck, A.C.McFarlane, L.Weisaeth (Eds.): Traumatischer Stress: Die Auswirkungen überwältigender auf Geist, Körper und Gesellschaft, 129-154. Guilford Press.

Medina-Mora, E., Berenzón, S., López, E. K., Solis, L., Caballero, M. A. y Gonzalez, J. (1997). El uso de los servicios de salud por los pacientes con trastrornos mentales. Resultados de una encuesta en una población de escasos recursos. *Salud Mental*, 20 (Supl. 7), 32-38.

Menéndez, E. L. (1987). Medicina tradicional, atención primaria y problemática del alcoholismo. En A. Beltrán y E. L. Menéndez (Eds.). *Medicina tradicional y atención primaria. Cuadernos de la Casa Chata*, No. 159, 19-58. México D.F.: CIESAS.

Menéndez, E. L. (1990). Antropología médica. Orientaciones, desigualdades y transacciones. Cuadernos de la Casa Chata, No. 179. México D.F.: CIESAS.

Mithoefer, M. (2008). MDMA bei der Behandlung posttraumatischer Belastungsstörungen (PTSB). En: H. Jungaberle, P.Gasser, J. Weinhold & R.Verres (Eds.): Therapie mit psychoaktiven Substanzen. Praxis und Klinik der Psychotherapie mit LSD, Psilocybin und MDMA. 195-222. Bern: Hans Huber Verlag.

Morse, J. M., Young, D. E., Swartz, L. y Mc Connell, R. (1987). A Cree indian treatment for psoriasis. A longitudinal study. *Culture* VII (2), 31-41.

Nadig, M. (1986). *Die verborgene Kultur der Frau. Ethnopychoanalytische Gespräche mit Bäuerinnen in Mexiko.* Frankfurt a. Main: Fischer Verlag.

Obeseykere, G. (1990). Work of culture. Symbolic transformation in psychoanalysis and anthropology. Chicago, London: The University of Chicago Press.

Parin, P., Morgenthaler, F. y Parin-Matthey, G. (1983). *Die Weißen denken zu viel. Psychoanalytische Untersuchungen bei den Dogon in Westafrika.* Frankfurt a. Main: Fischer Verlag.

Prince, R. (1980). Variations in psychotherapeutic procedures. In: H. C. Triandis y J. G. Draguns (Eds.) *Handbook of cross-cultural psychology. Vol.6 Psychopathology*, 291-350. Boston: Allyn and Bacon Inc.

Quekelberghe, R. v. (1995). Grunddimensionen symbolischen Heilens. Psychologische Reflexionen über Besessenheit und schamanische Heilrituale. In *Jahrbuch für transkulturelle Medizin und Psychotherapie*, 17-40. Berlin: Verlag Wissenschaft und Bildung.

Quezada, N. (1989). *Enfermedad y maleficio.* México D.F.: UNAM.

Roquet, S. y Favreau, P. (1981). *Los aluzinógenos. De la concepción indígena a una breve psicoterapia.* México, D.F.: Ediciones Prismas.

Romero, M. (1984). *Una versión breve del cuestionario general de salud. Su estructura factorial en una muestra de estudiantes universitarios.* Dissertation. México D.F.: UNAM.

Rubel, A. J., O'Neill, C. W. & y Collado, R. (1985). The folk illness called *susto*. En R. C. Simons y C. C. Hughes (Eds.). *The Culture-Bound-Syndroms.* 333-350. Boston: Reidel Publishing Company.

Schmidbauer, W. (1970). Zur Psychologie des Orakels. *Psychologische Rundschau*, 21, 88-98.

Schultes, R. E., Hofmann, A. y Rätsch, C. (1996). *Pflanzen der Götter. Die magischen Kräfte der bewusstseinserweiternden Gewächse.* Aarau: AT Verlag.

Sesia, P. (Eds.) (1992). *Medicina tradicional, herbolaria y salud comunitaria en Oaxaca.* México D.F.: CIESAS.

Shapiro, F. (1999). *EMDR - Grundlagen und Praxis.* Paderborn: Junfermann Verlag.

Shapiro, F. (2001). *Eye Movement Desensitization and Reprocessing: Basic Principles, Protocols and Procedures.* New York: Guilford.

Sheldrake, R. y Fox, M. (2001). *Die Seele ist ein Feld. Der Dialog zwischen Wissenschaft und Spiritualität.* Bern, München, Wien: Barth Verlag.

Steingrueber, H. (2002) Heiler und Heilungsrituale. Die traditionelle Heilkunst des präkolumbianischen Amerika und ihre Folgen. In: J.W. Scheer (Ed.) Identität in der Gesellschaft. Beiträge zu einem besseren Verständnis der conditio humana in diesen Zeiten,197-215. Gießen: Psychosozial Verlag

Strassman, R. (2004). *DMT - Das Molekül des Bewusstseins.* Baden: AT Verlag.

Straube, E. R. (2005). *Heilsamer Zauber. Psychologie eines neuen Trends.* München: Elsevier GmbH.

Tambiah, J. S. (1968). The magical power of words. *Man 3,* 175-208.

Tambiah, J. S. (1973). Form and meaning of magical acts. A point of view. In R. Horton & R. Finnegan (Eds.). *Modes of Thought,* 199-229. London: Faber y Faber.

Tzschuschke, V. & Czogalik, D. (Eds.) (1990). *Psychotherapie - Welche Effekte verändern? Zur Frage der Wirkmechanismen therapeutischer Prozesse.* Berlin: Springer Verlag.

Varela, F.; Thomson, E. & Rosch, E. (1991) The embodied Mind. Cognitive Science and Human Experience. Cambridge: MIT Press.

Wasson, R. G., Hofmann, A. y Ruck, C. A. P. (1990). *Der Weg nach Eleusis. Das Geheimnis der Mysterien.* Frankfurt a. Main: Suhrkamp Verlag

Weber, M. (1919) Wissenschaft als Beruf. Geistige Arbeit als Beruf. Vier Vorträge vor dem freistudentischen Bund (Erster Vortrag). München, Leipzig. Duncker Humblot.

Wöller, W. y Kruse, J. (Eds.). (2002). *Tiefenpsychologisch fundierte Psychotherapie. Basisbuch und Praxisleitfaden.* Stuttgart, New York: Schattauer Verlag.

World Health Organisation, 1995: *Guidelines for training traditional health care practicioners in primary health care.* (Disponible en: http// apps.who.int/medicinedocs/es/d/Jh294e9.html.)

Yensen R.& Dryer, D. (1994). Dreißig Jahre psychedelische Forschung. En: Dittrich, A, Hofmann, A. & H. Leuner (Eds.) Welten des Bewusstseins. Bd.4. Bedeutung für die Psychotherapie (pp.155-188). Berlin: Verlag für Wissenschaft und Bildung.

Zacharias, S. (2005). *Das psychotherapeutische Wissen und die Behandlung psychischer Erkrankungen innerhalb des mexikanischen Curanderismus - eine qualitative einzelfallorientierte Studie.* Leipzig, Universitätsbibliothek: unveröff. Diss.

Zacharias, S. (2012). Introyectos benignos y otras ventajas de los tratamientos médicos tradicionales en la curación de adicciones. En D'Abbadie, R.; Mikaelian, C.; Díaz, P. y Mabit, J. (Eds.) *Medicinas tradicionales, interculturalidad y salud mental. Memorias del Congreso Internacional Tarapoto - 2009.* 171-182. Lima: Q y P Impresores s.r.l.